# 多倍長精度数値計算

## GNU MP, MPFR, QDによるプログラミング

幸谷智紀［著］
Tomonori Kouya

森北出版株式会社

# はじめに

本書は,「ソフトウェアベースの多倍長浮動小数点数演算」に特化して記述された,日本初のテキストである.いわゆる「長い桁数を使用した計算」を実行するために必要な基盤的なアルゴリズム,プログラミングテクニックについて,定評ある多倍長計算ライブラリである GNU MP (GMP), MPFR, QD の内部構造,利用方法に則って解説を行う.

なお,これらの多倍長計算ライブラリについてはよく練られた英語マニュアルが存在し,その日本語訳も著者が無償提供しているので適宜参照されたい.すでに数値計算プログラミングに習熟した読者であれば,本書よりもこれらの文献を読んだほうが,目指すべき多倍長計算プログラムは素早く実装できるであろう.とはいえ,使うだけでなく,もう少し深くその内部構造について知りたいという向きには,本書の記述は役に立つと思われる.また,「長い桁を使ってバンバン計算してズラズラ数字を並べて学術的(?)コーフンを覚えたい」という変な人(は過去も現在も結構存在する),「計算してみたけど倍精度だとイマイチ計算結果が信用しかねる」という技術者や学生にも,本書で示す多倍長計算プログラミングの原始的なテクニックが一助になるであろう.

コンピュータで実行する数値計算には,計算結果を有限桁の小数(浮動小数点数)に収めるために丸める必要がある.この際生じる真の計算結果とのズレ,いわゆる「丸め誤差」がもたらす負の効用は,数値計算のテキストでは必ず解説されている.しかし,短い桁に収められる程度の計算量で済む,ということは計算処理が高速化できることであり,近似値ではあるが,大量の計算が短時間で実行できるということでもある.丸め誤差の低減手法として,計算桁数を増やすこと,すなわち,多倍長浮動小数点計算を実行する方法があるが,これらと計算時間,メモリ使用量は,トレードオフの関係にある.近年は深層学習 (deep learning) 技術の進展に伴い,計算時間を減らすために単精度より短い半精度浮動小数点数を利用するようになっているが,これは丸め誤差を増やす代わりに計算効率を上げるためである.

したがって,本書で扱う多倍長浮動小数点計算=多倍長精度数値計算は,短い桁で計算効率を上げる深層学習(の計算の一部)とは真逆の,非効率的な「重たい」処理であることは間違いなく,CPU, GPU で直接処理できる IEEE754 単精度,倍精度よりも格段に遅くなる.それゆえに,多倍長計算の基盤的な処理,とくに四則演算については，アルゴリズムやハードウェアの性能を最大限発揮させるための高速化が不可欠である．実用的なレベルまで多倍長計算を高速化しなければ使用者が増えることはなく，その結果，20 世紀後半には多数の多倍長計算ライブラリが開発され，日本初の UBASIC 等，特色ある処理系も登場していたが，2019 年現在では，ほぼ，GMP の多倍長自然数カーネル（MPN カーネル）に依存した MPFR 等の任意精度浮動小数点ライブラリか，無誤差変換技法を利用した QD やその派生ライブラリしか残っておらず，事実上，GMP と QD が多倍長計算のスタンダードになっている．

本書の中心となるのは，この 2 つの勝ち残りスタンダード多倍長計算ライブラリの解説である．GMP に含まれる MPN カーネル，多倍長整数（*mpz_t* 型），多倍長有理数（*mpq_t* 型），多倍長浮動小数点数型（*mpf_t* 型），そして GMP ベースの MPFR（*mpfr_t* 型）のアルゴリズム，内部構造について必要なところのみ抜粋して紹介し，C および C++プログラミングの例を示したあと，既存の IEEE754 浮動小数点数を繋ぎ合わせて使用する QD ライブラリについても，同様に内部構造，アルゴリズム，C/C++プログラミング例を示す．これらの解説に必要となるアルゴリズム，ハードウェアの高速化技法や，区間演算等の精度保証（という用語も事実誤認が多いように思われる）に関連する技法についても解説している．したがって，C, C++プログラミングにある程度親しんでいることが，本書を読むにあたっての必要最小限の知識となる．それ以外のことがらについては，プログラミング例とともに徐々に学んでいけば，自ずと体感できるようになるであろうが，アルゴリズムとデータ構造，数値計算の基本を知っていれば，習得はより加速されるであろう．

趣味的に手軽に長い桁を表示して戯れたい，桁落ちの酷い悪条件問題を正確に解きたい，ベンチマークテストとして多倍長計算で重たい処理をさせたい，といった向きには，高速化の極みとしてスタンダード化した GMP, MPFR, QD を活用していただき，大いに「最適化された多倍長計算」の現在を体得してほしいと，著者として願ってやまない．

## 謝　辞

まず，本書出版にあたり，大変お世話になった森北出版の福島崇史，宮地亮介両氏に御礼申し上げる．また毎日の生活を支えてくれている妻・幸谷緑の献身にも感謝する．

最後に，素晴らしいオープンソースソフトウェアを長年にわたってメンテナンスし続けている GMP, MPFR, QD の開発陣に敬意を表したい．

2019 年 9 月

著　者

## 本書の読み方

著者としてはもちろん第 1 章から最後まで読み通してほしいわけだが，多倍長精度演算（とその関連技法）をどのように使いたいのかは人それぞれであり，重要と思われる項目は当然違ってくる．**図 1** は，タイプ別に 3 コースに分類して読み進め方を記したものである．

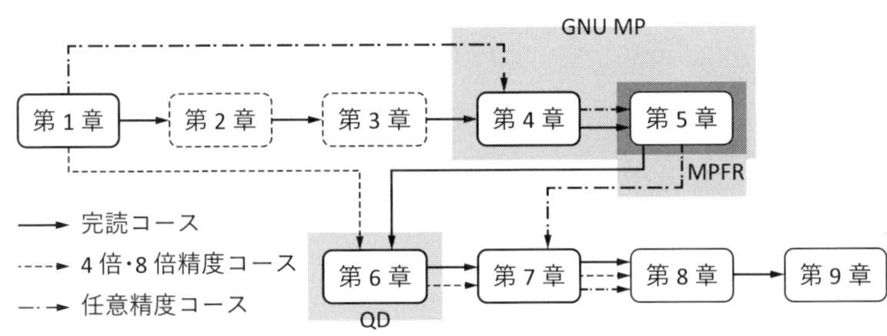


図 1　本書の読み進め方

**完読コース**　多倍長精度演算をきちんと理解するためには，適用対象となる事例やプログラミング手法（第 1 章）に加えて，数値計算（第 2 章）や高性能計算（第 3 章）の基礎的事項を把握しておく必要がある．これらを既習の大学 4 年生・大学院生であれば，第 1〜3 章は飛ばしていただいてもかまわない．

**4 倍・8 倍精度コース**　せいぜい 10 進 100 桁程度の計算ができれば十分，という方向けのコース．QD ライブラリの利用方法の解説が中心となる．

**任意精度コース**　数百桁，数千桁，もしくはそれ以上の精度が必要となる計算が必要な方向けのコース．GNU MP, MPFR のアルゴリズムや利用方法の解説が中心となる．MPFR はハードウェア回路で浮動小数点数演算をエミュレートする目的としても使用できるので，演算回路設計に関わる技術者にも有効であろう．

本書は実用的な目的で多倍長精度計算を使いたい人向けに記述されたものなので，いわゆる円周率 ($\pi = 3.1415926532\cdots$) の世界記録を狙いたいという向きには，Web を検索すれば山ほど出てくる記事や論文，プログラム例を読むことをお勧めする．本書が解説する範囲内では，MPFR/GMP（MPFR は GMP の上で動作するため，このようによぶ）を用いた

```
#include <stdio.h>
#include <math.h>
#include "mpfr.h" // MPFR/GMP

int main()
```

```
{
  mpfr_prec_t dec_prec, prec;
  mpfr_t mp_pi;

  printf("10進精度桁数を入力:␣"); while(scanf("%ld", &dec_prec) < 1);

  prec = (mpfr_prec_t)ceil(dec_prec / log10(2.0)); // 計算ビット数の算出

  printf("10進精度桁数␣=␣%ld\n", dec_prec);
  printf("␣2進精度桁数␣=␣%ld\n", prec);

  mpfr_init2(mp_pi, prec); // 変数の初期化

  mpfr_const_pi(mp_pi, MPFR_RNDN); // piを計算
  mpfr_printf("pi(%ld␣bits)␣=␣%RNe\n", prec, mp_pi); // 出力

  mpfr_clear(mp_pi); // 変数の消去

  return 0;
}
```

というプログラム (`mpfr_pi_simple.c`) を使い，Linux 環境下で MPFR/GMP をリンクして実行ファイル (`a.out`) を生成して実行すると，

```
$ gcc mpfr_pi_simple.c -lmpfr -lgmp -lm ←コンパイルして a.out を生成
$ ./a.out                               ←実行
10 進精度桁数を入力: 1000000            ←計算桁数を入力
10 進精度桁数 = 1000000
 2 進精度桁数 = 3321929
pi(3321929 bits) = 3.141592653589793238462643383279502884197169399375105・・・
```

という結果が得られ，2019 年に販売されている通常のデスクトップパソコンなら，数百万桁程度はあっという間に計算できる，ということは保証する．世界記録を狙うのであれば，これより高速なプログラムを作成されたい．

なお，上記のものも含め，本書に登場するソースコード一式は，

https://github.com/tkouya/mpna/

に掲載しているので，適宜参照されたい．

# 目次

# 1 多倍長精度数値計算とは？

永坂[†1]「でしょうね。その後、計算機によって新しい代数方程式の問題なども出てきた。計算機の回路が全部 10 進で、データ作成もチェックも 10 進でやる場合は解がぴっちり出るんです。それが 2 進回路になってからは、10 進のデータを 2 進に変換したりする過程で誤差が出るんです。こうした誤差に対する認識は、外国ではしっかりしているんですが、日本人は今でもその辺の認識が甘くて、高精度計算をすればよいと考える傾向が強いようですね」

―――――― 遠藤諭「新装版 計算機屋かく戦えり」(アスキー)

本章では，多倍長精度数値計算が必要となる事例としてロジスティック写像が生成する数列計算を取り上げ，精度が著しく失われる「桁落ち」を防ぐために役立つことを，プログラム例とともに示す．次に，「多倍長」という語の意味を解説し，そのデータ構造やライブラリについても触れる．

## 1.1 ロジスティック写像の計算

有限桁の浮動小数点数に基づく数値計算では，計算するための数値に最初から誤差（初期誤差）が混入していたり，計算過程でも丸めによる誤差（丸め誤差）が入り込んでくる．多倍長精度数値計算（多倍長計算）は，これらの誤差を小さく抑え，計算結果への影響を極力少なくする方法の 1 つである．ここではその具体例を見ていくことにする．

有限桁の浮動小数点数に基づく数値計算では，計算過程において丸め誤差が発生する．これを減らす根本的な解決策は，浮動小数点数を使わずに済むアルゴリズムに変更するか，仮数部の桁数を増やして**マシンイプシロン**（丸め誤差の最小単位）を小さくするほかない．

現在では，Mathematica, Maple, MATLAB のような統合型 GUI 数学ソフトウェアで多倍長計算が利用できないものは皆無であり，C, C++, Python, Julia 等のプログラミング言語からも，MPFR/GMP や QD などのようなソフトウェアライブラリ

†1 元・日本大学教授．

を介することで，多倍長計算が利用できる環境が整っている．数値計算にこれを利用しない手はない．

以下，桁落ちする計算の例として，**ロジスティック写像** (logistic map)

$$f(x) = 4x(1-x) \tag{1.1}$$

を使った漸化式

$$x_{i+1} := f(x_i) = 4x_i(1-x_i) \tag{1.2}$$

によって導出される実数列 $\{x_i\}_{i=0}^{100}$ を，IEEE754 単精度（以下，単精度．2 進 24 ビット，10 進 7 桁）と倍精度（2 進 53 ビット，10 進 15 桁）の浮動小数点数演算を使用して求めた結果を示す．プログラムは，たとえば C 言語で記述すると，**リスト 1.1** のようになる．初期値は $x_0 = 0.7501$ と指定し，$x_0, x_{10}, x_{20}, ..., x_{100}$ まで出力するようにしている．

リスト 1.1　ロジスティック写像を計算する C プログラム：`logistic.c`

```
1  #include <stdio.h>
2  
3  int main(void)
4  {
5    int i;
6    float x[102]; // 単精度
7  
8    x[0] = 0.7501; // 初期値
9  
10   for(i = 0; i <= 100; i++)
11   {
12     x[i+1] = 4 * x[i] * (1 - x[i]);
13     if(i%10 == 0)
14       printf("%5d␣%25.17e\n", i, x[i]); // 小数点以下17桁を表示
15   }
16 
17   return 0;
18 }
```

以下は単精度で配列を宣言したときの結果で，`7.501・・・e-01` $= 7.501\cdots \times 10^{-1}$ という浮動小数点表記になっている．14 行目の書式指定では小数点以下 17 桁表示しているが，実際には 7 桁程度の有効桁数（正確な桁数）しかないことに留意されたい．

```
    0   7.50100016593933105e-01
   10   8.44516813755035400e-01
   20   1.22903920710086823e-01
   30   4.97778177261352539e-01
   40   5.81643998622894287e-01
   50   5.58012068271636963e-01
   60   2.28748228400945663e-02
```

```
 70   9.9854815006256103 5e-01
 80   9.4218009710311889 6e-01
 90   2.1293897926807403 6e-01
100   7.5686401128768920 9e-01
```

次に，リスト 1.1 のプログラムにおいて，6 行目を

```
double x[102]; // 倍精度
```

と書き換えて配列 x を倍精度で宣言し，コンパイルし直して再度実行してみると，以下のような結果が得られる．

```
  0   7.5009999999999989e-01
 10   8.4449595360220119 9e-01
 20   1.4293972452839953 7e-01
 30   8.5429602031415541 3e-01
 40   7.7499588454277712 5e-01
 50   7.9513282742363675 1e-02
 60   2.7387276284958722 6e-01
 70   9.9702155661139668 7e-01
 80   3.5278542506907079 0e-01
 90   6.3555811113461890 8e-01
100   5.1539000628661602 0e-01
```

単精度計算と倍精度計算の結果を見比べたときの違いを観察してみると，

- 初期値 $x_0$ の有効桁数が 7 桁から 15 桁に増えている
- $x_{20}$ ではもう最初の 1 桁程度しか精度がない
- $x_{30}$ 以降の両者の値はまったく異なっている

ということがわかる．つまり，単精度計算した場合の $x_{30}$ 以降の計算はどうも怪しい，と勘ぐらねばならない．

この数列の計算は，断続的な桁落ちが無限に発生する，悪条件な計算の一例である．

理由は，$x_i \in (0,1)$ であれば，$1 - x_i$ のところで，少しずつではあるが有効桁数が減り，しかも $i$ が大きくなっても常に $x_i \in (0,1)$ が保たれているため，この有効桁数の減少が発生し続けて，正しい値とのズレが大きくなっていくからである．

### 1.1.1 ── MPFR を用いた例

桁落ちを防ぐ抜本的な方法は，計算方法の変更，とくに桁落ちを引き起こす加減算を含まない計算法に変えることである．したがって，計算方法を変えずに有効桁数を維持するためには，桁落ちする以上の有効桁数を確保する計算，すなわち多倍長計算を行うほかない．

ここで，多倍長計算を利用して，より正確な $x_{100}$ の値を取得してみよう．MPFR[22] という，任意の仮数部長を設定できる**多数桁方式**の多倍長浮動小数点演算ライブラリを，*mpreal* クラス[11] を介して用いるロジスティック写像を計算する C++プログラムを**リスト 1.2** に示す（MPFR については第 5 章で解説する）．

リスト 1.2　MPFR+*mpreal* を用いたロジスティック写像計算プログラム：`logistic_mpreal.cpp`

```
#include <iostream>
#include <iomanip>

// MPFR/GMP + mpreal.h
#include "mpreal.h"

using namespace std;
using namespace mpfr;

int main(int argc, char *argv[])
{
  int i;
  int num_bits, num_decimal;

  // 引数チェック
  if(argc <= 1)
  {
    cerr << "Usage:␣" << argv[0] << "␣[num_bits]" << endl;
    return 0;
  }

  // 計算桁数の設定
  num_bits = atoi(argv[1]);
  if(num_bits <= 24)
    num_bits = 24;

  num_decimal = (int)ceil(log10(2.0) * (double)num_bits);
  mpreal::set_default_prec(num_bits);

  cout << "num_bits␣=␣" << num_bits << ",␣num_decimal␣=␣" <<
   num_decimal << endl;

  mpreal x[102];

  // 初期値
  x[0] = "0.7501";

  for(i = 0; i <= 100; i++)
  {
    x[i + 1] = 4 * x[i] * (1 - x[i]);
    if((i % 10) == 0)
      cout << setw(5) << scientific << i << setprecision(num_decimal) <<
       ",␣" << x[i] << endl;
  }

  return 0;
}
```

このプログラムをコンパイルして，logistic_mpreal という実行ファイルを生成したとしよう．MPFR は 2 進仮数部長を設定できるので，オプション引数を通じて実行時に 128 ビット長（10 進 39 桁）で計算させるようにすると，以下のような結果が得られる．

```
$ ./logistic_mpreal 128 ←オプション引数でビット長 (128) を指定
num_bits = 128, num_decimal = 39
   0, 7.500999999999999999999999999999999999996e-01
  10, 8.444959536022174475371487025615413726987e-01
  20, 1.429397245123076552842817572313062611929e-01
  30, 8.542960037044218916661311842588648476037e-01
  40, 7.749757531182012412802234612368241722648e-01
  50, 9.337533219770302905518968755512848883899e-02
  60, 4.082201682908781318710614621616144153235e-01
  70, 7.151199970505857487895374560465416966448e-02
  80, 4.632533029007756746025867098954594468597e-01
  90, 1.334405012084188495592066716967670088314e-03
 100, 7.881798939188403402763080123886829234952e-02
```

さらに 64 ビット加えて 192 ビット（10 進 58 桁）で計算すると，以下のようになる．

```
$ ./logistic_mpreal 192
num_bits = 192, num_decimal = 58
   0, 7.5009999999999999999999999999999999999999999999999999999995e-01
  10, 8.4449595360221744753714870256154137267401952291229127994241e-01
  20, 1.4293972451230765528428175723130628307376969200214118609138e-01
  30, 8.5429600370442189166613118425888744374797589008234393321899e-01
  40, 7.7497575311820124128022346126421168481511313680641244496765e-01
  50, 9.3375332197703029055189668015168234762822977395325945609212e-02
  60, 4.0822016829087813187102766181952686730352991066524595956901e-01
  70, 7.1511999705058574897099346417593218383804270014431994685941e-02
  80, 4.6325330290077571055993467458320753690534071378641536723438e-01
  90, 1.3344050120868840464692012150070861920157249053450235594548e-03
 100, 7.8817989371509906806704770402480333976913097587577823927024e-02
```

128 ビットの結果と 192 ビットの結果を比較し，一致する桁は有効桁と考えてよい．これによって，$x_{100} = 0.0788179893\cdots$ であろうという見当がついてくる．

### 1.1.2 ── QD を用いた例

QD[3] は，MPFR とは異なる方式の多倍長計算ライブラリである．MPFR に比べて実装が容易なので派生ライブラリは多数存在するが，オリジナルの QD は倍精度型の浮動小数点数を 2 つ（*dd_real* クラス），もしくは 4 つ（*qd_real* クラス）使用して固定的に桁数を増やす**マルチコンポーネント方式**をとっており，それぞれ 106 ビット（= 53 ビット × 2，10 進 31 桁），212 ビット（= 53 ビット × 4，10 進 63 桁）長の固定精度浮動小数点数となる．

リスト 1.3 に，*dd_real* クラスを使用して記述したロジスティック写像計算プログラムを示す（QD については，第 6 章で詳しく解説する）．QD はネイティブな C++ ライブラリなので，*mpreal* クラスを使用したリスト 1.2 とほとんど同じ記述で，ロジスティック写像の計算が可能となる．

リスト 1.3　QD を用いたロジスティック写像計算プログラム：`logistic_dd.cpp`

```
#include <iostream>
#include <iomanip>
#include "qd_real.h" // dd_realクラスとqd_realクラス

using namespace std;

int main()
{
  int i;
  dd_real x[102]; // DD精度

  // 初期値
  x[0] = "0.7501";

  fpu_fix_start(NULL);

  for(i = 0; i <= 100; i++)
  {
    x[i + 1] = 4 * x[i] * (1 - x[i]);
    if((i % 10) == 0)
      cout << setw(5) << i << setprecision(32) << ",␣" << x[i] << endl;
  }

  return 0;
}
```

これを実行すると，以下のように，106 ビット計算の結果を小数点以下 10 進 32 桁出力して得ることができる．

```
$ ./logistic_dd
    0, 7.50099999999999999999999999999990e-01
   10, 8.44495953602217447537148702561782e-01
   20, 1.42939724512307655284281757005224e-01
   30, 8.54296003704421891666130950910847e-01
   40, 7.74975753118201241279940632737627e-01
   50, 9.33753321977030292569771855206004e-02
   60, 4.08220168290878480924302693837262e-01
   70, 7.15119997048711868116542129522737e-02
   80, 4.63253302529447218212529956368927e-01
   90, 1.33437717550585565248899599629412e-03
  100, 7.90285196403211215691810211489827e-02
```

この場合，有効桁数は最初の 1 桁目しかないことは，リスト 1.2 の `logistic_mpreal.`

cpp の 128 ビット，192 ビット計算結果と比較すれば容易にわかる．

では，リスト 1.3 の 10 行目の `dd_real` を，212 ビット精度の `qd_real` に書き換え，21 行目の `setprecision(32)` を `setprecision(64)` と書き換えて，表示桁数を倍にするとどうなるだろうか？　実際に書き換えて再コンパイルして実行してみると，以下のようになる．

```
$ ./logistic_qd
  0, 7.5010000000000000000000000000000000000000000000000000000000000000e-01
 10, 8.4449595360221744753714870256154137267401952291229128000784836889e-01
 20, 1.4293972451230765528428175723130628307376969200214112138765683432e-01
 30, 8.5429600370442189166613118425888744374797589008227714686828830936e-01
 40, 7.7497575311820124128022346126421168481511313672546437683759904859e-01
 50, 9.3375332197703029055189668015168234762823035148728377335712513474e-02
 60, 4.0822016829087813187102766181952686730362981285202267088068037662e-01
 70, 7.1511999705058574897099346417593218330172114550014128305492366822e-02
 80, 4.6325330290077571055993467458320743062778639025185340006762860292e-01
 90, 1.3344050120868840464692012149991190706624483976174704690161639369e-03
100, 7.8817989371509906806704770462699247076819063446303925907861408889e-02
```

リスト 1.2 の `logistic_mpreal.cpp` の 192 ビット計算結果と比較すると，$x_{100} = 0.0788179893715099068067047704\cdots$ であろうということがわかる．

## 1.2 そもそも「多倍長」ってどういう意味？

コンピュータ内部におけるデータはすべて**2 進数** (binary number)，すなわち，0 もしくは 1 の並びで表現される**数値** (numerical value) である．データを格納する記憶領域の大きさは制限されているので，すべての数値の長さは有限でなければならない．標準的に使用される**数値の形式** (numeric format)，すなわち**データ型** (data type) は規定されており，大別すると，**整数型** (integer) と，**実数型** (real number)（**浮動小数点数型** (floating-point)[†1]）に分類される．C や C++の標準的な整数型と実数型の変数，すなわち，数値を格納するために確保される記憶領域を使用するために宣言するデータ型は，

- 整数型・・・8〜128 ビット長の 2 進整数
  - 符号付き整数型 (signed integer)
    - *int* 型
    - *long int* 型（*long* 型）

†1 実数型としては固定小数点方式の実装もあるが，本書では扱わない．

  - **符号なし整数型** (unsigned integer)
    - *unsigned int* 型
    - *unsigned long int* 型（*unsigned long* 型）
- 実数型（浮動小数点数型）・・・32 ビット長，64 ビット長の 2 進浮動小数点数
  - *float* 型・・・IEEE754 単精度（binary32, 仮数部長 2 進 24 ビット，10 進 7 桁の有限桁小数）
  - *double* 型・・・IEEE754 倍精度（binary64, 仮数部長 2 進 53 ビット，10 進 15 桁の有限桁小数）

となる．現在主流の 64 ビット CPU では，*int* 型，*unsigned int* 型，*float* 型は 32 ビット長，*long int* 型，*unsigned long int* 型，*double* 型は 64 ビット長が標準である．これらの標準的なデータ型に対しては，CPU 内部のハードウェア演算回路を使用し，1 **命令** (instruction) で高速な**演算処理** (arithmetic) が可能である．

本書では，これらの標準的なデータ型を複数組み合わせ，64 ビットより長い数値を扱う計算全般を，広義の多倍長精度 (multiple precision) 計算とよぶことにする．もっとも，主題は多倍長の実数型を使用する数値計算なので，とくに断らない限り，*double* 型より長い実数型を扱う数値計算を多倍長計算とよぶ．

これらの多倍長計算は，標準的な *float* 型，*double* 型を使用した数値計算に比べて多大な計算時間を要するのが普通である．したがって，できうる限りの高速化技法を駆使した信頼性の高い GNU MP (GMP)[27], MPFR, QD のような高精度演算ライブラリを使う必要がある．本書では，これらのライブラリを基盤とする，以下の多倍長整数型と多倍長浮動小数点数型を扱う．

- 多倍長整数型 (*mpz_t*, *mpz_class*)・・・整数型を可変長の配列 (固定長にする場合もある) にして長い桁をサポートする
- 多倍長浮動小数点数型
  - 多数桁 (multi-digits) 方式 (*mpf_t*, *mpf_class*, *mpfr_t*, *mpfr::mpreal*, *__float128*)・・・固定長の整数型の配列を仮数部（小数部）とする
  - マルチコンポーネント (multi-component) 方式 (*dd_real*, *qd_real*)・・・固定長の実数型（浮動小数点数型）の配列を丸ごと利用する．多数項 (multi-term) 方式ともよぶ

多倍長有理数型 (*mpq_t*, *mpq_class*) と多倍長複素数型（*mpc_t*, *complex* クラス）については，前者は分子と分母を多倍長整数型として，後者は実数部と虚数部を多倍長浮動小数点数型として使用して実装される．

ところで，本書では「多倍長」をこのように定義するが，複数のデータ型を混合して計算する場合を，multiple（複数）precision（精度）と呼称しているケースもある．後述するように，現在の計算環境は標準データ型演算速度の高速化が限界に達しており，計算効率を上げるために，たとえば，高速な *float* 型と比較的低速な *double* 型を混合させる方法も盛んに行われている．本書で取り上げる長い実数型でも，精度はさまざまなものを利用することが前提となっており，その意味では「標準的なものより長い精度の実数型も取り混ぜて使用する数値計算」という意味合いも「多倍長計算」に込められていると解釈してもらってかまわない．

しかし，これでは「標準より長い精度桁数」を利用しているかどうかは判然としないこともあるので，そこを強調したい向きには，**可変精度** (variable precision) 計算，**任意精度** (arbitrary precision) 計算という言葉を使用するとよい．**無限精度** (infinite precision) 計算という言葉を使うケースもあったが，無限精度の浮動小数点数をコンピュータで扱うことができない以上，本書ではこの表現は使用しない．もしほかの文献で無限精度という表現を見かけたときには，本書で扱う多倍長計算と同一のものと考えてよい．

## 1.3 浮動小数点数の形式と実用的な多倍長精度の範囲

浮動小数点数の規格として代表的なものに，IEEE754-2008 規格がある．現状，CPU や GPU 等の演算処理の中核を担うプロセッサが直接ハードウェアレベルでサポートしている浮動小数点数は，IEEE754 規格の単精度 (binary32)・倍精度 (binary64) である（**図 1.1**）．C/C++では，*float* 型が IEEE754 単精度（2 進仮数部 24 ビット，10 進 7 桁），*double* 型が IEEE754 倍精度（2 進 53 ビット，10 進 15 桁）に該当する（図

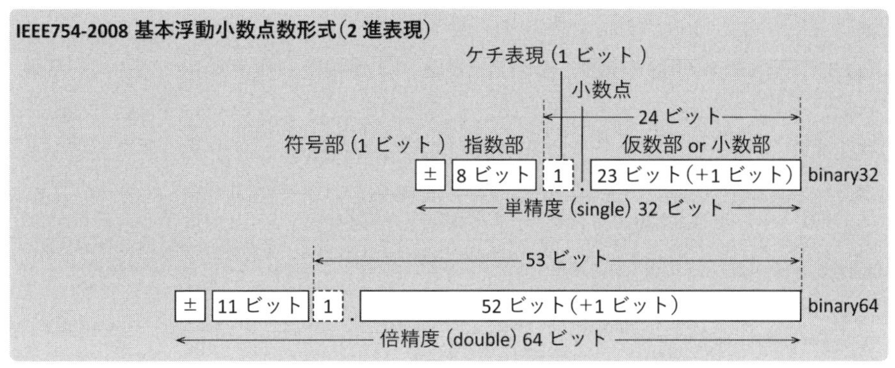


図 1.1 IEEE754 基本浮動小数点数形式

中の用語については，第2章で詳しく解説している）．

多倍長浮動小数点数は，これらの浮動小数点数型とは異なり，ソフトウェアとしてデータ型を新たに定義して実装するのがスタンダードである．多倍長の整数型とは異なり，既存のデータ型を組み合わせて実装する方法として，*float* 型もしくは *double* 型を組み合わせて実装するマルチコンポーネント方式（**図 1.2**）と，仮数部と指数部をそれぞれ別個に定義して実装する多数桁方式（**図 1.3**）の2つがある．

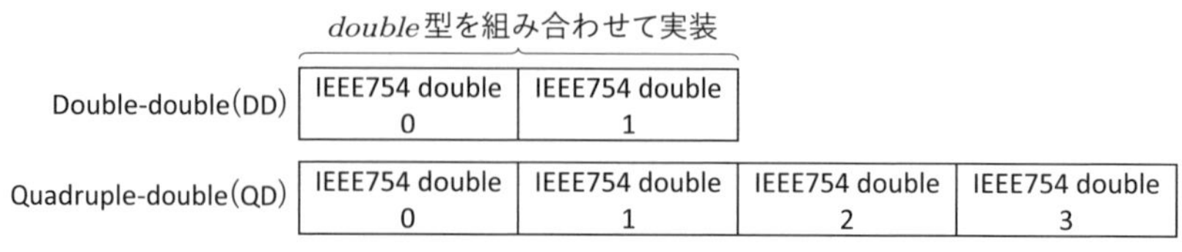


図 1.2　マルチコンポーネント型多倍長浮動小数点数

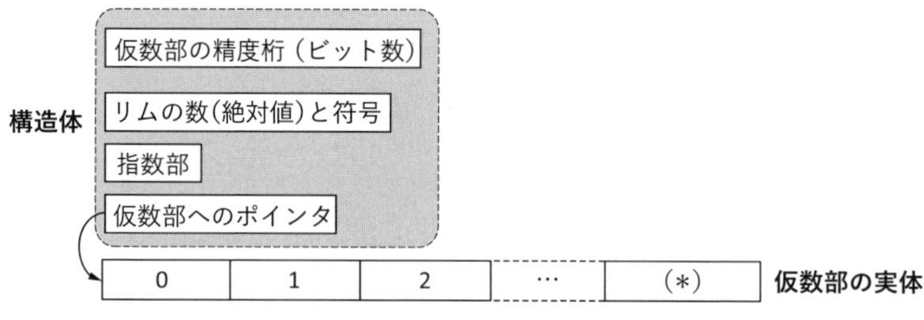


図 1.3　多数桁方式による浮動小数点形式の例

どちらの方式であれ，ソフトウェアで既存のデータ型の組み合わせとして実装される多倍長浮動小数点数演算は，ハードウェアレベルでサポートされている IEEE754 浮動小数点数演算に比べて著しく速度が落ちる．そのため，実用的な計算に用いるには，せいぜい「ユーザが要求する計算精度」の範囲内で，「四則演算が1秒未満で完了する計算精度」と考えるのが妥当であろう（**図 1.4**）．

なお，IEEE754-2008 規格は，2進と10進の2種類の表現を規定しており，2進では binary$k$（$k \geq 128, k = 32$ もしくは 64 の倍数）というフォーマットも用意してある（**図 1.5**）．ハードウェアでサポートされる演算用の標準2進浮動小数点数型である

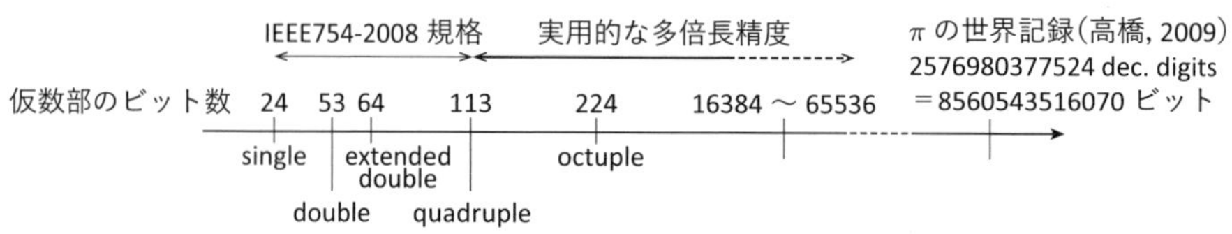


図 1.4　実用的な多倍長計算の範囲

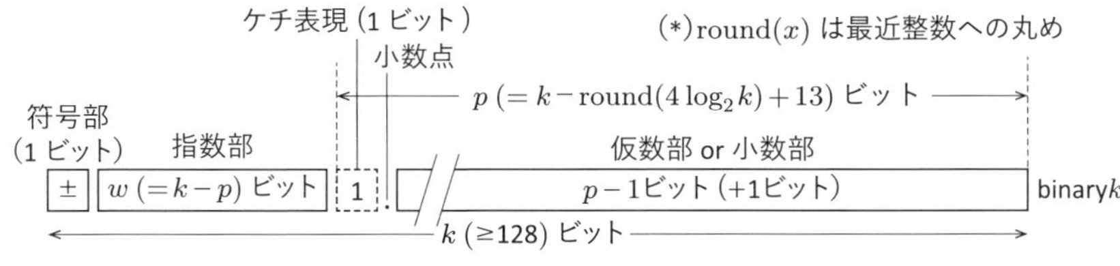


図 1.5 IEEE754-2008 binary$k$ フォーマット

binary32, 64 とは異なり，ソフトウェアで使われることを想定した，拡張型の高いデータ交換用形式として定義されているものである．本書でいうところの，多数桁方式の多倍長浮動小数点数がこれにあたる．

この方式に則った多数桁方式の 4 倍精度 (binary128) 実装としては，GCC[20] に同梱されている *__float128* 型がある．

## 1.4 GNU MP (GMP), MPFR/GMP, QD について

有限桁しか扱うことができないのが人間の限界であるが，コンピュータという高速な計算機を利用することで，その桁数の限界を伸ばすことが可能になった．とはいえ，後述するように，何十桁，何百桁，何千桁もの数値が必要となるケースは，現実にはさほど多くない．日常的に使用される範囲の固定桁整数，固定桁浮動小数点数はコンピュータのハードウェア（CPU, GPU 等）で直接扱えるようにして最高速処理を可能とし，桁数を任意に増やせる多倍長整数，多倍長浮動小数点数はソフトウェアライブラリとして構築し，必要なときにのみ利用するという使い分けを行うのが普通である．

そのため，多倍長計算を可能とするソフトウェアライブラリは，計算の信頼性はいうまでもなく，高速性が常に求められる．ソフトウェアとして実装されるだけでも低速になるうえに，多数桁の演算は桁数の何乗かに比例して処理時間が増えるからである．そのために，ハードウェアレベル，プログラミング言語レベル，アルゴリズムレベルでの高速化のための工夫が欠かせない．多倍長計算ライブラリは，四則演算レベルの構築は容易である分，世界中で多数作られてきたが，これらの高速化の工夫を随所で行い，多数のユーザに使用されることで信頼を勝ち得て生き残ってきたライブラリはごく少数である．本書では，その中から GMP (GNU MP) と，GMP の自然数演算カーネルに依存した MPFR/GMP，IEEE754 倍精度演算を複数組み合わせて 4 倍精度（**疑似 4 倍精度**，**倍々精度**，**DD 精度**，**double-double**），8 倍精度（**疑似 8 倍精度**，**QD 精度**，**quadruple-double**）浮動小数点数を実現した QD を中心に取り上げる．

最近は，Mathematica, MATLAB, Scilab, R といった統合型数学ソフトウェアや，

Python, Julia といった動的言語環境で容易に多倍長計算が可能になっているが，内部的にはハードウェア演算とソフトウェア多倍長計算とは明確に分離して管理されており，いたずらにハードウェア演算を超える桁数の数値を使用すると，処理速度が著しく落ちる可能性がある．したがって，多倍長精度の演算が必要であっても，グラフにプロットするデータとして使用するなど，標準浮動小数点数を前提とした用途に多倍長浮動小数点数を使用する場合には，標準的な桁数に丸めて利用するなどの工夫が必要となる．

これらの多倍長計算が可能なソフトウェアの年表を，**表 1.1** に示す．GNU MP は 25 年以上，MPFR/GMP は 10 年以上，QD も 20 年以上の歴史を誇る，信頼性と高速性に優れた無料のオープンソース多倍長計算ライブラリである．

表 1.1　多倍長浮動小数点数演算ライブラリの歴史

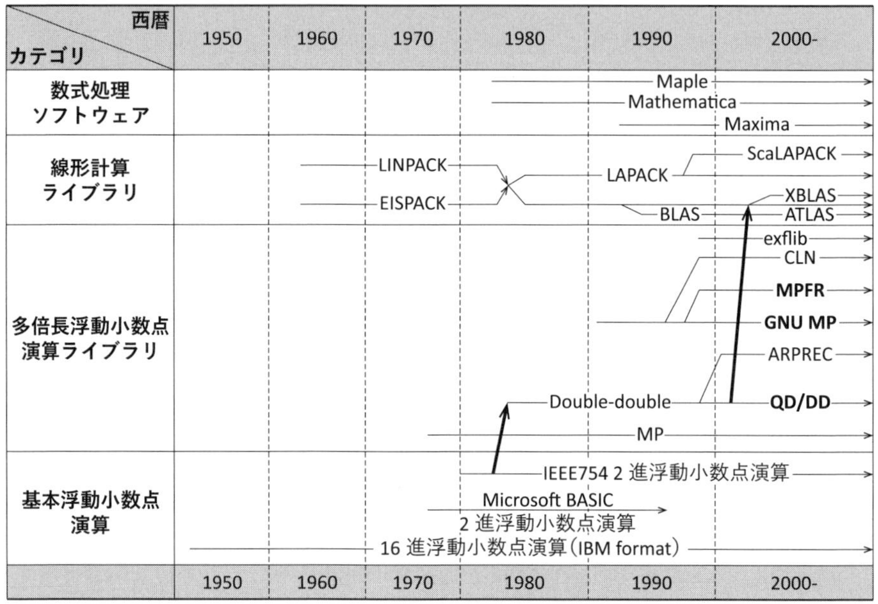


この多倍長浮動小数点数，すなわち，「IEEE754 単精度・倍精度より仮数部の桁数が多い浮動小数点数」を，実装方法に基づいて分類すると，次のようになる．

### ◆—— 固定長 vs. 可変長

多倍長浮動小数点数の実装方法として，固定された精度桁数のみサポートする方式と，精度桁数を変数宣言時以降も自由に変更できる可変長方式がある．QD がサポートする DD 精度，QD 精度[3] や exflib[31]，*__float128* が前者，MPFR[22] や GMP の

*mpf_t* 型は後者にあたる．

**固定長**：DD（4 倍精度）・QD（8 倍精度），exflib, *__float128*（付録 D）
**可変長**：MPFR/GMP, mpf (GMP)

**◆—— マルチコンポーネント方式 vs. 多数桁方式**

多倍長浮動小数点数を，標準浮動小数点数型（*float* 型，*double* 型）に無誤差変換技法（第 6 章を参照）を適用して実装する方式（マルチコンポーネント方式または多数項方式）で実現するのか，標準整数型の配列を組み合わせて実現する方式（多数桁方式）で実現するのか，という分類．

**マルチコンポーネント方式**：DD, QD
**多数桁方式**：MPFR/GMP, mpf (GMP), exflib, *__float128*

なお，これらは四則演算を実装するための必要最小限の多倍長浮動小数点「演算」のためのライブラリである．これらを土台にして，基本線形計算やそのほかの数値計算アルゴリズムを実装した C/C++多倍長計算ライブラリは，線形計算ライブラリ LAPACK/BLAS を多倍長計算に対応させた MPACK (MLAPACK/MBLAS)[18] や BNCpack[14] 等，多数存在する．

## 章末問題

**1.1** どんなソフトウェアを用いてもよいので，100! と 1000! の値を求めよ．

**1.2** ロジスティック写像（式 (1.2)）に関して，次の問いに答えよ．

(1) 倍精度計算結果と多倍長計算結果を比較し，倍精度計算結果が 10 進有効 5 桁を維持できている $x_n$ の範囲を求めよ．

(2) $x_{200}$ の値を，有効桁数 5 桁以上になるように計算桁数を設定して求めよ．

**1.3** **[発展]** 数式処理ソフトウェア Mathematica, MATLAB やプログラミング言語 Python, Julia で多倍長計算を利用する方法を調べ，ロジスティック写像（式 (1.2)）の計算を多倍長計算を用いて実行するスクリプトを書け．

# 2 コンピュータにおける数値演算の基礎

MPFR には計算結果の有効精度を保証する機能はありません。つまり，ユーザ自身が，より高度なレイヤーの機能を活用し，自分で計算結果の有効性を確認しなければなりません。

——— MPFR Version 4.0.2 マニュアル

本章では，本書で使用するコンピュータ上での数値演算の基本を述べる．数学における数とは，クラス分けされた無限集合の一要素であり，具体的に表記するためには任意の桁数，有理数や実数に至っては無限桁の小数である必要がある．それをメモリ容量が有限であるコンピュータで扱うためにはどうしても有限桁に収めなければならず，ここで数学の理論体系と齟齬(そご)が生じることになる．本章ではその齟齬をどのように扱うか，という実用上の工夫について解説する．

## 2.1 数の体系

**自然数** (natural number)，**整数** (integer)，**有理数** (rational number)，**実数** (real number)，**複素数** (complex number) の集合を，本書では以下のように表す．

**自然数**：$\mathbb{N} = \{0, 1, 2, ..., n, ...\}$
**整数**：$\mathbb{Z} = \mathbb{N} \cup \{...,\ -n,\ ...,\ -2,\ -1\}$
**有理数**：$\mathbb{Q} = \{m/n \mid m, n \in \mathbb{Z},\ n \neq 0\}$
**実数**：$\mathbb{R}$
**複素数**：$\mathbb{C} = \{a + b\mathrm{i} = a + b\sqrt{-1} \mid a, b \in \mathbb{R}\}$

実数を構成する要素として，有理数のほかに**無理数** (irrational number) があるが，この無理数の集合は

$$\pi, \sqrt{2}, e, ... \in \mathbb{R} - \mathbb{Q} = \{\ x \mid x \in \mathbb{R},\ x \notin \mathbb{Q}\ \}$$

ということになる．

## 2.2 自然数と実数の表現方法

前節で示した 5 種類の数のうち，整数は自然数に ± の**符号** (signature) を付加して表現することができ，有理数は**分母** (denominator) を非ゼロの自然数で，**分子** (numerator) を整数で表現した**既約分数** (irreducible fraction) として表現することができる．複素数は**実数部**（**実部**，real part）と**虚数部**（**虚部**，imaginary part）をそれぞれ実数で表現することができる．

したがって，自然数と実数の表現ができれば，ほかの 3 種類の数の表現も可能となる．

そこで，以下では自然数と実数の **$\beta$ 進表現** ($\beta$-adic expression) について解説する．$\beta$ 進表現された数は，**$\beta$ 進数** ($\beta$-adic number) とよばれる．$\beta$ としては 2 以上の自然数を設定できるが，コンピュータ上ではもっぱら $\beta = 2$（2 進，binary），8（8 進，octal），16（16 進，hexadecimal），10（10 進，decimal）の 4 種類を使用する．

### 2.2.1 ── 自然数の $\beta$ 進表現

自然数 $n \in \mathbb{N}$ の $\beta$ 進表現は，

$$n = \sum_{i=0}^{l_n} b_i \beta^i = (b_{l_n} \cdots b_1 b_0)_\beta, \quad l_n = \lfloor \log_\beta n \rfloor \tag{2.1}$$

となる．ここで，$\lfloor x \rfloor$ は $x$ を超えない最大の整数を意味する．$\beta = 10$ の場合は括弧で括らず，標準の表現として利用する．

**例 2.1**

10 進表現の 123 の **2 進表現**は，次のようになる．

$$123 = (1111011)_2$$

これは，123 を 2 で割り，その剰余（余り，modulus）を桁として採用する方式で求めることができる．

2 進数ではどうしても桁数が多くなるので，2 進表現を 3 桁（または 3 ビット）ずつまとめた **8 進表現**，4 桁（4 ビット）ずつまとめた **16 進表現**を使用する．

$$123 = (1111011)_2 = (173)_8 = (7\mathrm{B})_{16}$$

16 進表現では，10〜15 までをアルファベット A〜F（または a〜f）に置き換えて表現することが慣習となっている．

Archimedes **の公理**より，どんな $n \in \mathbb{N}$ に対しても，必ず $m > n$ となる $m \in \mathbb{N}$ が

存在する．この $m$ の $\beta$ 進表現を考えると，必ず $l_m(= \lfloor \log_\beta m \rfloor) + 1$ 桁必要となる．$m > n$ ならば $l_m \geq l_n$ となるので，任意の自然数を表現するための桁数 $l_m$ は果てしなく増えてしまう．つまり，無限桁表現が可能でなければ，任意の自然数を表現することはできない．同じことは整数についても，有理数についてもいえる．

### 2.2.2 —— 実数の $\beta$ 進表現

実数 $x \in \mathbb{R}$ の $\beta$ 進表現は，無限桁の小数となる．

$$x = \sum_{i=-\infty}^{l_x} b_i \beta^i = \pm(b_{l_x} \cdots b_1 b_0 . b_{-1} b_{-2} \cdots)_\beta, \quad l_x = \lfloor \log_\beta |x| \rfloor \tag{2.2}$$

$|x| < 1$ のときは，$b_0 = \cdots = b_{l_x+1} = 0$ とし，$(0.0 \cdots 0 b_{l_x} \cdots)_\beta$ のように，整数部から最初の非ゼロ桁の 1 つ前の桁までを 0 で埋めて表現する．この表記法を**固定小数点** (fixed-point) 表現とよぶ．

実数 $x$ が有理数の場合は，既約分数は必ず**循環小数**になるので，パターンだけを記憶しておくならば有限桁で済む．たとえば，10 進表現であれば，

$$\frac{40}{3} = 13.3333\cdots = 13.\dot{3}, \quad \frac{2}{7} = 0.285714285714\cdots = 0.\dot{2}8571\dot{4}$$

のように，循環の始まりの数と終わりの数に点を付けて示す．

**例 2.2**

10 進表現の 0.123 を 2 進，8 進，16 進表現すると，それぞれ次のようになる．

$$\begin{aligned} 0.123 &= (0.000\dot{1}1111011111001110110110\cdots0111010010111100011010100\dot{1})_2 \\ &= (0.0\dot{7}6763554426416254020304 46\cdots1055034530040611156457065\dot{1})_8 \\ &= (0.1\dot{F}7CED916872B020C49BA5E35\dot{3})_{16} \end{aligned}$$

どのみち，実数は循環するとは限らない $\beta$ 進無限小数となるため，正確に表現するためには無限桁表現が必須となる．2 つの実数の組として表現される複素数についても，同様のことがいえる．

**問題 2.1**

12.3 を 2 進表現，16 進表現せよ．

## 2.3 コンピュータの内部構造

以上見てきたように，数学的に定義されている5種類の数を正確に $\beta$ 進表現するためには無限の桁数が必要となるが，実用的には，有限時間で処理が可能な有限桁数の範囲内の数しか扱うことはできない．コンピュータという高速な計算処理装置を使うことで，「有限桁数」の範囲を広げることは可能になるが，あくまで有限桁で数を表現しなければならない．

コンピュータ上における処理を高速化するには，まずコンピュータのハードウェア構成を知っておく必要がある．図2.1にその概要を示す．

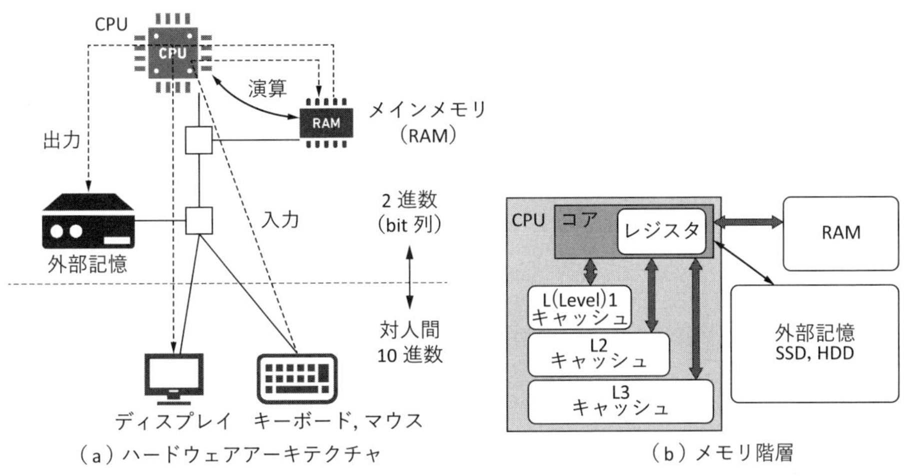


図2.1 PCのハードウェアアーキテクチャとメモリ階層

現在のコンピュータのCPUは，中核的な処理を行う半導体を**コア** (core) という形でまとめ，複数搭載した**マルチコア** (multi-core) 構成が一般的になっている．さらに，メインメモリであるRAMにため込んだデータは，再利用が可能なように一度**キャッシュメモリ** (cache memory) に蓄えられ，再度必要になったとき，キャッシュメモリにそのデータが残っているかどうかをチェックし，存在していれば，すなわち，キャッシュメモリにヒットすれば，RAMからではなく，データアクセスが高速なキャッシュメモリから読み出すようになっている．

処理の高速化のためには，これらのハードウェア構成を踏まえたうえで，どれだけの高速化が可能なのかを吟味する必要がある．本書では，基本的にすべてのデータはメインメモリで保持できるものとし，実行する処理としては，2.1節で分類した5種類の数の計算のみを考える．

## 2.4 有限集合上の整数演算

$\beta$ 進法で $m$ 桁以内で表現できる自然数の有限部分集合を，$\mathbb{N}/\beta^m\mathbb{N}$ と書くことにする．すなわち，

$$\mathbb{N}/\beta^m\mathbb{N} = \{0, 1, ..., \beta^m - 1\}$$

である．前述したように，コンピュータ上のデータはすべて有限桁で表現できるものに限られるため，このような有限集合内に収まるような計算体系を考える必要がある．整数演算の場合は，任意の $a, b \in \mathbb{N}/\beta^m\mathbb{N}$ に対して，演算 $\circ$ の結果 $a \circ b$ を，$(a \circ b) \bmod \beta^m$ に置き換える．つまり，

$$a \circ b = \begin{cases} a \circ b & (a \circ b \leq \beta^m - 1) \\ a \circ b \bmod \beta^m & (a \circ b > \beta^m - 1) \end{cases} \tag{2.3}$$

となる．これを**剰余演算** (modulo) とよぶ．

**例 2.3**

$\beta = 2, m = 2$ とすると，$\mathbb{N}/2^2\mathbb{N} = \{0, 1, 2, 3\} = \{(00)_2, (01)_2, (10)_2, (11)_2\}$ となる．したがって，加算 $(+)$ と乗算 $(\times)$ の演算結果は**表 2.1** のようになる．

**表 2.1**　$\mathbb{N}/2^2\mathbb{N}$ の演算表

(a) 加　算

| + | 0 | 1 | 2 | 3 |
|---|---|---|---|---|
| 0 | 0 | 1 | 2 | 3 |
| 1 | 1 | 2 | 3 | 0 |
| 2 | 2 | 3 | 0 | 1 |
| 3 | 3 | 0 | 1 | 2 |

(b) 乗　算

| × | 0 | 1 | 2 | 3 |
|---|---|---|---|---|
| 0 | 0 | 0 | 0 | 0 |
| 1 | 0 | 1 | 2 | 3 |
| 2 | 0 | 2 | 0 | 2 |
| 3 | 0 | 3 | 2 | 1 |

現在のコンピュータにおける整数演算は剰余演算として実装されており，演算結果は必ず $m$ 桁内で収まるようになっている．通常，$m = 8, 16, 32, 64, 128$ である．C, C++では，符号なし整数型がこれに相当する．

負の整数についても，実際には $\mathbb{N}/2^m\mathbb{N}$ の自然数と対応付けられたものとして表現されており，コンピュータ上ではもっぱら **2 の補数** (2’s compliment) が使用される．つまり，$0 \sim 2^{m-1} - 1$ まではそのまま正の整数として扱うが，$2^{m-1} \sim 2^m - 1$ までは，以下のように負数として扱われる．

$$
\begin{aligned}
(00\cdots00)_2 &= 0 \\
&\vdots \\
(01\cdots11)_2 &= 2^{m-1}-1 \\
(10\cdots00)_2 &= 2^{m-1} && \to -2^{m-1} \\
(10\cdots01)_2 &= 2^{m-1}+1 && \to -2^{m-1}+1 \\
&\vdots && \vdots \\
(11\cdots11)_2 &= 2^{m-1}+(2^{m-1}-1) = 2^m-1 \to -1
\end{aligned}
$$

$a \in \mathbb{N}/2^m\mathbb{N}$ に対し，2 の補数は $-a \to 2^m - a$ が割り当てられる．したがって，剰余演算の結果，$a + (-a) = 2^m \to 0$ が保証される．

**例 2.4**

$\mathbb{N}/2^2\mathbb{N}$ 上で 2 の補数を考えると，$\{0,1,2,3\} \to \{0,1,-2,-1\}$ となる．したがって，表 2.1 の演算結果は**表 2.2** のように表記される．2 ビットで収まらない計算結果は，たとえば $1+1=2 \to -2$, $-2+(-1)=-3 \to 1$, $(-2)\times(-2)=4 \to 0$ となる．

表 2.2　2 の補数を使用した場合の演算表

(a) 加　算

| $+$ | 0 | 1 | $-2$ | $-1$ |
|---|---|---|---|---|
| 0 | 0 | 1 | $-2$ | $-1$ |
| 1 | 1 | $-2$ | $-1$ | 0 |
| $-2$ | $-2$ | $-1$ | 0 | 1 |
| $-1$ | $-1$ | 0 | 1 | $-2$ |

(b) 乗　算

| $\times$ | 0 | 1 | $-2$ | $-1$ |
|---|---|---|---|---|
| 0 | 0 | 0 | 0 | 0 |
| 1 | 0 | 1 | $-2$ | $-1$ |
| $-2$ | 0 | $-2$ | 0 | $-2$ |
| $-1$ | 0 | $-1$ | $-2$ | 1 |

このように，標準的な整数演算では，どんな値の組み合わせでも $2^m$ を超える絶対値の整数が現れることはなく，**桁あふれ**（2.5 節参照）というものがない．そのため，桁の長い整数どうしの正確な演算を求めるのであれば，多倍長整数演算が必要となる．

**問題 2.2**

$a \in \mathbb{N}/2^m\mathbb{N}$ を考える．$m=8$ のとき，$a=-36$ に対応する 2 の補数表現を求めよ．

## 2.5 有限桁の浮動小数点数演算表現

式 (2.2) のように表現される実数 $x$ を，必ず最上位桁が非ゼロの 1 の位，もしくは小数点以下 1 位になるように $\beta^e$ ($e \in \mathbb{Z}$) を乗じて調整し，$\beta$ 進 $s+1$ 桁に**丸め** (round)

た有限桁の小数表現を，$\beta$ 進 $s+1$ 桁の**浮動小数点表現** (floating-point expression) とよぶ．

$$\pm(d_0.d_{-1}d_{-2}\cdots d_{-s})_\beta \cdot \beta^e \tag{2.4}$$

コンピュータ上では，**符号部** (signature, sign)，**仮数部** (mantissa) または**小数部** (fraction)，**指数部** (exponent) のみを記憶するようにし，

| $\pm$ | $e$ | $d_0.d_{-1}d_{-2}\cdots d_{-s}$ |
|---|---|---|

という形式で保存する．$d_0 \neq 0$ となる**浮動小数点数** (floating-point number) を**正規形** (normalized form) とよび，正規形になるように指数部を調整する作業を**正規化** (normalization) とよぶ．指数部 $e$ は $\beta$ 進整数として表現する．2 進表現の場合は，正規化された浮動小数点数は必ず $d_0 = 1$ となるため，ここを省略して $d_{-1}$ 以降だけを格納する**ケチ表現** (economical expression) もよく利用される（図 1.1，1.5）．

仮数部は，$s+1$ 桁固定長の自然数 $M = (d_0d_{-1}\cdots d_{-s})_\beta$ を用いて $M\cdot\beta^{-s}$ とも表現できる．したがって，式 (2.4) は

$$\pm(d_0d_{-1}d_{-2}\cdots d_{-s})_\beta \cdot \beta^{e-s} = \pm M \cdot \beta^{e-s} \tag{2.5}$$

とも記述できる．

浮動小数点表現可能な実数範囲は，主として指数部の長さで決まる．指数部の最大値を $e_{\max}$，最小値を $e_{\min}$ とすると，表現可能な最大の浮動小数点数は $[-(\beta^{s+2}-1)\cdot\beta^{e_{\max}-s}, +(\beta^{s+2}-1)\cdot\beta^{e_{\max}-s}]$ の範囲に限られる．この範囲外の浮動小数点数が出現することを**オーバーフロー**（overflow，桁あふれ）とよび，範囲外の浮動小数点数を**無限大** (Infinity)，すなわち Inf と表記する．不定となる演算結果に対しては**非数** (Not a Number)，すなわち NaN とする．

$c = (\beta^{s+2}-1)\beta^{-s}$ と表記するとき，浮動小数点表現可能な範囲は**図 2.2** のようになる．

指数部の最小値より絶対値が小さい値の場合，指数部を $e_{\min}$ に固定して仮数部だけで桁調整した**非正規化数** (unnormal, denormal) として表現すると，極力ゼロに近いところまで浮動小数点表現が可能となる．絶対値が $(0.00\cdots01)_\beta\cdot\beta^{e_{\min}}$ 未満になったときには強制的にゼロとして扱う．これをアンダーフローとよぶ．オーバーフローは処理上の問題（例外，exception）として扱うが，アンダーフローは通常はエラーとはみなさない．

現状，CPU, GPU 等の演算処理の中核を担うプロセッサが直接ハードウェアレベルでサポートしている浮動小数点数は，IEEE754-2008 規格のうち，2 進表現 (binary***k***)

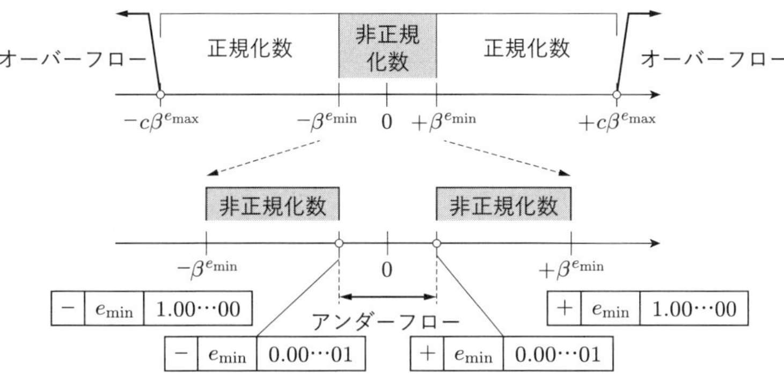


図 2.2 浮動小数点表現可能な範囲

形式で，単精度 (**binary32**) と倍精度 (**binary64**) が主となる（図 1.1）．C/C++では float 型が IEEE754 単精度（2 進仮数部 24 ビット，10 進約 6 桁），double 型が IEEE754 倍精度（2 進 53 ビット，10 進 15 桁）となる．

また，近年，深層学習で利用されている**半精度** (half precision) 表現（**図 2.3**）は **binary16** と称されるもので，最新の CPU や GPU ではハードウェアレベルで演算が実行されるようになりつつある．これは，単精度より短い浮動小数点数を使って，丸め誤差を増やす代わりに計算効率を上げ，計算時間を短縮する目的で使用される．

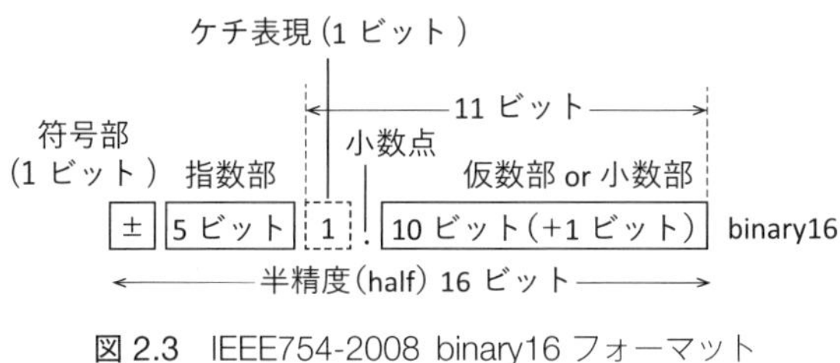


図 2.3 IEEE754-2008 binary16 フォーマット

IEEE754-2008 規格の浮動小数点形式の特徴をまとめると，

- 2 進表現 (binary$k$) と 10 進表現 (decimal$k$)[†1] を規定している
- 仮数部長に応じて指数部長も長くなり，扱える実数の範囲が広がるように規定している
- 4 種類の丸め方式（2.6 節参照）を規定している

となる．

†1 10 進浮動小数点数については，厳格な 10 進 RN 方式丸め（四捨五入）が必要となる金融計算で利用されることが多く，科学技術計算ではほとんど使用されていないので，本書では扱わない．

## 2.6 浮動小数点数演算と丸め誤差

実数 $x, y$ が $\beta$ 進 $s+1$ 桁の浮動小数点数として正確に表現できるとき，$x, y \in \mathbb{F}_\beta^{s+1}$ と書くことにする．進数と仮数部の桁数が重要でないときは，省略して $x, y \in \mathbb{F}$ と書く．

この場合，$x, y$ は，それぞれ符号部 $\mathrm{sign}(x), \mathrm{sign}(y) \in \{-1, +1\}$，指数部 $e(x), e(y) \in \mathbb{Z}$，仮数部 $M(x), M(y) \in \mathbb{N}$ を用いて，次のような形式で正確に表現できていることになる．

$$
\begin{aligned}
x &= \mathrm{sign}(x) \cdot \beta^{e(x)} \cdot (M(x) \cdot \beta^{-s}) \quad \text{ここで } M(x) = (d_0(x)d_{-1}(x) \cdots d_{-s}(x))_\beta \\
y &= \mathrm{sign}(y) \cdot \beta^{e(y)} \cdot (M(y) \cdot \beta^{-s}) \quad \text{ここで } M(y) = (d_0(y)d_{-1}(y) \cdots d_{-s}(y))_\beta
\end{aligned}
\tag{2.6}
$$

なお，符号関数 $\mathrm{sign}(x)$ の定義は

$$
\mathrm{sign}(x) = \begin{cases} -1 & (x < 0) \\ +1 & (x \geq 0) \end{cases} \tag{2.7}
$$

である．IEEE754-2008 規格では，無限大，非数，ゼロにも符号が定められており，それぞれ ±Inf, ±NaN, ±0 というものが存在し，これらの値に対しての演算結果も定められている．

浮動小数点数 $x, y \in \mathbb{F}_\beta^{s+1}$ に対する演算を $\circ$ とする．$\circ$ は，具体的には $+, -, \times, /$ 等である．演算結果は常に $s+1$ 桁に丸める必要があるため，真の演算結果 $x \circ y$ に対して，$x \circledcirc y$ を $s+1$ 桁に丸めたものとすると，一般には**誤差** (error) $E(x \circledcirc y)$ が生じる．したがって，演算結果を丸めて格納する $\oplus, \ominus, \otimes, \oslash$ は，すべて**近似値** (approximation) を返すことになる．

本書では，近似値 $\widetilde{a}$ に含まれる誤差 $E(\widetilde{a})$ を

$$
E(\widetilde{a}) = a - \widetilde{a} \tag{2.8}
$$

と書く．とくに絶対値を付けたものを**絶対誤差** (absolute error) とよび，$E_{\mathrm{abs}}(\widetilde{a})$ と表記する．また，絶対誤差を真の値の絶対で割った値を**相対誤差** (relative error) とよび，$E_{\mathrm{rel}}(\widetilde{a})$ と書く．正確な定義は次のとおりである．

$$E_{\mathrm{abs}}(\widetilde{a}) = |E(\widetilde{a})| = |a - \widetilde{a}|$$
$$E_{\mathrm{rel}}(\widetilde{a}) = \begin{cases} \dfrac{E_{\mathrm{abs}}(\widetilde{a})}{|a|} & (a \neq 0) \\ E_{\mathrm{abs}}(\widetilde{a}) & (a = 0) \end{cases} \tag{2.9}$$

数学的な定義は式 (2.9) でよいが，実際には誤差の計算もコンピュータに実行させる必要がある．このとき，コンピュータでは真値 $a$ を扱うことができないので，真値 $a$ の代わりに，近似値 $\widetilde{a}$ より誤差が少ないと常識的に判断される別の近似値 $\widetilde{a}'$ を使用して，誤差を求める．

**例 2.5**

$\pi = 3.14159\cdots$ の近似値として，10 進 5 桁の近似値 $\widetilde{\pi} = 3.1416$ が与えられたとする．真値の代わりに 10 進 10 桁の近似値 $\widetilde{\pi}' = 3.141592654$ を使って絶対誤差 $E_{\mathrm{abs}}(\widetilde{\pi})$ と相対誤差 $E_{\mathrm{rel}}(\widetilde{\pi})$ をそれぞれ求めると，

$$E_{\mathrm{abs}}(\widetilde{\pi}) \approx |\widetilde{\pi}' - \widetilde{\pi}| \approx 7.35 \times 10^{-6},$$
$$E_{\mathrm{rel}}(\widetilde{\pi}) \approx \frac{E_{\mathrm{abs}}(\widetilde{\pi})}{|\widetilde{\pi}'|} \approx 2.34 \times 10^{-6}$$

となる．

丸めによって生じる誤差は**丸め誤差** (round-off error) とよばれ，絶対誤差に相当するものは**絶対丸め誤差**，相対誤差に相当するものは**相対丸め誤差**とよばれる．

IEEE754-2008 規格では，4 つの**丸め方式** (RN, RZ, RP, RM) が規定されている．表 2.3 にこれらを示す．

表 2.3 IEEE754-2008 の丸め方式

| 略　称 | 正式名称 | 機　能 |
|---|---|---|
| RN | roundTiesToEven | 最近接値への丸め．ちょうど中間地点にあるときには，仮数部 $M(x)$ が偶数になる（末尾ビットが 0 になる）ほうを採用する |
| RZ | roundTowardZero | ゼロ方向への丸め（切り捨て） |
| RP | roundTowardPositive | $+\infty$ 方向への丸め |
| RM | roundTowardNegative | $-\infty$ 方向への丸め |

**例 2.6**

たとえば，$\pm 1.23447$ を 10 進 5 桁の浮動小数点数に丸めるとする（図 2.4）．

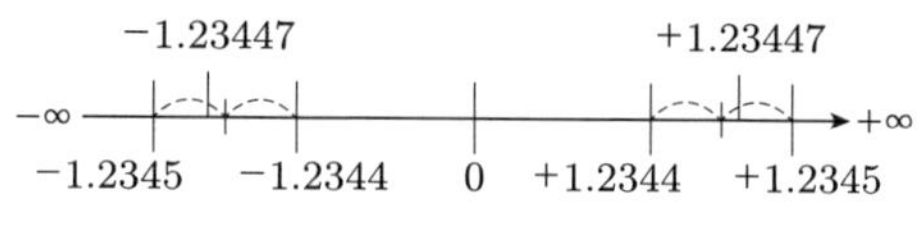


図 2.4　丸め方式による違い

このとき，RN 方式，RZ 方式の結果は，符号によらず

$$\begin{aligned} &\mathrm{RN}(\pm 1.23447) = \pm 1.2345, \\ &\mathrm{RZ}(\pm 1.23447) = \pm 1.2344 \end{aligned} \tag{2.10}$$

のように決まる．これに対し，RP 方式と RM 方式の結果は符号によって異なり，

$$\begin{aligned} &\mathrm{RP}(+1.23447) = +1.2345, \\ &\mathrm{RP}(-1.23447) = -1.2444, \\ &\mathrm{RM}(+1.23447) = +1.2344, \\ &\mathrm{RM}(-1.23447) = -1.2445 \end{aligned} \tag{2.11}$$

となる．

近似値 $\widetilde{a}$ が与えられたとき，「$\gamma$ 進で何桁正しいのか？」という問いに答えるのが**有効桁数 (number of significant digits)** である．$\widetilde{a}$ の有効桁数が $\gamma$ 進 $p$ 桁とすると，$p$ は相対誤差 $E_{\mathrm{rel}}(\widetilde{a})$ を用いて，

$$p := \lfloor -\log_{\gamma} E_{\mathrm{rel}}(\widetilde{a}) \rfloor \tag{2.12}$$

として求められた値となる．有効桁数は人間にわかりやすい指標として使われる場合，10 進表記 ($\gamma = 10$) の有効桁数が使用されることが多い．本書では，とくに $\gamma$ の指定がない場合は，10 進表記の有効桁数を意味するものとする．

**例 2.7**

$a = e = \exp(1) = 2.718281\cdots$ の近似値として，$\widetilde{a_1} = 2.72$ と $\widetilde{a_2} = 2.718282$ が与えられたとする．このとき，それぞれの近似値の 10 進有効桁数 $p_1$, $p_2$ は

$$\begin{aligned} &E_{\mathrm{rel}}(\widetilde{a_1}) = 1.7118\cdots \times 10^{-3} \to p_1 = \lfloor -\log_{10}(1.7118\cdots 10^{-3}) \rfloor = 2 \\ &E_{\mathrm{rel}}(\widetilde{a_2}) = 1.7154\cdots \times 10^{-7} \to p_2 = \lfloor -\log_{10}(1.7154\cdots 10^{-7}) \rfloor = 6 \end{aligned}$$

となる．つまり $\widetilde{a_1} = 2.72$ は 2 桁（3 桁目が怪しい），$\widetilde{a_2} = 2.718282$ は 6 桁（7 桁目が怪しい）の 10 進有効桁数となる．

**問題 2.3**
四捨五入方式で，1/3 を 10 進 5 桁の浮動小数点数に丸めた際に発生する相対丸め誤差を求めよ．また，10 進有効桁数を求めよ．

## 2.7 精度桁数と計算結果の精度

計算に使用する浮動小数点数の仮数部の桁数を，**精度桁数** (precision) とよぶ．以下，「精度桁数 $p$ で計算」＝「仮数部長 $p$ 桁の浮動小数点数を用いて計算」という意味で使用する．

一般に，精度桁数 $p$ で計算した結果の有効桁数は $p$ 以下になる．多倍長計算を行う大きな理由の 1 つが，この計算結果の正確さ (accuracy)，すなわち，**計算結果の精度**を担保するためである．計算結果の精度（有効桁数）を $p$ 桁にしたければ，精度桁数は $p$ 桁より多く確保する必要がある．

一般に，計算結果の精度を保証する精度桁数を，事前に知ることは難しい．10 桁精度の結果を得るために 10000 桁計算が必要なこともあるし，11 桁あれば十分というケースもあるので，複数回計算して調べてみるほかない．スタンダードな方法としては，たとえば入力値 $x$ に対して $f(x)$ を計算したい場合，

1. ハードウェアサポートの高速な IEEE 単精度もしくは倍精度で，デフォルトの丸め方式 (RN) のもとで $f(x)$ を計算し，これを $f_{\mathrm{RN}}(x)$ とする．
2. 同じ計算を RM 方式と RP 方式のもとで行い，$f_{\mathrm{RM}}(x)$ と $f_{\mathrm{RP}}(x)$ を得て，

$$|f_{\mathrm{RN}}(x) - f_{\mathrm{RM}}(x)| < \beta^{-p}|f_{\mathrm{RN}}(x)|$$

   かつ，

$$|f_{\mathrm{RN}}(x) - f_{\mathrm{RP}}(x)| < \beta^{-p}|f_{\mathrm{RN}}(x)|$$

   を満足しているならば，丸め誤差が最も少ない RN 方式の結果 $f_{\mathrm{RN}}(x)$ を，$\beta$ 進 $p$ 桁 $f(x)$ の近似値として採用する．
3. 上記を満足していないときは，精度桁数を増やして（単精度 $\rightarrow$ 倍精度，倍精度 $\rightarrow$ 4 倍精度など），RN 方式のもとで再度 $f_{\mathrm{RN}}(x)$ を計算し，2 の手順へ戻る

という，**Ziv の戦略**[28] の簡略版で十分であろう．演算単位で精密に丸め誤差を調べたければ，2. の計算を区間演算や半径演算（5.4 節参照）で置き換えるとよい．また，MPFR/GMP のように精度桁数を自在に操れる環境では，1.1 節で示したように，精度桁数を細かく増やし，RN 方式計算結果の比較だけで済ませるという方法もとれる．

上記の手順は入力値 $x$ を固定しているが，もし初期誤差が $x$ に混入している場合は，それが 10 進 → 2 進変換誤差や有理数 → 浮動小数点数変換誤差に起因し，自在に調整できるのであれば，$p$ 桁以上の精度の $x$ を与えて，上記の手順を複数回行って比較する必要がある．第 1 章で取り上げたロジスティック写像の例では，数列の初期値 $x_0 = 0.7501$ を 2 進数に変換することで無限桁の循環小数になってしまい，丸めによる誤差が初期誤差となって混入してくる．

### ◆── IEEE754 倍精度計算における丸め誤差の検証

1.1 節において，多倍長計算を用いて計算精度を徐々に長くして，ロジスティック写像の計算の検証を行うやり方を示した．ここでは，丸め方式だけを変えることで，丸め誤差の影響度合いを測る簡易な手法を示す[16]．

単精度や倍精度計算の丸め方式は，CPU の場合，浮動小数点数演算ユニットに格納されており，ユーザが適宜変更することができるようになっている．標準では `fenv.h` で定義されている以下の 2 つの関数が，このために使用できる．

*int* `fegetround(`*void*`)`：現時点における丸め方式を取得して返す
*int* `fesetround(`*int* `rmode)`：丸め方式を `rmode` に変更する

意図的に変更しない限り，丸め方式は継続して使用されることから，**丸めモード** (rounding mode) というよび方もある．デフォルトでは RN 方式で丸められるので，「デフォルトは RN モード」というように使用する．

前述した 4 つの丸めモードを表す次の定数が `fenv.h` に定義されており，上記 2 つの関数の返り値や引数として利用できる．

`FE_TONEAREST`：RN 方式
`FE_UPWARD`：RP 方式
`FE_DOWNWARD`：RM 方式
`FE_TOWARDZERO`：RZ 方式

現時点における丸めモードを標準出力する `rmode_view` 関数は，以下のように定義できる．

```
#include <fenv.h> // fegetround関数とfesetround関数

// 現在の丸めモードを表示
int rmode_view(void)
{
  int current_rmode;
```

```
  current_rmode = fegetround();

  printf("---␣Rounding␣Mode␣");
  switch(current_rmode)
  {
    case FE_TONEAREST: // RNモード
      printf("RN␣mode"); break;
    case FE_UPWARD:  // RPモード
      printf("RP␣mode"); break;
    case FE_DOWNWARD: // RMモード
      printf("RM␣mode"); break;
    case FE_TOWARDZERO: // RZモード
      printf("RZ␣mode"); break;
    default:
      printf("Unknown␣mode"); // 不明
  }
  printf("␣---\n");

  return current_rmode;
}
```

ロジスティック写像の計算における丸め誤差の影響を，前述した丸め方式の変更だけで調べてみよう．以下に示すように，デフォルトの RN 方式で計算した値を x[102] に，RP 方式で計算した値を x_rp[102] に，RM 方式で計算した値を x_rm[102] に格納して比較してみる．初期値は 10 進文字列で与えられ，2 進の倍精度浮動小数点数に変換されるため，この際に**初期誤差** (initial error) が生じる可能性があり，その影響もわかるよう，初期値設定の直前で丸め方式を変えるようにしてある．

```
  int i, default_rmode;
  double x[102], x_rp[102], x_rm[102];

  // 現在の丸めモードを表示&保存
  default_rmode = rmode_view();

  // 初期値
  x[0] = 0.7501;
  for(i = 0; i <= 100; i++)
    x[i + 1] = 4 * x[i] * (1 - x[i]);

  // RPモードで計算
  fesetround(FE_UPWARD); rmode_view();

  x_rp[0] = 0.7501;
  for(i = 0; i <= 100; i++)
    x_rp[i + 1] = 4 * x_rp[i] * (1 - x_rp[i]);

  // RMモードで計算
  fesetround(FE_DOWNWARD); rmode_view();

  x_rm[0] = 0.7501;
  for(i = 0; i <= 100; i++)
    x_rm[i + 1] = 4 * x_rm[i] * (1 - x_rm[i]);
```

```
// 丸めモードを元に戻す
fesetround(default_rmode); rmode_view();
```

3つの丸め方式でまったく同じ計算をして得た結果は，**表 2.4** のようになる．3者の値を比較し，一致している桁に下線を引いてある．

表 2.4　丸め方式を変えたロジスティック写像の値

| i | RM | RN | RP |
|---|---|---|---|
| 0 | $\underline{7.501000000000000}\mathrm{e}-01$ | $\underline{7.501000000000000}\mathrm{e}-01$ | $\underline{7.501000000000000}\mathrm{e}-01$ |
| 10 | $\underline{8.444959536022}354\mathrm{e}-01$ | $\underline{8.444959536022}012\mathrm{e}-01$ | $\underline{8.444959536022}033\mathrm{e}-01$ |
| 20 | $\underline{1.42939724}4947286\mathrm{e}-01$ | $\underline{1.42939724}5283995\mathrm{e}-01$ | $\underline{1.42939724}5262345\mathrm{e}-01$ |
| 30 | $\underline{8.5429}59855593284\mathrm{e}-01$ | $\underline{8.5429}60203146587\mathrm{e}-01$ | $\underline{8.5429}60180805079\mathrm{e}-01$ |
| 40 | $\underline{7.749}537600698271\mathrm{e}-01$ | $\underline{7.749}958851552057\mathrm{e}-01$ | $\underline{7.749}931773385752\mathrm{e}-01$ |
| 50 | $1.096498172466455\mathrm{e}-01$ | $7.951287645010524\mathrm{e}-02$ | $8.131852429545657\mathrm{e}-02$ |
| 60 | $9.119982359028228\mathrm{e}-04$ | $2.731872404408921\mathrm{e}-01$ | $5.227061527431969\mathrm{e}-01$ |
| 70 | $2.191116324728341\mathrm{e}-01$ | $5.525305620833623\mathrm{e}-01$ | $9.110545209083801\mathrm{e}-01$ |
| 80 | $4.050266076761563\mathrm{e}-01$ | $2.162556639958134\mathrm{e}-01$ | $6.175123937364528\mathrm{e}-01$ |
| 90 | $1.954179677741432\mathrm{e}-01$ | $7.874679371884123\mathrm{e}-01$ | $7.551369172230279\mathrm{e}-01$ |
| 100 | $5.019031920912596\mathrm{e}-01$ | $2.697067458876520\mathrm{e}-01$ | $5.733967630679918\mathrm{e}-01$ |

$x_0$〜$x_{40}$ の値を多倍長計算した結果と比較すると，一致している桁は正しい有効桁になっていることがわかる．またこの計算では，必ずしも RN 方式による値が RM 方式の値と RP 方式の値の間に存在していないことも見てとれる．近似値を含む区間の端点を計算するためには，後述する区間演算ライブラリや半径演算ライブラリ（5.4 節）を使用するとよい．

**問題 2.4**

上記の方法で，単精度計算（*float* 型）におけるロジスティック写像の計算誤差を調べよ．

### 2.7.1 ── IEEE754 浮動小数点数の精度桁数

本書では，IEEE754-2008 規格に定められた丸め方式（表 2.3）によって，実数 $a$ が丸められた結果得られる近似値 $\widetilde{a}$ を，

$$\widetilde{a} = \mathrm{round}(a) \tag{2.13}$$

と記述する．このときの絶対誤差は，

$$|a - \mathrm{round}(a)| \leq u|a| \tag{2.14}$$

で抑えられる．ここで，$u$ は定数値で，**丸め誤差の最小単位** (unit roundoff) とよび，

正規化される浮動小数点数への相対丸め誤差にあたる．また，$a$ の仮数部の末尾桁にあたる $\varepsilon_M := \beta^{-s}$ を**マシンイプシロン** (machine epsilon) とよぶが，すべての丸め方式において $u = \varepsilon_M$ が保証される．デフォルトの丸め方式は RN であることが多いが，この場合はとくに，図 2.4 からわかるように，$u = \varepsilon_M/2$ が保証される．

したがって，ハードウェアや MPFR のような高品質なソフトウェアライブラリでは，四則演算や初等関数（指数関数，三角関数など）の入力値（引数）に誤差がないとすると，計算結果の相対誤差は $u$ で抑えられるので，有効桁数は $\lfloor (s+1)\log_{10}\beta \rfloor$ 桁となる．IEEE754 2 進浮動小数点数の場合は，10 進換算で

IEEE 半精度 (binary16)：2 進 11 桁（11 ビット）→ 10 進 3 桁
IEEE 単精度 (binary32)：2 進 24 桁（24 ビット）→ 10 進 7 桁
IEEE 倍精度 (binary64)：2 進 53 桁（53 ビット）→ 10 進 15 桁
IEEE 4 倍精度 (binary128)：2 進 113 桁（113 ビット）→ 10 進 34 桁
IEEE 8 倍精度 (binary256)：2 進 237 桁（237 ビット）→ 10 進 71 桁

である．

### 2.7.2 —— 桁落ちの事例

同程度の絶対値をもつ値どうしで加減算を行った結果，ゼロに近い値になると，相対誤差の極端な増大を引き起こすことがある．この相対誤差の悪化現象を**桁落ち** (loss of significant digits) とよび，精度桁数に対して計算結果の精度が著しく落ちることになる．

次に示す 2 次方程式の事例は，計算方法を変えることで回避できる有名な桁落ち事例であるが，第 1 章で述べたロジスティック写像は，計算方法の変更で回避できない，断続的な桁落ちを引き起こす事例である．

以下，桁落ちを引き起こす事例を 2 つ示す．

#### ◆—— 実定数 2 次代数方程式

実定数の 2 次代数方程式

$$ax^2 + bx + c = 0$$

を考える．一般に，4 次までの代数方程式には解の公式が存在する．この場合，よく知られているように，重複も含めた 2 つの解 $x_1, x_2$ は

$$x_1 = \frac{-b - \sqrt{b^2 - 4ac}}{2a} \tag{2.15}$$

$$x_2 = \frac{-b + \sqrt{b^2 - 4ac}}{2a} \tag{2.16}$$

である．

いま，$a = 1.01, b = 2718281, c = 0.01$ という係数において，この解の公式 (2.15), (2.16) を素直に適用し，IEEE754 倍精度で計算すると

$$\widetilde{x_1} = -2.69136732673266949 \times 10^6,$$

$$\widetilde{x_2} = -\underline{3.6}8840623610090498 \times 10^{-9}$$

となる．$x_2$ の真の値は

$$x_2 = -3.6787955329121653239 20499 \cdots \times 10^{-9}$$

であるから，一致している桁は上位 2 桁止まりである．

2 次方程式の場合，$|b| \gg |ac|$ のとき $|b| \approx \sqrt{b^2 - 4ac}$ となり，$x_1$ もしくは $x_2$ のどちらかの絶対値が極端に小さくなる．この例では，$a, c$ に 10 進 → 2 進変換の際に丸め誤差が混入し，さらに $\sqrt{b^2 - 4ac}$ の計算で丸め誤差が発生し，分子の加減算の結果，桁落ちが起こって相対誤差が極端に悪化する．

桁落ちを回避するためには，解の公式 (2.15)，(2.16) を次のように改変する．まず

$$x_{1'} = \frac{-b - \mathrm{sign}(b)\sqrt{b^2 - 4ac}}{2a} \tag{2.17}$$

として，一方の解 $x_{1'}$ を求める．これを計算したうえで，もう片方の解 $x_{2'}$ を

$$x_{2'} = \frac{c}{a x_{1'}} \tag{2.18}$$

として求める．

こうすることで，桁落ちを引き起こす分子の計算を避けることが可能となる．上記の例で示した係数を計算してみると，

$$x_1 = -2.69136732673266949 \times 10^6,$$

$$x_2 = -\underline{3.678795532912165}34 \times 10^{-9}$$

となり，ほぼ末尾桁まで精度を回復させていることがわかる．

**問題 2.5**

次の 2 次方程式の解を，桁落ちする方式と，桁落ちを回避する方式で求め，それぞれの数値解の相対誤差を比較せよ．

$$3x^2 - 350x + 2 = 0$$

◆—— 実ベクトルの内積

$n$ 次元の実ベクトル $\mathbf{x} = [x_1\ x_2\ \cdots\ x_n]^T$, $\mathbf{y} = [y_1\ y_2\ \cdots y_n]^T$ とする．このとき，**内積** $(\mathbf{x}, \mathbf{y})$ はドット積 (dot product)，すなわち，$1 \times n$ 行列と $n \times 1$ 行列の積 $\mathbf{x}^T\mathbf{y}$ と同一視でき，

$$(\mathbf{x}, \mathbf{y}) = \sum_{i=1}^{n} x_i y_i \tag{2.19}$$

となる．2 つのベクトルがなす角を $\theta$ とすると，内積は $\|\mathbf{x}\|_2\|\mathbf{y}\|_2 \cos\theta$ と等しいので，$\theta$ が $\pi/2$ に近くなればなるほど，内積計算 (2.19) における桁落ちが激しくなる ($\|\mathbf{x}\|_2$ は $\mathbf{x}$ の Euclid ノルム，7.2.2 項参照)．これを定量的に示すために，**内積の条件数** (condition number) として，次の量を定義する．

$$\mathrm{cond}((\mathbf{x}, \mathbf{y})) = 2\frac{\sum_{i=1}^{n} |x_i||y_i|}{|(\mathbf{x}, \mathbf{y})|} \tag{2.20}$$

そうすれば，浮動小数点数演算で得られる内積 $\widetilde{(\mathbf{x}, \mathbf{y})}$ の相対誤差は，初期誤差が入らないとすると ($\mathrm{round}(\mathbf{x}) = \mathbf{x}$, $\mathrm{round}(\mathbf{y}) = \mathbf{y}$)，次のように抑えられる[25]．

$$E_{\mathrm{rel}}(\widetilde{(\mathbf{x}, \mathbf{y})}) \leq \varepsilon_M + \frac{1}{2}\gamma_n^2 \mathrm{cond}(\mathbf{x}, \mathbf{y}) \tag{2.21}$$

ここで，$\gamma_n = n\varepsilon_M/(1 - n\varepsilon_M)$ である．

**問題 2.6**

$\mathbf{x} = [x_1\ x_2\ \cdots\ x_n]^T, \mathbf{y}_j = [y_1^{(j)}\ y_2^{(j)}\ \cdots\ y_n^{(j)}]^T \in \mathbb{R}^n$ を次のように与えるとき，$(\mathbf{x}, \mathbf{y}_j)$ の値を $j = 1, 2, ..., n$ まで求め，それぞれの相対誤差を求めよ．

$$x_i = \frac{1}{i}, \quad y_i^{(j)} = \frac{(-1)^{i+j}(n+i-1)!(n+j-1)!}{(i+j-1)((i-1)!(j-1)!)^2(n-i)!(n-j)!}$$

### 2.7.3 —— 打切り誤差と丸め誤差の最適化

実際の数値計算，とくに極限値に基づく微分や積分を用いる計算では，解析的な近似式に基づいて四則演算や初等関数だけを用いて計算できる式を導出して，プログラムに使用する．そのため，浮動小数点数演算で発生する丸め誤差に加えて，近似による誤差，すなわち，**打切り誤差** (truncation error) もしくは**理論誤差** (theoretical error) も発生する．打切り誤差は近似の精度を上げることで減らすことができるが，丸め誤差以上に減らしても，表面的には丸め誤差に隠れて見えなくなる．近似の精度を上げると計算の手間も増えるため，丸め誤差よりも打切り誤差を減らしても，実用的には意味をなさない．丸め誤差と打切り誤差の両者が同程度になる近似式を用いること，すなわち，打切り誤差と丸め誤差の最適化を図ることが理想である．以下，指数関数

の Maclaurin 展開式の事例に基づいて，両者の関係を見ていくことにする．

指数関数 $\exp(x) = e^x = (2.71828\cdots)^x$ の **Maclaurin 展開式**は，次のような多項式で表現される．

$$\exp(x) = \sum_{k=0}^{\infty} \frac{x^k}{k!} \tag{2.22}$$

現実問題として，無限級数展開の計算は不可能なので，式 (2.22) を $x^n$ の項で打ち切った $n$ 次多項式関数

$$\widetilde{\exp_n}(x) = \sum_{k=0}^{n} \frac{x^k}{k!}$$

を近似式として使用する．つまり，打ち切った $n+1$ 次以降の項の和が打切り誤差となる．

半精度 (binary16)，単精度 (binary32)，倍精度 (binary64) 浮動小数点数を用いて，$x = 1.3$ としたときに，項数 $n$ を増やして計算した $\widetilde{\exp_n}(x)$ の相対誤差をプロットしたものを，**図 2.5**(a) に示す．どの精度の浮動小数点数でも，おおむねマシンイプシロン程度で相対誤差の減少が止まっていることがわかる．この相対誤差に含まれる打切り誤差と丸め誤差の内訳を示したものが，図 (b) である．打切り誤差の減少は，丸め誤差以下になったところで隠れてしまっていることがわかる．

前述したように，桁落ちが発生する計算が入ると，この相対丸め誤差のラインが，桁落

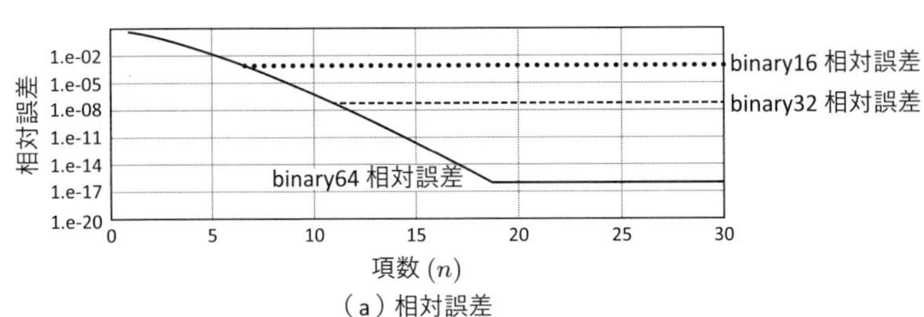

(a) 相対誤差

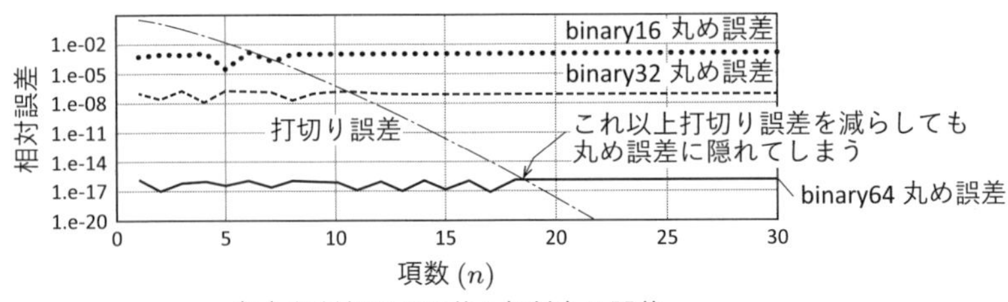

(b) 相対打切り誤差と相対丸め誤差

**図 2.5**　exp(1.3) の近似計算における誤差

ちした分だけ上にあがる．ユーザの要求する有効桁数を得るには，打切り誤差を有効桁数以下に減らし，かつ，桁落ちによって生じる丸め誤差の増加分をカバーするだけの浮動小数点数の仮数部の桁数を増加させることが不可欠である．アルゴリズムの改良ができず，倍精度では要求する有効桁数を得ることのできない**悪条件問題** (ill-conditioned problem) に対しては，MPFR や QD のような多倍長浮動小数点数演算ライブラリを使用し，ユーザの要求する精度桁数を満足する十分な精度桁数を与えて計算を行うことが，有用な解決策の 1 つである．

**問題 2.7**

$\exp(x)$ を求める際，$x > 1$ のときは，あらかじめ保持しておいた $\exp(1) = e = 2.71828\cdots$ を使って

$$\exp(x) = e^{\lfloor x \rfloor} \underline{\exp(x - \lfloor x \rfloor)}$$

とし，下線部のみを式 (2.22) で近似計算すると，必要な項数を減らすことができる．このような手段を，引数のリダクションとよぶ．

$x = 3.8$ のとき，上記の方式で倍精度計算の最大有効桁数を得るための最小の項数を，式 (2.22) を用いた場合と，引数のリダクションを用いた場合とで比較せよ．

## 章末問題

**2.1** 標準的な整数型（*int* 型か *long int* 型）で 100! を求める C プログラムを作成し，実際にどのような値になるか調べよ．また，そのような結果になる理由についても述べよ．

**2.2** $\pi$ を円周率 $(= 3.14159\cdots)$，$e$ を自然対数の底 $(= 2.71828\cdots)$ とする．10 進 5 桁の浮動小数点数を用いて計算した $\widetilde{a} \approx \pi + e$ と，10 進 10 桁で計算した $\widetilde{a}' \approx \pi + e$ をそれぞれ求め，これを真値の代わりに用いて $E_{\mathrm{abs}}(\widetilde{a})$ と $E_{\mathrm{rel}}(\widetilde{a})$ の近似値をそれぞれ求めよ．

**2.3** 実係数 2 次方程式の係数を入力し，その解をできるだけ正確に求める C プログラム，もしくは C++プログラムを作れ．また複素数解にも対応できるように工夫も行え．

**2.4** **[発展]** ロジスティック写像の $x_0$ の初期誤差の影響を調べたい．$x_0 = 0.75009$ の場合と $x_0 = 0.750099999$ の場合で $x_{100}$ がどのように変化するか，リスト 1.2 のプログラムを使い，十分な精度桁数をとって確認せよ．

# 3 コンピュータにおける計算高速化手法

現在の多倍長計算は，長い桁を扱うために，演算そのものを高速化する必要がある．コンピュータにおける処理を高速化するための手法は複雑ではあるが，長い歴史を経て定番化されている．大まかにいうと，次のようなものに分類される．

1. ハードウェア (CPU や GPU) を高速化する
2. キャッシュヒット率を上げる
3. 並列化する（SIMD 命令の使用，マルチコアハードウェアの利用など）
4. アルゴリズムを工夫して演算量を減らす

本章では，実正方行列の乗算を例に，これらの高速化手法の概要を示す．

## 3.1 実正方行列の乗算

**行列の乗算** (matrix multiplication) は，ハードウェアの演算性能を確認するためによく使用される計算事例である．理由としては，

- 線形代数の基礎知識があれば，誰でも理解できる程度に計算が簡単
- 行列サイズを大きくとることで，メインメモリを目いっぱい使用することができる
- 並列化が容易であるため，マルチコア構成の CPU や，GPU の性能を最大限発揮できる
- キャッシュメモリのヒット率を最大限上げることで，RAM から CPU へのアクセスを減らし，演算性能の向上が期待できる

といったことが挙げられる．本章では，$n$ 次の実正方行列 $\mathbb{R}^{n\times n}$ の乗算を例に，高速化の事例を紹介する．

以降で扱う正方行列 $A, B \in \mathbb{R}^{n\times n}$ を，次のように指定する．$A, B$ の要素を $a_{ij}$, $b_{ij}$ と書き，

$$a_{ij} = \sqrt{5}\,(i+j-1), \quad b_{ij} = \sqrt{3}\,(n-(i+j-2))$$

とする．これを用いて行列 $A, B$ の積 $C := AB$ を求める．このとき，$C \in \mathbb{R}^{n \times n}$ は，$C$ の要素を $c_{ij}$ と書くと，

$$c_{ij} := \sum_{k=1}^{n} a_{ik} b_{kj} \tag{3.1}$$

となる．

正方行列の大きさを $n =$ dim，それぞれの行列要素を 1 次元配列 mat_a, mat_b に**行優先**（行方向に要素を順に入れていく方式）代入してあるとし，定義式 (3.1) どおりに計算し，積を ret に代入して返す関数 matmul_simple（15〜29 行目）を含む，行列乗算ベンチマークテストプログラム matmul_simple.cpp を**リスト 3.1** に示す．

**リスト 3.1** 行列乗算のテストプログラム：matmul_simple.cpp

```
1  #include <iostream>
2  #include <iomanip>
3  #include <cmath>
4  
5  // matmul_gflops関数, byte_double_sqmt関数, normf_dmatrix_array関数
6  #include "matmul_block.h"
7  
8  // 時間計測用： get_secv関数, get_real_secv関数
9  #include "get_secv.h"
10 
11 using namespace std;
12 
13 // 正方行列×正方行列
14 // 行優先方式で値を格納
15 void matmul_simple(double ret[], double mat_a[], double mat_b[], int dim)
16 {
17   int i, j, k, ij_index;
18 
19   for(i = 0; i < dim; i++)
20   {
21     for(j = 0; j < dim; j++)
22     {
23       ij_index = i * dim + j; // 行優先代入
24       ret[ij_index] = 0.0;
25       for(k = 0; k < dim; k++)
26         ret[ij_index] += mat_a[i * dim + k] * mat_b[k * dim + j];
27     }
28   }
29 }
30 
31 // メイン関数
32 int main(int argc, char *argv[])
33 {
34   int i, j, min_dim, max_dim, dim, iter, max_iter = 10, num_threads;
35   double *mat_a, *mat_b, *mat_c;
36   double stime, etime;
37 
38   if(argc < 3)
```

```
{
  cout << "Usage:␣" << argv[0] << "␣[min.␣dimension]␣␣[max.dimension]"<<
   endl;
  return 1;
}

min_dim = atoi(argv[1]);
max_dim = atoi(argv[2]);

if(min_dim <= 0)
{
  cout << "Illegal␣dimension!␣(min_dim␣=␣" << min_dim << ")" << endl;
  return 1;
}

// メインループ
cout << setw(5) << "␣␣dim␣:␣␣␣␣␣SECONDS␣GFLOPS␣Mat.KB␣||C||_F" << endl;
for(dim = min_dim; dim <= max_dim; dim += 16)
{

  // 変数の初期化
  mat_a = (double *)calloc(dim * dim, sizeof(double));
  mat_b = (double *)calloc(dim * dim, sizeof(double));
  mat_c = (double *)calloc(dim * dim, sizeof(double));

  // mat_aとmat_bに値を入力
  for(i = 0; i < dim; i++)
  {
    for(j = 0; j < dim; j++)
    {
      mat_a[i * dim + j] = sqrt(5.0) * (double)(i + j + 1);
      mat_b[i * dim + j] = sqrt(3.0) * (double)(dim - (i + j));
    }
  }

  max_iter = 3; // 行列乗算を最低3回実行

  do
  {
    stime = get_real_secv();
    for(iter = 0; iter < max_iter; iter++)
      matmul_simple(mat_c, mat_a, mat_b, dim);
    etime = get_real_secv(); etime -= stime;

    if(etime >= 1.0) break; // 1秒以上になるまで繰り返し

    max_iter *= 2;
  } while(0);

  etime /= (double)max_iter; // 平均計算時間を導出

  // 出力
  cout << setw(5) << dim << "␣:␣" << setw(10) << setprecision(5) <<
   etime << "␣" << matmul_gflops(etime, dim) << "␣" <<
   byte_double_sqmat(dim) / 1024 << "␣" <<
   normf_dmatrix_array(mat_c, dim, dim) << endl;

```

```
    // 変数の消去
    free(mat_a);
    free(mat_b);
    free(mat_c);

  } // メインループ終了

  return 0;
}
```

以下，行列乗算の定義式 (3.1) を忠実になぞった計算法を，**単純行列乗算** (simple matrix multiplication) とよぶことにする．なお，リスト 3.1 では，行列乗算の結果を確認するために，Frobenius ノルム

$$\|C\|_F = \sqrt{\sum_{i=1}^{n}\sum_{j=1}^{n}|c_{ij}|^2} \tag{3.2}$$

を，`normf_dmatrix_array` 関数を使って算出している．

**問題 3.1**

(1) 式 (3.1) に基づく単純行列乗算の計算量（乗算と加減算の回数）を求めよ．

(2) 浮動小数点数演算速度を表す単位として，**FLOPS** (FLoating-point OPrations per Second) がある．1 秒間に $1024^3$ 回の浮動小数点数の四則演算を実行した場合は，1024 M（メガ）FLOPS = 1 G（ギガ）FLOPS となる．リスト 3.1 の単純行列乗算計算プログラムを実行したとき何 GFLOPS になるかを，演算回数に基づいて計算せよ．

## 3.2　CPU を高速化する

ハードウェアの処理を高速化するための手っ取り早い方法は，より新しい，高速なハードウェアを使用することである．

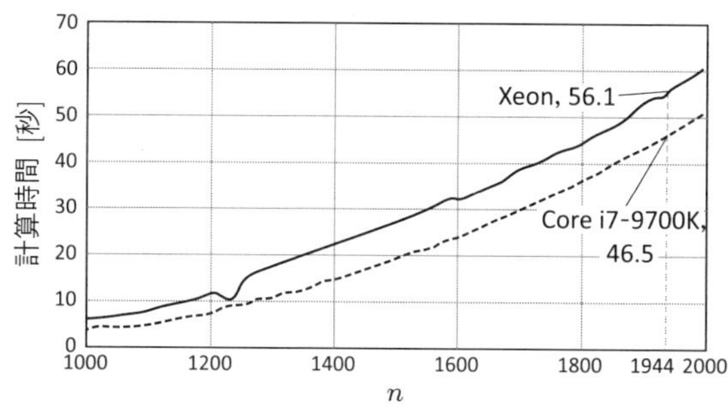


図 3.1　倍精度単純行列乗算の速度比較：Core i7-9700K vs. Xeon E5-2620

現在のCPUの動作周波数は頭打ち状態であるが，それでも新しいCPUは内部演算回路が改良され，同じ処理でも短い時間で済ませることができるようになっている．実際，Intel Xeon E5-2620（2012年発売）と，Intel Core i7-9700K（2018年発売）で，単純行列乗算計算プログラムを実行したところ，**図3.1**のように，$n = 1944$でXeonが56.1秒，Core i7が46.5秒と，約10秒の差が出ることがわかった．

> **問題 3.2**
> 手近なマシン上で，単純行列乗算ベンチマークを行い，計算時間の比較を行え．また，GFLOPS値での比較も行ってみよ．

## 3.3 キャッシュヒット率を上げる

図2.1に示したとおり，演算処理を行うCPUやGPUの内部には高速にアクセスできるキャッシュメモリが搭載されており，処理のために一度読み込んだデータは，キャッシュメモリ容量の範囲内で内部的に保持される．2回目以降の処理で同じデータがキャッシュメモリ内に残っていれば，メインメモリからではなく，キャッシュメモリのほうから読み出すことができ，データの読み込み時間を短縮することができる．つまり，再利用可能な部分をキャッシュメモリに残してこの再読み込みの率を上げる，すなわち，**キャッシュヒット率** (cache hit ratio) を上げることができれば，処理時間の短縮につなげることができる．

正方行列$A, B$を同じサイズの小行列に分割し，小行列単位の計算に分割して行列乗算を行う計算法を，**ブロック化** (blocking) **アルゴリズム**，または**タイリング** (tiling) とよぶ．これは，キャッシュヒット率を上げるための工夫である．行列乗算の場合，

$$A = [A_{ik}], \quad B = [B_{kj}] \quad (1 \le i \le M, 1 \le k \le L, 1 \le j \le N)$$

のように分割数$M, L, N$を定めて$A, B$をブロック行列化して，行列$C = [C_{ij}]$を次のように計算する．

$$C_{ij} := \sum_{k=1}^{L} A_{ik} B_{kj}$$

たとえば，$M = L = N = 4$と分割すると，**図3.2**のようになる．このとき分割された小行列の大きさをブロックサイズとよび，この場合は$n_{\min} \times n_{\min}$である．

ブロック化アルゴリズムは，計算の順番が異なるだけで，計算量は単純行列乗算と同一である．しかし，小行列単位に分割することで，$A, B$の小行列が繰り返し使用さ

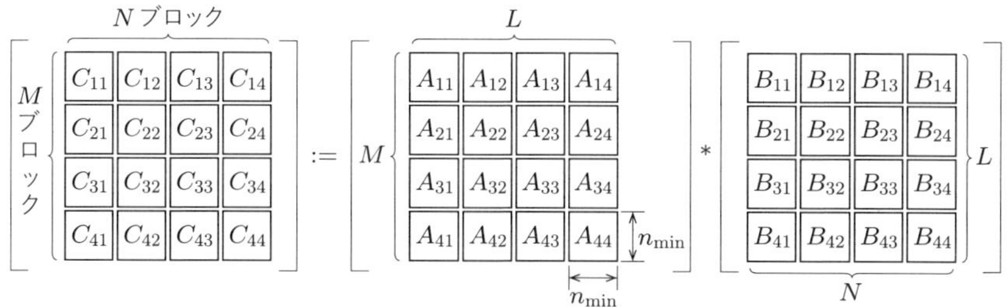


図 3.2　ブロック化アルゴリズム

れ，キャッシュヒット率が上がり，全体として処理時間が短くなることが期待できる．

**問題 3.3**

(1) ブロック化アルゴリズムにおいて，元の行列の大きさがブロックサイズの倍数でない場合は，余った要素にゼロを入れる（ゼロパディングとよぶ）．ゼロパディングを行って，任意の実正方行列サイズ，ブロックサイズに適応したプログラムを作れ．

(2) (1) のゼロパディング対応ブロック化アルゴリズムを使用した行列乗算プログラムを用いて，何 GFLOPS になるかを計算せよ．

## 3.4　計算量を減らす：Strassen のアルゴリズム

そもそも処理の回数自体を減らすことができれば，全体の計算時間を減らすことが可能となる．並べ替えのアルゴリズムにおいて，バブルソートがクイックソートより劣ることが多いのは，並べ替えに伴う比較と入れ替えの処理回数が多くなるからである．行列乗算においても，演算回数そのものを減らすことができる方法が知られており，それがこの節で述べる **Strassen のアルゴリズム**である．

偶数次数 $n$ の正方行列 $A, B$ に対して，行列積 $C := AB$ を計算するに際し，Strassen のアルゴリズムは，次のように行列を 4 等分割し，ブロック化して計算を行う．

$$A = \begin{bmatrix} A_{11} & A_{12} \\ A_{21} & A_{22} \end{bmatrix}, \quad B = \begin{bmatrix} B_{11} & B_{12} \\ B_{21} & B_{22} \end{bmatrix} \tag{3.3}$$

このとき，$A_{ij}$, $B_{ij} \in \mathbb{R}^{n/2 \times n/2}$ である．このようにブロック化した $A$,$B$ を用いて，まず次の $P_i$ $(i = 1, 2, ..., 7)$ の計算を行う．

$$
\begin{aligned}
&P_1 := (A_{11} + A_{22})(B_{11} + B_{22}), \quad P_2 := (A_{21} + A_{22})B_{11}, \\
&P_3 := A_{11}(B_{12} - B_{22}), \quad P_4 := A_{22}(B_{21} - B_{11}), \\
&P_5 := (A_{11} + A_{12})B_{22}, \quad P_6 := (A_{21} - A_{11})(B_{11} + B_{12}), \\
&P_7 := (A_{12} - A_{22})(B_{21} + B_{22})
\end{aligned} \tag{3.4}
$$

これらを用いて，$C$ の計算を次のように行う．

$$
C := \begin{bmatrix} P_1 + P_4 - P_5 + P_7 & P_3 + P_5 \\ P_2 + P_4 & P_1 + P_3 - P_2 + P_6 \end{bmatrix} \tag{3.5}
$$

実際の Strassen のアルゴリズムを用いた行列乗算は，最小の行列サイズを決めておき，このサイズ以下になったら再帰を止め，通常の単純行列乗算を行うようにする．

Strassen のアルゴリズムを適用することにより，$n$ 次正方行列の行列積に必要となる乗算の回数を $M(n)$，加減算の回数を $A(n)$ とすると，

$$
M(n) = 7M(n/2), \quad A(n) = 7A(n/2) + 18(n/2)^2 \tag{3.6}
$$

となる．これを再帰的に適用していくことにより，結果として演算量を通常の行列乗算アルゴリズムより減らすことができる．究極的には，トータルの演算量が $n^{\log_2 7}$ に比例するものになる．単純行列乗算とブロック化アルゴリズムの演算量は $n^3$ に比例するのに対して，Strassen のアルゴリズムは大行列になればなるほど効果が高い．

このように，処理を分割して再帰的に呼び出しを行って計算量を減らす手法を総称して，**分割統治法** (divide-and-conquer algorithm) とよぶ．クイックソートや後述する Karatsuba アルゴリズムは，分割統治法の一種である．

**問題 3.4**

(1) Strassen のアルゴリズムを適用した行列乗算プログラムを作り，実際の計算量も同時に求めよ．

(2) (1) の計算量に基づいて，Strassen のアルゴリズムを用いたプログラムでは何 GFLOPS になるかを求めよ．

## 3.5 並列化する

1 箇所に積まれた大量の荷物を同じ場所に運ぶためには，1 人より複数人で同時並行に運んだほうが早く終了する．このような処理を並列化 (parallelization) とよぶ．

コンピュータにおける処理の並列化は，次の 3 段階で行われる．

**CPU コア内並列**：1 命令で複数の演算を一括で行う **SIMD** (Single Instruction Multiple Data)

**ノード内並列（共有メモリ）**：複数の演算器を同時に使用して複数スレッドを実行する**マルチスレッドプログラミング** (multi-thread programming)

**複数ノード間並列（分散メモリ）**：複数の演算ノード（マシン）をネットワーク結合し，MPI のような標準並列ライブラリを使用

本書では，このうち 2 番目のマルチスレッドプログラミングを具体例に基づいて解説する．3 番目の分散メモリ環境における MPI 並列については，[15] 等の事例を参照されたい．

現在の CPU では，演算を行う中核となるプロセッサをコアという単位で複数もつ，マルチコアアーキテクチャが一般化していることはすでに述べた．

すべてのコアが同等の演算性能をもつ場合，行列乗算を行単位，あるいはブロック単位で同時並列に計算するために，**スレッド** (thread) を複数生成して実行できるようにプログラミングを行うことで，計算時間の短縮が期待できる（**図 3.3**）．CPU より大量のコアをもつ GPU を使用することで，さらに計算時間を減らすことができる．

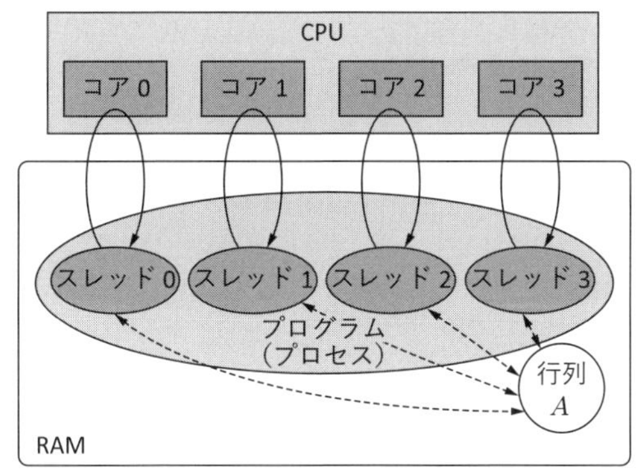


図 3.3 マルチコア CPU

C, C++プログラムをマルチスレッド化するためには，**Pthread** (POSIX Thread) ライブラリを使用するか，**`#pragra`** ディレクティブを挿入する **OpenMP**[19] を使用する．ここでは，リスト 3.1 の `matmul_simple.cpp` を，OpenMP を用いて並列化する方法を示す．

この場合，たとえば，以下のように 3 箇所を書き換えればよい．

1. OpenMP 有効時（`_OPENMP` 定義がある場合は有効）のみ OpenMP 関数を使うために，ヘッダファイル `omp.h` をインクルードする．

```
#ifdef _OPENMP // OpenMP使用時のみ有効
  #include <omp.h> // (1) OpenMP関数
#endif // _OPENMP
```

2. #pragma omp ディレクティブを matmul_simple 関数内に挿入し，複数スレッドで for ループ内の処理を分担させる．ここでは ij_index と k は各スレッド内のメンバ変数，すなわち，スレッドごとに独立した変数として指定し，互いのスレッド内処理が干渉しないようにしている．

```
// 正方行列×正方行列
// 行優先方式で値を格納
void matmul_simple(double ret[], double mat_a[], double mat_b[], int
dim)
{
 . . .
  for(i = 0; i < dim; i++)
  {
    // (2) OpenMPディレクティブを記述
    #pragma omp parallel for private(ij_index, k)
    for(j = 0; j < dim; j++)
    {
      ij_index = i * dim + j;
      ret[ij_index] = 0.0;
      for(k = 0; k < dim; k++)
        ret[ij_index] += mat_a[i * dim + k] * mat_b[k * dim + j];
    }
 . . .
}
```

3. メイン関数で，起動するスレッド数を設定する．コア数以上のスレッドを起動しても並列処理は行われないので，必ずコア数以下のスレッド数を指定する必要がある．

```
int main(int argc, char *argv[])
{

  . . .

  if(min_dim <= 0)
  {
    cout << "Illegal␣dimension!␣(min_dim␣=␣" << min_dim << ")" << endl;
    return EXIT_FAILURE;
  }

#ifdef _OPENMP
  int num_threads;
  cout << "num_threads:␣";
  cin >> num_threads;
```

```
  // (3) スレッド数の指定
  omp_set_num_threads(num_threads);
#endif // _OPENMP

  // メインループ
  cout << setw(5) << "␣␣dim␣:␣␣␣␣␣SECONDS␣GFLOPS␣Mat.KB␣||C||_F" <<
  endl;

   . . .

}
```

以上，3 箇所の書き換えを行ったソースプログラムを `matmul_simple_omp.c` とすると，たとえば GCC では，OpenMP を有効化し (`-fopenmp`)，GOMP ライブラリをリンクして (`-lgomp`)，

```
$ g++ -fopenmp matmul_simple_opemp.cpp get_sec.c -o matmul_simple_omp -lgomp
```

のようにコンパイルすれば，マルチスレッド動作する実行ファイル `matmul_simple_omp` が生成できる．

こうして生成した OpenMP 使用の実行ファイルを，以下の環境下で実行した．その結果を**図 3.4** に示す．図 (a) が計算時間，図 (b) が並列化なし (Serial) の計算時間

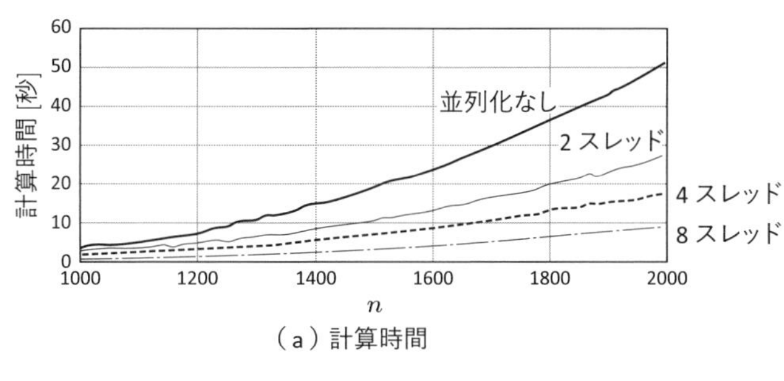

(a) 計算時間

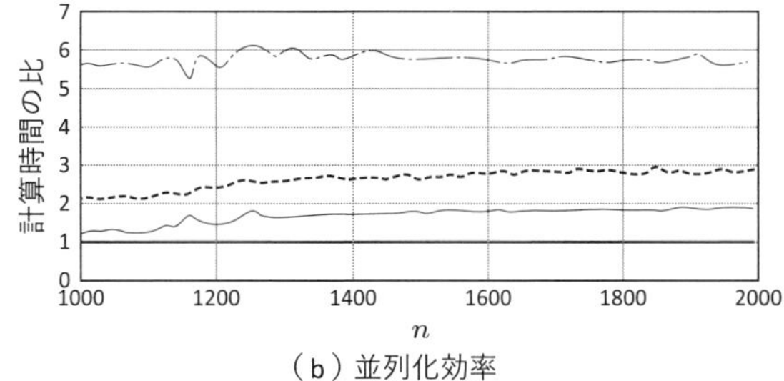

(b) 並列化効率

**図 3.4** Intel Core i7-9700K におけるマルチスレッド並列化

を1としたときの計算時間との比を示したもので，並列化による効率化がどの程度行われたかを知ることができる．

ハードウェア：Intel Core i7-9700K（3.6GHz, 8コア），16GB RAM
OS：Ubuntu 18.04 LTS x86_64
コンパイラ：g++ 7.3.0 (`-std=c++11`)

図を見ると，だいたい，2スレッド動作で2倍，4スレッド動作で3倍，8スレッド動作で6倍程度の高速化を達成できていることがわかる．

ここで使用したもの以外にも，OpenMPではさまざまなpragma命令オプションや関数が使用可能である．詳細については専門の本（片桐[32]）等を参照されたい．

> **問題 3.5**
> ブロック化した行列乗算プログラムを，OpenMPを用いて並列化せよ．また，単純行列乗算に比べて，どの程度高速化できているかも調べよ．

## 3.6　ベンチマークテスト

以下の環境下で，単純行列乗算，ブロック化アルゴリズム，Strassenのアルゴリズムの3つの計算法で，$n = 1024 \sim 2048$までの実正方行列を倍精度計算した．ブロック化アルゴリズムは$64 \times 64$のサイズで行列を分割し，Strassenのアルゴリズムも$64 \times 64$以下のサイズで再帰を止めるようにしている．

ハードウェア：Intel Xeon E5-2620 2.1 GHz, 64 GB RAM, Tesla K20
OS：CentOS 6.5 x86_64
コンパイラ：icc 13.1.3, nvcc CUDA 6.5

また，比較検討用として，世界標準的な基盤線形計算ライブラリBLAS[4]に基づくC言語用のAPIを提供するCBLAS，Intel Math Kernelライブラリ，GPU用のcuBLASが提供する倍精度行列乗算関数DGEMMを用いた結果も，併せて図3.5に示す．BLASについては拙著[13]も参照されたい．

図を見ると，単純行列乗算では，全体的に計算時間が遅い．それに比べてブロック化アルゴリズムは，全体的に計算時間が抑えられていることがわかる．また，Strassenのアルゴリズムは計算量を少なくすることができるため，ブロック化アルゴリズムよりさらに高速化できていることがわかる．

ちなみにこれは自作のプログラムの結果であり，たとえばIntel Math Kernelライ

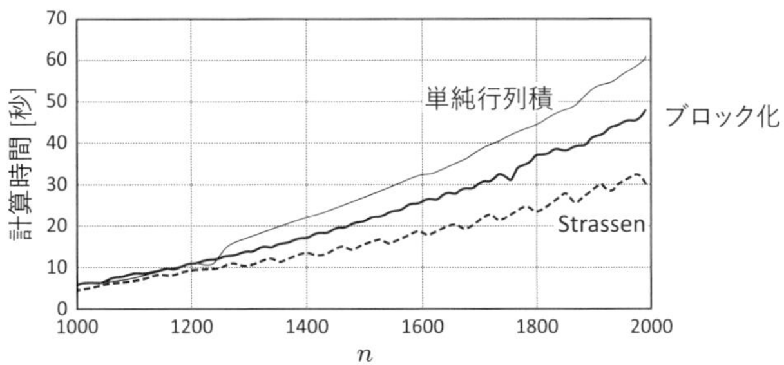

（a）単純行列積, ブロック化, Strassen の計算時間

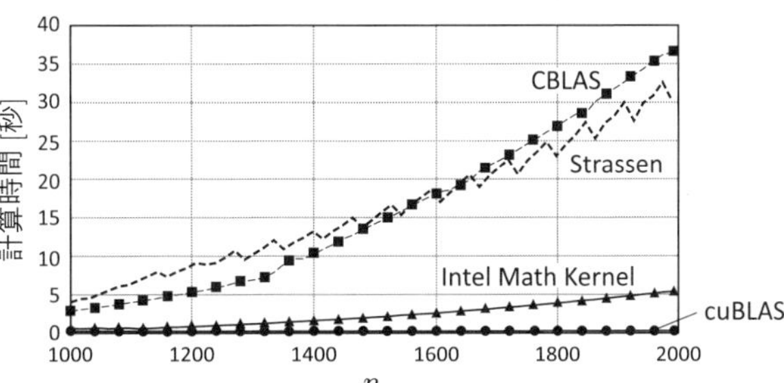

（b）行列積の計算時間：CBLAS, Intel Math Kernel, cuBLAS

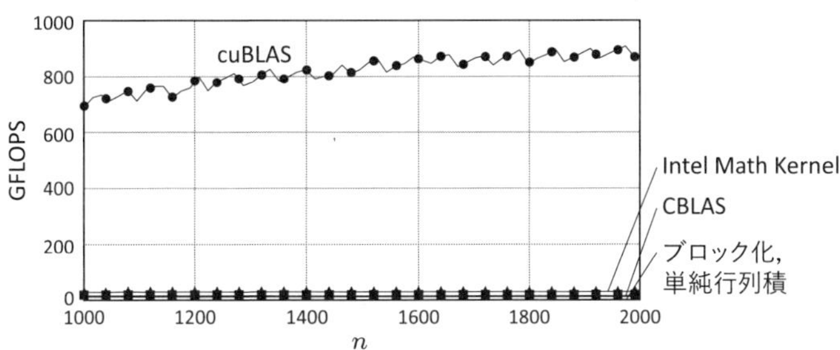

（c）GFLOPS 値の比較

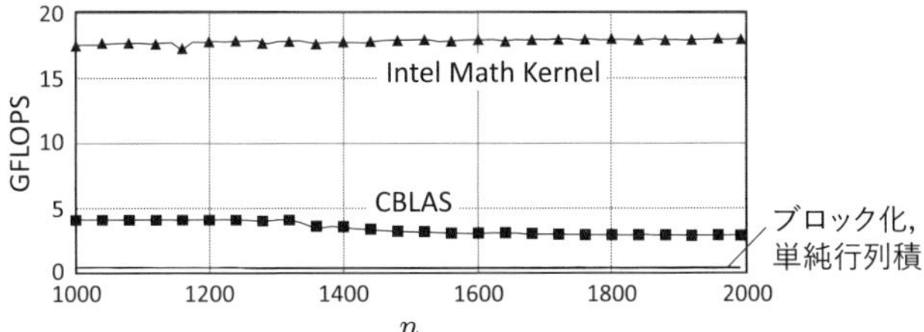

（d）GFLOPS 値の比較：cuBLAS 以外の行列積アルゴリズム

図 3.5 正方行列乗算のベンチマークテスト

ブラリや cuBLAS といった，あらゆる高速化手法を取り入れてぎりぎりまでチューンアップされたものに比べると，100 倍程度遅いことも併せてわかる．本章で示したサンプルプログラムは，あくまでこれからの多倍長計算のための練習問題と考えていただきたい．

## 章末問題

**3.1** 単純行列乗算 (Simple) のアルゴリズムを使用して，$n = 2, 4, 8, 16$ のときの行列乗算を実行したときの加減算の回数 $A(n)$ と乗算の回数 $M(n)$ を求め，次の表を完成させよ．

| Simple | $n$ | | | |
|---|---|---|---|---|
| | 2 | 4 | 8 | 16 |
| $A(n)$ | | | | |
| $M(n)$ | | | | |

**3.2** Strassen のアルゴリズムを使用して，$n = 8, 16$ のときの行列乗算を実行したときの加減算の回数 $A(n)$ と乗算の回数 $M(n)$ を求め，次の表を完成させよ．ただし，$n \leq 4$ のときは単純行列乗算を使用するものとする．

| Strassen | $n$ | | |
|---|---|---|---|
| | 4 | 8 | 16 |
| $A(n)$ | Simple と同じ | | |
| $M(n)$ | Simple と同じ | | |

**3.3** 単純行列乗算，ブロック化アルゴリズム，Strassen のアルゴリズムによる行列乗算計算プログラムを作り，それを手近な環境下で実行して計算時間を比較せよ．また，図 3.5 のような結果が得られるかも確認せよ．

**3.4** $A = [1/(i+j-1)]_{i,j=1}^{n}$, $B = [i+j-1]_{i,j=1}^{n}$ としたとき，$n = 128$, $256$, $512$, $1024$ のときの $C := AB$ を求め，$\|C\|_F$ を書け．

**3.5** Strassen のアルゴリズムをさらに改良し，行列の加減算の回数を 15 回に減らしたものが，以下の **Winograd のアルゴリズム**である．Strassen のアルゴリズム同様，行列 $A$, $B$ を半分に分割し，まず次の $S_i$ $(i = 1, 2, ..., 8)$ を求める．

$$
\begin{aligned}
&S_1 := A_{21} + A_{22}, \quad S_2 := S_1 - A_{11}, \\
&S_3 := A_{11} - A_{21}, \quad S_4 := A_{12} - S_2, \\
&S_5 := B_{12} - B_{11}, \quad S_6 := B_{22} - S_5, \\
&S_7 := B_{22} - B_{12}, \quad S_8 := S_6 - B_{21}
\end{aligned}
\tag{3.7}
$$

式 (3.7) から求めた $S_i$ を用いて，次の $M_i$ $(i = 1, 2, ..., 7)$ と $T_1, T_2$ を求める．

$$\begin{aligned} &M_1 := S_2 S_6, \quad M_2 := A_{11} B_{11}, \quad M_3 := A_{12} B_{21}, \\ &M_4 := S_3 S_7, \quad M_5 := S_1 S_5, \quad M_6 := S_4 B_{22}, \quad M_7 := A_{22} S_8 \end{aligned} \tag{3.8}$$

$$T_1 := M_1 + M_2, \quad T_2 := T_1 + M_4 \tag{3.9}$$

以上の式 (3.8)，(3.9) から求めた $M_i$ と $T_1, T_2$ を用いると，次のように $C := AB$ が得られる．

$$C := \begin{bmatrix} M_2 + M_3 & T_1 + M_5 + M_6 \\ T_2 - M_7 & T_2 + M_5 \end{bmatrix}$$

この Winograd のアルゴリズムの演算量を求め，Strassen のアルゴリズムと比較せよ．

# 4 GNU MP の多倍長整数演算と多倍長有理数演算

> GNU MP (GMP) はさまざまな環境で動作する C ライブラリで，整数，有理数，浮動小数点数の任意精度演算をサポートします。C が直接サポートする基本的なデータ型よりも高精度な演算を必要とするアプリケーションソフトウェアのために，最高速の計算ルーチンを提供することを目的としています。（中略）GMP の高速さは，これら 3 つの基本演算型と，定義されたこれらの型に割り当てられたワード全てをフルに使用し，洗練されたアルゴリズムを選び抜き，様々な CPU に対して注意深く最適化されたアセンブラプログラムを用いて使用頻度の高い内部ループを記述することで達成されたものです。
>
> ——————— GNU MP Version 6.1.2 マニュアル

本章では，GNU MP (GMP) の提供する MPN カーネルについて紹介したあと，多倍長整数演算 (mpz) と多倍長有理数演算 (mpq) について，C および C++プログラム例を示しながら概説を行う．多倍長整数演算は，現代のセキュリティマネジメントには欠かせない暗号処理向きの機能が多数提供されているので，本章の最後に mpz 関数を用いた RSA 暗号の簡単な実装例も示す．

## 4.1 GNU MP の構成

GNU MP (GMP, GNU Mutiple Precision arithmetic library[27] は，20 年以上にわたって各種の CPU アーキテクチャに対応し，常に高速化を図ってきた，**多倍長自然数** (Multiple Precision Natural number) **演算**，すなわち，MPN カーネルを基盤とする多倍長演算ライブラリである．その構成を図 4.1 に示す．

GMP の高速性は，最も下の階層である MPN カーネル（mpn 関数群，関数名は `mpn_`から始まる）が担っており，中核部分はすべて C プログラムとして記述されている．また，その中でも各 CPU アーキテクチャの特性を活用して高速化が可能な部分はアセンブラコードに置き換えられ，SIMD 命令などを使って高速化が図られている．

高速化した MPN カーネルを土台にして，**多倍長整数演算**（mpz 関数群，関数名は `mpz_`から始まる），**多倍長有理数演算**（mpq 関数群），**多倍長浮動小数点数演算**（mpf 関数群）が構築されており，すべて C 言語で記述されている．現在は，これらの C プ

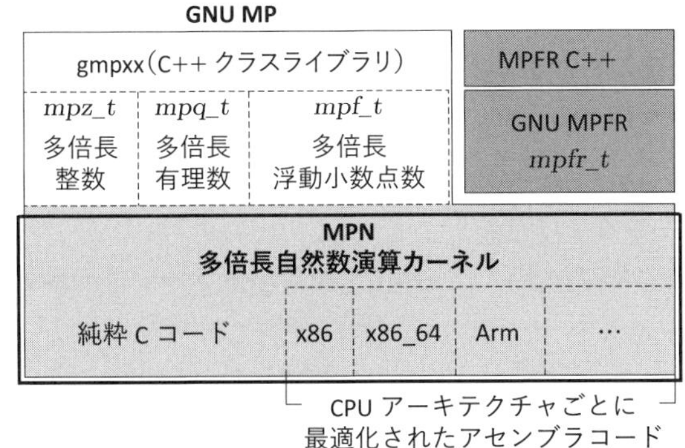


図 4.1　GMP と MPFR/GMP のソフトウェア階層

ログラム関数群を C++クラス化した gmpxx ライブラリが同梱されており，純粋 C プログラムだけでなく，C++プログラムからも容易に使用できるようになっている．

ただし，後述するように，多倍長浮動小数点数演算 (mpf) に関しては，科学技術計算に必要な機能，とくに初等関数，特殊関数のサポートがまったくなく，$\pm\infty$ や NaN も扱えず不都合である．そこで，IEEE754 規格に準拠して各種丸めモードの機能に加えて，初等関数，特殊関数，$\pm\infty$ や NaN をサポートした GNU MPFR ライブラリ[22] が INRIA（Institute National Recherche en Informatique et en Automatique，フランス国立の情報科学研究所）に拠点を置く研究グループで開発されて公開されており，多倍長浮動小数点数を用いた計算は，この **MPFR** を使うことが推奨されている．しかし，GMP とは独立したライブラリとして開発されているとはいえ，図 4.1 に示すとおり，MPFR は GMP の MPN カーネルに依存した構造になっており，GMP なしでは使用できない．本書では，その意味を込めて **MPFR/GMP** (MPFR over GMP) という用語を使用する．なお，GMP から分岐した MPIR (Multiple Precision Integers and Rationals)[2] というオープンソースライブラリも存在し，Windows 環境下で Visual Studio を用いた GMP プログラムの開発が可能である．よって，MPIR を利用した MPFR の生成も可能なので，この場合は MPFR/MPIR と書く．

MPFR は純粋 C ライブラリであり，GMP とは異なり，C++クラスライブラリは提供されていない．C++クラスを使いたければ，たとえば **MPFR C++**[11] のようなクラスライブラリを別に用意する必要がある．

## 4.2　自然数演算：MPN カーネルの演算アルゴリズム

ゼロを含む自然数 $\mathbb{N}$ どうしの計算では，正負の符号処理が不要であるため，純粋に四則演算の高速性を追求しやすい．GMP の自然数演算をサポートする MPN カーネル関数群は，この高速性を職人芸的に追求してきたもので，現時点では x86 や Arm 等，主要な CPU アーキテクチャ環境における最高性能に到達している．この MPN カーネルが下支えして，後述する多倍長の整数型，有理数型，浮動小数点数型，MPFR の高速性を担保している．

高速性追求のため，MPN カーネルには，通常存在するエラー処理等のユーザにやさしい機能は用意されておらず，あらかじめ割り当てられた符号なし整数配列の長さを超える演算結果をフォローする仕組みは，最低限しか用意されていない．また，C++ のサポートはなく，純粋 C ルーチン（と CPU タイプごとに用意されたアセンブラルーチン）しか使えないため，符号付き整数，有理数，浮動小数点数の多倍長計算を実行したいだけの普通のユーザが直接使用する必要はない．MPN カーネルの高速性を生かした特殊な実装を求める向きのみ，活用を考えるべき関数群といえる．本節では，MPN カーネルの関数を使った簡単な C プログラム例のみ示す．

以下，多倍長自然数 $a, b$ を，同じ桁数 $n$，同じ基数 $\beta$ をもつものとして

$$A = \sum_{i=0}^{n-1} a_i \beta^i = (a_{n-1} \dots a_0)_\beta, \quad B = \sum_{i=0}^{n-1} b_i \beta^i = (b_{n-1} \dots b_0)_\beta$$

と表現できるものとする．

### ◆── MPN カーネルプログラミングの例

GMP では，基本となる多倍長数を格納するために，**リム (limb)**[†1] という *mp_limb_t* 型（基本的には *unsigned long int* 型）変数を使用する．最も下層部にあたる MPN カーネルでは，自然数表現としてこのリムの配列を使用する．リム配列のサイズは *mp_size_t* 型の変数に記憶する．

それでは，GMP の使い方を見てみよう．GMP を使用する際は，ヘッダファイル `gmp.h` を必ずインクルードする．

**リスト 4.1** は，多倍長自然数を文字列として受け取り（37〜40 行目），リム配列として記憶する（43〜53 行目）プログラム (`mpn_sample.c`) である．

リスト 4.1　リム配列の使い方：`mpn_sample.c`

```
1 #include <stdio.h>
2 #include <stdlib.h>
3 #include <string.h>
4
5 // GMPライブラリ関数群
6 #include "gmp.h"
```

†1 関節のある手足を意味する．

```

#define MAX_LIMB_SIZE 1024
#define MAX_LIMB_SIZE2 2048
#define MAX_STR_LEN 1024
#define MAX_STR_LEN2 2048

int main(void)
{
  int i;

  // 自然数を格納したリム配列
  mp_limb_t a[MAX_LIMB_SIZE], b[MAX_LIMB_SIZE], c[MAX_LIMB_SIZE2];
  mp_limb_t carry, quotient[MAX_LIMB_SIZE], reminder[MAX_LIMB_SIZE];
  // 上記リム配列のサイズ
  mp_size_t size_a, size_b, size_c, size_quotient, size_reminder;
  unsigned char str_a[MAX_STR_LEN] = "", str_b[MAX_STR_LEN] = "",
   str_c[MAX_STR_LEN2] = "";

  // 文字列表現のための配列
  unsigned char str_quotient[MAX_STR_LEN] = "",
   str_reminder[MAX_STR_LEN] = "";
  // 上記文字列配列のサイズ
  size_t strlen_a, strlen_b, strlen_c, strlen_quotient, strlen_reminder;

  // リム配列にゼロを詰める
  mpn_zero(a, MAX_LIMB_SIZE);
  mpn_zero(b, MAX_LIMB_SIZE);
  mpn_zero(c, MAX_LIMB_SIZE);

  // 10進自然数を文字列として入力
  printf("a␣=␣"); while(scanf("%s", str_a) < 1);
  printf("str_a␣=␣%s\n", str_a);
  printf("b␣=␣"); while(scanf("%s", str_b) < 1);
  printf("str_b␣=␣%s\n", str_b);

  // 文字列を10進自然数表現に変換
  strlen_a = strlen(str_a);
  for(i = 0; i < strlen_a; i++)
    str_a[i] -= ’0’;

  strlen_b = strlen(str_b);
  for(i = 0; i < strlen_b; i++)
    str_b[i] -= ’0’;

  // 10進自然数を2進表現に変換
  size_a = mpn_set_str(a, str_a, strlen_a, 10);
  size_b = mpn_set_str(b, str_b, strlen_b, 10);

  // リム配列を10進表記で出力
  gmp_printf("a␣=␣%Nd\n", a, size_a);
  gmp_printf("b␣=␣%Nd\n", b, size_b);

  return 0;
}
```

ここで使用している mpn 関数は，次の 2 つである．

`mpn_zero(a, MAX_LIMB_SIZE)`：リム配列 `a[MAX_LIMB_SIZE]` にゼロを詰める
`mpn_set_str(a, str_a, strlen_a, 10)`：10 進表記の長さ `strlen_a` の文字列 `str_a` を，リム配列 `a` に変換して代入する

出力には，標準の `printf` を，GMP の多倍長データ型が使えるように拡張した `gmp_printf` 関数（付録 B.2 参照）を使用している．コンパイルは，次のように，必ず GMP ライブラリファイル（ここでは `libgmp.a`）をリンクして行う．

```
$ cc mpn_sample.c -lgmp
```

ここで，

$$a = 987654321012345678909876543210123456789098765432101234567890,$$
$$b = 123456789098765432101234567890987654321012345678909876543210 \tag{4.1}$$

という 10 進 60 桁の自然数を文字列として入力し，GMP の標準出力関数である `gmp_printf` 関数を使って出力すると，次のような結果が得られる．

```
$ ./a.out
a = 987654321012345678909876543210123456789098765432101234567890       ←入力
str_a = 987654321012345678909876543210123456789098765432101234567890
↑文字列として出力
b = 123456789098765432101234567890987654321012345678909876543210       ←入力
str_b = 123456789098765432101234567890987654321012345678909876543210
↑文字列として出力
a = 987654321012345678909876543210123456789098765432101234567890
↑リム配列を出力
b = 123456789098765432101234567890987654321012345678909876543210
↑リム配列を出力
```

以下，このプログラムに自然数演算の機能を追加していく．

### 4.2.1 ── 加　算

多倍長自然数の加算 $C = \sum_{i=0}^{n-1} c_i\beta^i := A + B$ のアルゴリズムは，**アルゴリズム 4.1** のようになる．

**アルゴリズム 4.1　多倍長自然数加算**

$d := 0$
**for** $i = 0$ **to** $n-1$ **do**
　$s := a_i + b_i + d$

$(d, c_i) := (s/\beta, s \bmod \beta)$
**end for**

この場合，$n-1$ 桁を超える桁上がりは $d$ に収められている．これを実行する mpn 関数は `mpn_add` である．計算するためのコスト（加減算の回数）は $O(n)$（$n$ に比例の意味）となる．

リスト 4.1 の 58 行目に以下を追記すると，自然数の加算 $c := a + b$ が実行され，その結果が出力される．リム配列のサイズを超える桁上がりが発生した場合は，返り値として `carry` 変数に 1 が収められる．文字列表現を得るために，リム配列から指定進数表現を得るための `mpn_get_str` 関数も使用している．

`carry = mpn_add(c, a, size_a, b, size_b)`：サイズ `size_a` のリム配列 `a` とサイズ `size\_b`($\geq$ `size_a`) のリム配列 `b` を加算し，配列 `c` に `size_a` 分を格納する．収まり切らない桁上がりがあれば `carry` に 1 が入り，収まれば 0 が入る．

`strlen_c = mpn_get_str(str_c, 10, c, size_c`：サイズ `size_c` のリム配列 `c` を 10 進自然数として `str_c` に格納する．

```
// c := a + b
carry = mpn_add(c, a, size_a, b, size_b);

// cのサイズを決定
size_c = (size_a > size_b) ? size_a : size_b;
if(carry >= 1)
{
  size_c += 1;
  c[size_c - 1] = carry;
}

// 10進表現をstr_cに格納
strlen_c = mpn_get_str(str_c, 10, c, size_c);
mpn_get_str(str_c, 10, c, size_c);
strlen_c = mpn_sizeinbase(c, size_c, 10);
printf("c[0]␣=␣%lu,␣carry␣=␣%lu,␣size_c␣=␣%d,␣strlen_c␣=␣%d\n", c[0], carry,
 (int)size_c, (int)strlen_c);

// 10進表現を文字列に変換
for(i = 0; i < strlen_c; i++)
  str_c[i] += '0';
str_c[strlen_c] = '\0';

// 計算結果の表示
gmp_printf("c(%d)␣=␣a(%d)␣+␣b(%d)␣=␣\n[str_c]␣%s\n␣[limb]␣%Nd\n",
 (int)size_c, (int)size_a, (int)size_b, str_c, c, size_c);
```

この結果，式 (4.1) の値を使って $c := a + b$ を求めると，以下のように，自然数演算結果が c に格納される．

```
c[0] = 13974205023295736252, carry = 0, size_c = 4, strlen_c = 61
c(4) = a(4) + b(4) =
[str_c] 1111111110111111111011111111101111111110111111111011111111100
 [limb] 1111111110111111111011111111101111111110111111111011111111100
```

### 4.2.2 ── 乗　算

アルゴリズム的に工夫の余地のない加減算に比べ，多倍長自然数の乗算は，分割統治法を用いることで演算量を抑えることができる．GMP の MPN カーネルにおける乗算は，桁数が多くなるに従い，

筆算 (basecase) アルゴリズム
→ Karatsuba アルゴリズム (TOOM22)[†1]
→ Toom-Cook アルゴリズム (TOOM33 → 44 → 6H → 8H)
→ 高速 Fourier 変換 (FFT, Fast Fourier Transform) アルゴリズム

の順に，4 種類の乗算アルゴリズムを切り替えて使用している．筆算アルゴリズム以外の 3 つは，すべて分割統治法の考え方に基づくアルゴリズムである．

ここでは筆算アルゴリズムと Karatsuba アルゴリズムについてのみ，簡単に紹介する．そのほかのアルゴリズムについては，GMP マニュアルのアルゴリズム解説[26]（日本語訳[6]）を参照されたい．

#### ◆── 乗算のアルゴリズム

**筆算アルゴリズム (BasecaseMultiply)** は，$b$ から 1 桁ずつ取り出して $a$ との乗算 ($O(n)$) を行い，それをすべて足し合わせるため，演算のコストは $O(n^2)$ になる．つまり，加算に比べて約 $n$ 倍となる（**アルゴリズム 4.2**）．

**アルゴリズム 4.2　多倍長自然数乗算 1：筆算アルゴリズム**

$C :=$ BasecaseMultiply($A$, $B$)
　$C^{(0)} := A \cdot b_0 = \sum_{i=0}^{n-1} (a_i \cdot b_0)\beta^i$
　**for** $j = 1$ **to** $n - 1$ **do**
　　$C^{(j)} := C^{(j-1)} + \beta^j (A \cdot b_j)$
　**end for**
　**return** $C := C^{(n-1)}$

---

†1 唐鍔（からつば）と読めるが，日本人ではなくロシア人の名前である．

また，Karatsuba アルゴリズム (KaratsubaMultiply) は，ある桁数 $n_0$ 以上のとき，演算の回数を減らすために分割統治法の手法に則って，再帰的に呼び出される乗算アルゴリズムである（アルゴリズム 4.3）．

**アルゴリズム 4.3　多倍長自然数乗算 2：Karatsuba アルゴリズム**

$C :=$ KaratsubaMultiply($A$, $B$)
　**if** $n < n_0$ **then**
　　$C :=$ BasecaseMultiply($A, B$)
　**end if**
　$k := \lceil n/2 \rceil$
　$(A_0, B_0) := (A, B) \bmod \beta^k$
　$(A_1, B_1) := (A, B) \ / \ \beta^k$
　$s_A := \mathrm{sign}(A_0 - A_1)$
　$s_B := \mathrm{sign}(B_0 - B_1)$
　$C_0 :=$ KaratsubaMultiply($A_0, B_0$)
　$C_1 :=$ KaratsubaMultiply($A_1, B_1$)
　$C_2 :=$ KaratsubaMultiply($|A_0 - A_1|, |B_0 - B_1|$)
　**return** $C := C_1\beta^{2k} + (C_0 + C_1 - s_A s_B C_2)\beta^k + C_0$

ちなみに，$C_0 + C_1 - s_A s_B C_2 = A_0 B_1 + A_1 B_0$ であることはすぐにわかる．

最短の場合，たとえば $n = 2$ とすれば，通常 4 回分の乗算が必要になるが，Karatsuba アルゴリズムでは 3 回で済んでいる．これを再帰的に呼び出すことで，長い桁の乗算の演算回数をさらに削減することができる．

### ◆—— mpn_mul 関数の例

リスト 4.1 の 58 行目に以下を追記すると，自然数の乗算（mpn_mul 関数を使用）が実行される．

```
// c := a * b
mpn_zero(c, MAX_LIMB_SIZE2);

if(size_a < size_b)
  printf("cannot␣get␣a(%d)␣*␣b(%d)␣if␣a␣<␣b!\n", (int)size_a, (int)size_b);
else
{
  mpn_mul(c, a, size_a, b, size_b);

  // cのサイズを算出
  size_c = size_a + size_b;

  // 文字列変換
  strlen_c = mpn_get_str(str_c, 10, c, size_c);
  for(i = 0; i < strlen_c; i++)
    str_c[i] += '0';
  str_c[strlen_c] = '\0';
```

```
    // 出力
    gmp_printf("c(%d)␣=␣a(%d)␣*␣b(%d)␣=␣\n[str_c]␣%s\n␣[limb]␣%Nd\n",
     (int)size_c, (int)size_a, (int)size_b, str_c, c, size_c);
}
```

式 (4.1) の値を使って $c := ab$ を求めると，$c = 1219326312 \cdots 1263526900$ が得られる．

### ◆── mpn_mul_n 関数のベンチマークテスト

mpn_mul 関数のソースプログラムでは，被乗数 $a$ と乗数 $b$ が同じリム数の場合は mpn_mul_n 関数を呼び出し，この中で，前述のようにリム長に応じてアルゴリズムを切り替えている．それぞれのアルゴリズムの計算時間の大小関係を，以下の計算環境で実行してグラフ化したものを図 4.2 に示す．

ハードウェア：Intel Core i7-9700K, 16GB RAM
ソフトウェア：Ubuntu 18.04 x86_64, GCC 7.3.0, GMP 6.1.2

次章以降で使用する浮動小数点数においては，数万ビットもの仮数部を必要とすることはあまりないため，図 4.2(a)，(b) のグラフ（∼1000 ビット（図 (a)），∼15000 ビット（図 (b)）を見ておけば実用的には十分であろう．1000 ビットまでは筆算アルゴリズムが最も高速だが，それ以上のビット数では，Karatsuba や Toom-Cook アルゴリズムが高速になることがわかる．実際，x86_64CPU アーキテクチャの環境では，

∼1664 ビット（26 リム）：筆算アルゴリズム
∼4672 ビット（73 リム）：Karatsuba アルゴリズム
∼303104 ビット（4736 リム）：Toom-Cook アルゴリズム群
303104 ビット以上：FFT

とそれぞれ採用して計算するという実装になっている（GMP 6.1.2 の場合）．

このように，ビット長に応じたアルゴリズムの切り替えを行って高速性を確保して C プログラムとして実装を行い，各種 CPU アーキテクチャに応じたアセンブラルーチン内で特有の SIMD 命令等を使用して，計算速度をさらに高速化している．図 4.2(d) のグラフでは，純粋 C ルーチン (generic C) と x86_64 アセンブラ (ASM x86_64)) との計算速度の比較を行ったものを示しているが，アセンブラによる実装を行うことで 5∼7 倍の速度向上を達成していることがわかる．また，現状では 1.5 億ビット（10 進約 4500 万桁）程度までの自然数乗算は 1 秒以内で実行できることも，このグラフから見てとれる．

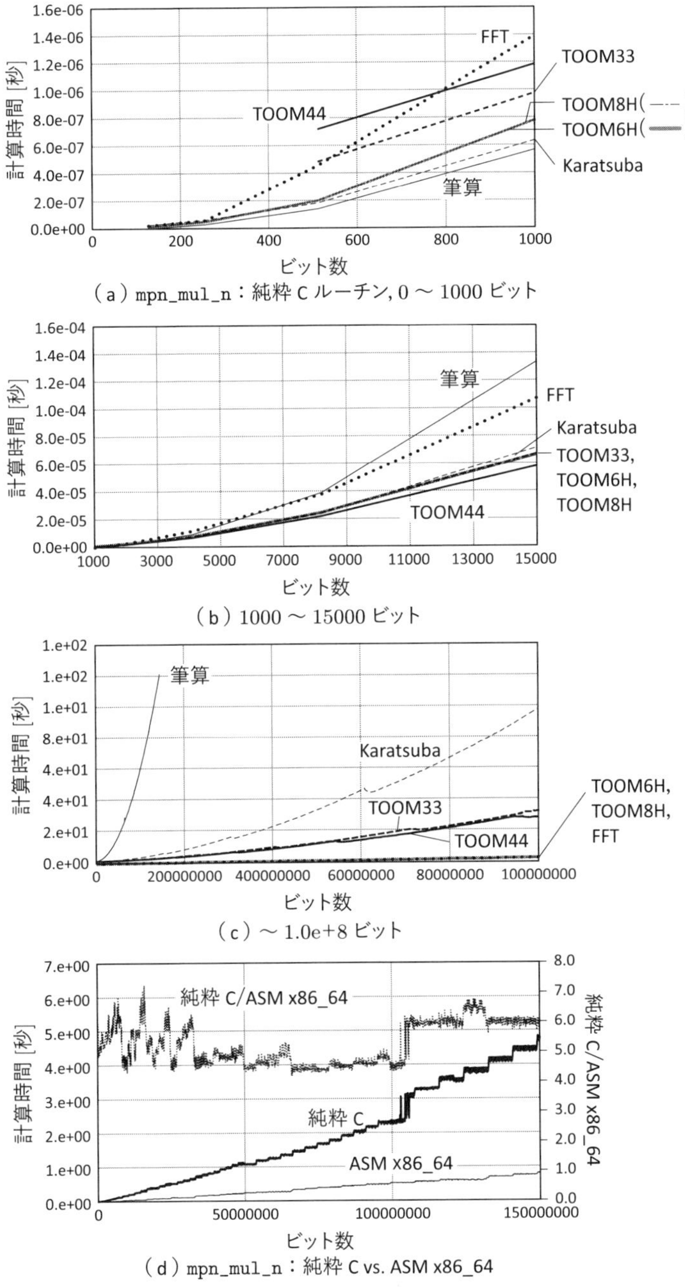


図 4.2 乗算関数 mpn_mul_n の計算時間

MPN カーネルでは，乗算 (mpn_mul*) 関数のほか，2 乗 (mpn_sqr)，除算 (mpn_tdiv_qr) でも同様のアルゴリズムの切り替えが行われている．アセンブラによる高速化はすべての MPN カーネル関数で共通に行われており，その結果，最高レベルの実装になっているといえる．

> 問題 4.1
> $A = 12345678$, $B = 87654321$ とするとき，次の問いに答えよ．
> (1) $A + B$ を mpn_add 関数を用いて求めよ．
> (2) $AB$ を mpn_mul 関数を用いて求めよ．
> (3) $B \div A = q \cdots r$ を mpn_tdiv_qr 関数を用いて求めよ．

## 4.3　多倍長整数演算を用いたプログラム例

**多倍長整数**型は，単純に考えるとリム配列（= 多倍長自然数）に符号 ± を付加すれば実現可能である．しかし，整数を誤差なく保持するためには，演算を重ねるごとに，増減する桁数に応じたリム配列を確保する必要があり，柔軟性をもった実装が求められる．そこで，GMP の多倍長整数型（*mpz_t* 型）は，**図 4.3** に示すようにリム配列を構造体とは異なる部分に動的に確保しておき，必要に応じて大きさを変更できるようなデータ構造になっている．

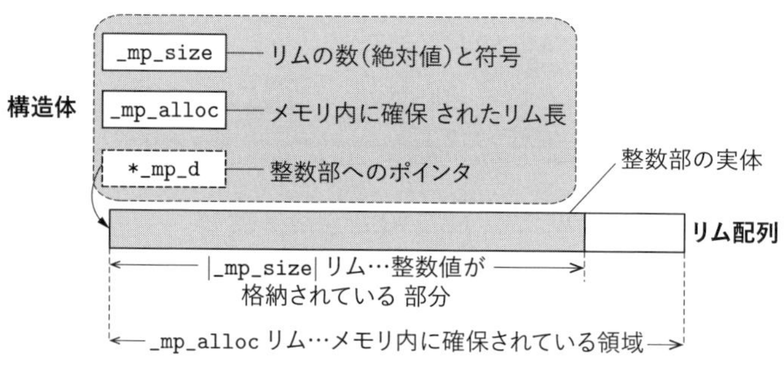


図 4.3　*mpz_t* 型の構造体

前述したように，GMP の多倍長整数演算用としては，ネイティブ C 関数群（関数名は mpz_*）だけでなく，GMP に同梱されている C++クラス (gmpxx) として *mpz_class* も使用可能である．

ここでは，以下の四則演算・剰余計算を，GMP の多倍長整数型を用いて実行する C, C++プログラム例を示す．

$$\begin{aligned}
&12345678901234567890123456789O + 9876543210 \\
&\ = 1234567890123456789111111111100 \\
&123456789012345678901234567890 - 9876543210 \\
&\ = 123456789012345678891358024680 \\
&123456789012345678901234567890 \times 9876543210 \qquad (4.2) \\
&\ = 121932631124828532112482853211126 \\
&123456789012345678901234567890/9876543210 \\
&\ = 12499999887343749990 \\
&123456789012345678901234567890 \bmod 9876543210 = 1562499990
\end{aligned}$$

### 4.3.1 ── C プログラム例

#### ◆── プロトタイプ

GMP の多倍長整数型を使った C プログラムは，次のように，変数宣言した $mpz\_t$ 型変数を使用する前に，必ず mpz_init 関数や mpz_inits 関数を使って初期化を行う．使用後に不要となった変数については，mpz_clear 関数や mpz_clears 関数を用いて，確保していたリム領域を解放することができる．

```
#include <stdio.h>

// GMPのヘッダファイル
#include "gmp.h"

int main(void)
{
  mpz_t a, b, c;

  //mpz_t型変数の初期化
  mpz_init(a); mpz_init(b); mpz_init(c);

  // ・・・・・・・・・・
  // ・・・演算処理・・・
  // ・・・・・・・・・・

  // mpz_t型変数の消去
  mpz_clear(a); mpz_clear(b); mpz_clear(c);

  return 0;
}
```

初期化した $mpz\_t$ 型変数に値を代入するためには，**表 4.1** に示した mpz_set*関数を使う．

表 4.1　GMP 多倍長整数の代入関数

| 機能 $c := a$ | C 関数名 |
|---|---|
| *mpz_t* 型値の代入 | mpz_set(*mpz_t* c, *mpz_t* a) |
| *unsigned long* 型値の代入 | mpz_set_ui(*mpz_t* c, *unsigned long* a) |
| (signed) *long* 値の代入 | mpz_set_si(*mpz_t* c, *long* a) |
| *double* 型値の代入 | mpz_set_d(*mpz_t* c, *double* a) |
| *mpf_t* 型値の代入 | mpz_set_f(*mpz_t* c, *mpf_t* a) |
| base 進の文字列 str の代入 | mpz_set_str(*mpz_t* c, *char* *str, *int* base) |

表 4.1 に示した関数のほかにも，初期化と代入をまとめて行う複合関数も用意されている．関数名は mpz_init_set* となり，引数は代入関数と同じである．

### ◆—— 演算を行うプログラム例：mpz_test.c

式 (4.2) の計算を行うために使用する関数を，**表 4.2** に示す．

表 4.2　GMP 多倍長整数の基本演算

| 関数名 | 数式表記 | C 関数名 |
|---|---|---|
| 加算 | $c := a + b$ | mpz_add(c, a, b) |
| 減算 | $c := a - b$ | mpz_sub(c, a, b) |
| 乗算 | $c := ab$ | mpz_mul(c, a, b) |
| 除算 | $c := a/b$ | mpz_div(c, a, b) |
| 剰余算 | $c := a \bmod b$ | mpz_mod(c, a, b) |

プログラムは**リスト 4.2** のようになる．*mpz_t* 型変数 $a$ および $b$ の初期化と代入処理をまとめて行う mpz_init_set_str 関数と mpz_init_set_ui 関数を使用して，コード量を削減している．

リスト 4.2　式 (4.2) の計算を行うプログラム：mpz_test.c

```
#include <stdio.h>

#include "gmp.h"

int main(void)
{
  mpz_t a, b, c;

  // 配列の初期化と代入
  mpz_init_set_str(a, "123456789012345678901234567890", 10);
  mpz_init_set_ui(b, 9876543210);
  mpz_init(c);

  mpz_add(c, a, b); // 加算
  gmp_printf("%Zd␣+␣%Zd␣=␣%Zd\n", a, b, c);

  mpz_sub(c, a, b); // 減算
```

```
  gmp_printf("%Zd␣-␣%Zd␣=␣%Zd\n", a, b, c);

  mpz_mul(c, a, b); // 乗算
  gmp_printf("%Zd␣*␣%Zd␣=␣%Zd\n", a, b, c);

  mpz_div(c, a, b); // 除算
  gmp_printf("%Zd␣/␣%Zd␣=␣%Zd\n", a, b, c);

  mpz_mod(c, a, b); // 剰余算
  gmp_printf("%Zd␣%%␣%Zd␣=␣%Zd\n", a, b, c);

  // 配列の消去
  mpz_clear(a);
  mpz_clear(b);
  mpz_clear(c);

  return 0;
}
```

これをコンパイルして実行ファイルを生成して実行すると，式 (4.2) の結果が得られる．

### 4.3.2 ── C++プログラム例：gmpxx.h を使用した場合

GMP に同梱されている C++クラスライブラリ gmpxx.h を使用すると，多倍長整数型をサポートした *mpz_class* が使用できる．**リスト 4.3** のように演算子 (+, -, *, /, %) が定義され，標準入出力 cin, cout の使用が可能である．

リスト 4.3 mpz_test.cpp

```
#include <iostream>
#include <iomanip>

#include "gmpxx.h" // GMPライブラリ関数群

using namespace std;

int main(void)
{
  mpz_class a, b;

  a = "1234567890123456789012345678 90";
  b = 9876543210;

  cout << a << "␣+␣" << b << "␣=␣" << a + b << endl; // 加算
  cout << a << "␣-␣" << b << "␣=␣" << a - b << endl; // 減算
  cout << a << "␣*␣" << b << "␣=␣" << a * b << endl; // 乗算
  cout << a << "␣/␣" << b << "␣=␣" << a / b << endl; // 除算
  cout << a << "␣%␣" << b << "␣=␣" << a % b << endl; // 剰余算

  return 0;
}
```

実行結果は，前述の C プログラムと同じものになるので省略する．

> **問題 4.2**
> ユーザからの任意の整数を 2 つ標準入力から受け取り，この 2 数を使って四則演算を行うプログラムを作れ（ヒント：C の場合，`gmp_scanf` 関数を使うと簡単に入力値を受け取ることができる．また，文字列として整数を受け取り，`mpz_set_str(a, 文字列, 10)` として，文字列を 10 進数として認識して多倍長整数 $a$ に代入することも可能である）．

## 4.4 最大公約数の計算

暗号化処理に必要な，多倍長整数の**最大公約数** (GCD, Greatest Common Divisor)，**最小公倍数** (LCM, Least Common Multiplier) などを計算する関数の使用例を見ていくことにする．ここでは，次のように，GCD, LCM および $as + bt = \mathrm{GCD}(a, b)$ となる整数 $s, t, \mathrm{GCD}(a, b)$ を求めるプログラム例を示す．

$$\mathrm{GCD}(1234567890123456789012345678 90, 9876543210) = 90,$$

$$\mathrm{LCM}(123456789012345678901234567890, 9876543210)$$

$$= 1354807012498094801249809480123626141 0$$

$$123456789012345678901234567890 \times (-44280807) + 9876543210$$

$$\times 5535100825114903359704 47292 = 90$$

### ◆── C プログラム例

以下，メイン関数のみ示す．

```
int main(void)
{
    mpz_t a, b, c;
    mpz_t s, t; // mpz_gcdext関数用の変数

    mpz_init_set_str(a, "123456789012345678901234567890", 10);
    mpz_init_set_ui(b, 9876543210);
    mpz_init(c);

    // GCD(a, b)
    mpz_gcd(c, a, b);
    gmp_printf("GCD(%Zd,␣%Zd)␣=␣%Zd\n", a, b, c);

    // LCM(a, b)
    mpz_lcm(c, a, b);
    gmp_printf("LCM(%Zd,␣%Zd)␣=␣%Zd\n", a, b, c);

    // GCDEXT(a, b) -> a * s + b * t = c
    mpz_init(s);
```

```
    mpz_init(t);
    mpz_gcdext(c, s, t, a, b);
    gmp_printf("%Zd␣*␣%Zd␣+␣%Zd␣*␣%Zd␣=␣%Zd\n", a, s, b, t, c);

    mpz_clear(a);
    mpz_clear(b);
    mpz_clear(c);

    mpz_clear(s);
    mpz_clear(t);

    return 0;
}
```

### ◆── C++プログラム例

上記の C プログラムを，そのまま C++定義の *mpz_class* を使って書いたプログラムは，以下のようになる．

gcd 関数や lcm 関数のように，クラスで C の mpz_gcd 関数や mpz_lcm 関数を使って定義されているものは簡略化して記述できるが，定義されていない mpz_gcdext 関数を使うには，get_mpz_t() 関数を用いて，*mpz_class* インスタンスから *mpz_t* 型変数を取り出して，引数として渡す必要がある．

```
int main(void)
{
    mpz_class a, b, c;
    mpz_class s, t;

    a = "123456789012345678901234567890";
    b = 9876543210;

    // GCD(a, b)
    c = gcd(a, b);
    cout << "GCD(" << a << ",␣" << b << ")␣=␣" << c << endl;

    // LCM(a, b)
    c = lcm(a, b);
    cout << "LCM(" << a << ",␣" << b << ")␣=␣" << c << endl;

    // GCDEXT(a, b) -> a * s + b * t = c
    mpz_gcdext(c.get_mpz_t(), s.get_mpz_t(), t.get_mpz_t(), a.get_mpz_t(),
     b.get_mpz_t());
    cout << a << "␣*␣" << s << "␣+␣" << b << "␣*␣" << t << "␣=␣" << c <<
     endl;

    return 0;
}
```

## 4.5 比較関数と素数の導出

*mpz_t* 型のような GMP の独自データ型に対しては，使用言語で標準データ型として認識されていないため，標準的な演算子だけでなく，比較演算子も自力で実装しなくてはならない．GMP では，`mp[z,q,f]_cmp` という接頭詞をもつ，比較のための関数が用意されている．使い方はどれも同じで，$a, b$ という値に対して，場合に応じて

$$\texttt{mp[z,q,f]\_cmp}(a,b) = \begin{cases} +1 & (a > b) \\ 0 & (a = b) \\ -1 & (a < b) \end{cases}$$

という返り値が与えられるので，それによって大小の比較が可能となる．多倍長整数型の場合は，たとえば

`mpz_cmp(a, b)`：*mpz_t* 型の a, b の大小比較
`mpz_cmp_ui(a, b)`：*mpz_t* 型の a と，*unsigned int* 型の b との大小比較

という比較関数が使用できる．

これに加えて，正の多倍長整数 $b$ の次に大きな素数 $a$ を得るための関数 `mpz_nextprime(a, b)` を使用すると，任意の正の多倍長整数以下の素数をすべて求めることができる．このためのプログラム `mpz_test_nextprime.c` の，メイン関数の処理の一部を以下に示す．

◆── C プログラム例

```
// 入力
printf("a = ");
gmp_scanf("%Zd", a);
gmp_printf("a = %Zd\n", a);

if(mpz_cmp_ui(a, 1UL) < 0)
{
    gmp_printf("a = %Zd is less than zero!\n", a);
    exit(EXIT_FAILURE);
}

// prime := 2
mpz_set_ui(prime, 2UL);
num_prime = 0;
while(mpz_cmp(a, prime) >= 0)
{
    gmp_printf("%d: %Zd\n", ++num_prime, prime);
    mpz_nextprime(prime, prime);
```

```
}

gmp_printf("<=␣%Zd\n", a);
```

入力値 $a$ が 2 より大きな整数の場合のみ（mpz_cmp_ui 関数でチェック），2 から $a$ 以下（mpz_cmp 関数でチェック）の素数を列挙している．

### ◆── C++プログラム例

上記の C プログラムを C++で書き直すと，標準的な演算子が使用できるため，以下のようにかなりすっきりと記述できる．

```
// 入力
cout << "a␣=␣";
cin >> a;
cout << "a␣=␣" << a << endl;

if(a < 1UL)
{
    cerr << "a␣=␣" << a << "␣is␣less␣than␣zero!" << endl;
    exit(1);
}

// prime := 2
prime = 2UL;
num_prime = 0;
while(a > prime)
{
    cout << ++num_prime << ":␣" << prime << endl;
    mpz_nextprime(prime.get_mpz_t(), prime.get_mpz_t());
}

cout << "<=␣" << a << endl;
```

**問題 4.3**

(1) ユーザからの任意の正の整数を 2 つ入力して，最大公約数と最小公倍数を求めるプログラムを作れ．また，この結果を検算するプログラムも作れ．

(2) ユーザからの任意の正の整数を 1 つ入力し，素因数分解を行うプログラムを作れ．

## 4.6 多倍長有理数型を利用したプログラム例

**多倍長有理数**型 *mpq_t* は，分子と分母が，それぞれ mp_num と mp_den という *mpz_t* 型変数をメンバーとしてもつ構造体へのポインタとして定義されている．*mpq_t* 型で定義された変数の分子と分母にアクセスする際には，以下のようなマクロが用意されているので，それを利用する．

mp_num：分子 → mpq_numref(変数名)

mp_den：分母 → mpq_denref(変数名)

四則演算に必要となる通分・約分処理は，多倍長整数型の LCM 関数等を用いて自動的に行われる．有理数演算の結果は既約分数の形で表現されるようになっているのが原則であるが，必ずしも保証されているわけではないため，確実に既約分数化する際には，必ず mpq_canonicalize 関数（付録 B.5 参照）を使用する．

以下の四則演算を GMP の多倍長有理数型を用いて実行する C, C++プログラム例を示す．

$$\frac{1}{3} + \frac{2}{5} = \frac{11}{15}$$

$$\frac{1}{3} - \frac{2}{5} = -\frac{1}{15}$$

$$\frac{1}{3} \times \frac{2}{5} = \frac{2}{15}$$

$$\frac{1}{3} / \frac{2}{5} = \frac{5}{6}$$

### ◆── C プログラム例

*mpz_t* 型同様，*mpq_t* 型を用いた C プログラムも，変数の初期化（mpq_init 関数を使用）を行う必要がある．不要になったときも同様に，mpq_clear 関数を使用する．

有理数を文字列として与えたいときには，分子分母を / で区切り，たとえば 1/3 は "1 / 3"のように指定して，mpq_set_str 関数を**リスト 4.4** のように使う．

リスト 4.4　有理数の四則演算を行うプログラム：mpq_test.c

```
#include <stdio.h>

#include "gmp.h"

int main(void)
{
  mpq_t a, b, c;

  // 配列の初期化と代入
  mpq_init(a); mpq_set_str(a, "1␣/␣3", 10);
  mpq_init(b); mpq_set_str(b, "2␣/␣5", 10);
  mpq_init(c);

  mpq_add(c, a, b); // 加算
  gmp_printf("%Qd␣+␣%Qd␣=␣%Qd\n", a, b, c);

  mpq_sub(c, a, b); // 減算
  gmp_printf("%Qd␣-␣%Qd␣=␣%Qd\n", a, b, c);

```

```
  mpq_mul(c, a, b); // 乗算
  gmp_printf("%Qd␣*␣%Qd␣=␣%Qd\n", a, b, c);

  mpq_div(c, a, b); // 除算
  gmp_printf("%Qd␣/␣%Qd␣=␣%Qd\n", a, b, c);

  // 配列の消去
  mpq_clear(a);
  mpq_clear(b);
  mpq_clear(c);

  return 0;
}
```

このプログラムをコンパイルして実行すると，以下の結果が得られる．

```
$ ./mpq_test
1/3 + 2/5 = 11/15
1/3 - 2/5 = -1/15
1/3 * 2/5 = 2/15
1/3 / 2/5 = 5/6
```

### ◆── C++プログラム例：gmpxx.h を用いた場合

C++の場合，*mpz_class* と同様に，gmpxx.h に *mpq_class* というクラスが有理数型に対して定義されているので，それを利用する（リスト 4.5）．

リスト 4.5　*mpq_class* を用いた有理数四則演算プログラム：mpq_test.cpp

```
#include <iostream>
#include <iomanip>

#include "gmpxx.h"

using namespace std;

int main(void)
{
  mpq_class a, b;

  a = "1␣/␣3";
  b = "2␣/␣5";

  cout << a << "␣+␣" << b << "␣=␣" << a + b << endl; // 加算
  cout << a << "␣-␣" << b << "␣=␣" << a - b << endl; // 減算
  cout << a << "␣*␣" << b << "␣=␣" << a * b << endl; // 乗算
  cout << a << "␣/␣" << b << "␣=␣" << a / b << endl; // 除算

  return 0;
}
```

実行結果は C プログラムと同じなので，省略する．

**問題 4.4**

標準入力から任意の分数を 2 つ受け取り，四則演算を行って標準出力に表示するプログラムを作れ．

## 4.7 多倍長整数を用いた RSA 暗号の実装

多倍長計算の第一の目的として，秘匿すべき情報を保護するための暗号化への応用がある．ここでは，RSA 暗号の具体的なアルゴリズムと，GMP の多倍長整数演算を用いた実装例を示す．

### 4.7.1 ── RSA 暗号の概要

**RSA 暗号**は，発案者の頭文字 (Rivest-Shamir-Adleman) を取って名付けられた公開鍵暗号方式である．使用する用語は以下の 4 つである．

**平文**（ひらぶん） **(plain text)**：**暗号化**すべき通常の文字列で，整数として表現したものを使用する．

**公開鍵 (public key)**：以下で述べる手順であらかじめ生成された自然数の組 $(e, n) \in \mathbb{N}^2$．所持者に付属するもので，ここでは花子のものとし，誰でもアクセスできる．

**秘密鍵 (private key)**：以下で述べる手順であらかじめ訂正された自然数の組 $(d, n) \in \mathbb{N}^2$．所持者に付属するもので，ここでは花子のものとし，花子以外の人間はアクセスできない．

**暗号文 (encrypted text)**：平文を暗号化したもの．そのまま平文としては解釈できない整数．**復号化**すると平文になる．

これらを用いて，太郎から平文を暗号化して花子に送付する手続きを，**図 4.4** に示す．

仮に第三者が太郎から送られた暗号文を盗聴したとしても，秘密鍵がわからなければ平文には戻せない．秘密鍵を類推することも困難であるようにしておけば，メッセージの秘匿性を保つことができる．

以下，RSA 暗号における，公開鍵，秘密鍵の生成方法を述べる．

#### ◆── 公開鍵と秘密鍵の生成

公開鍵，秘密鍵に共通する自然数 $n$ は，素因数分解すると $n = pq$ という 2 つの素数 $p, q \in \mathbb{N}$ で表現できる，なるべく巨大な数が望ましい．

$n$ が生成できたら，$l = \varphi(n) = (p-1)(q-1)$ という自然数を作る．ここで，$\varphi(n)$

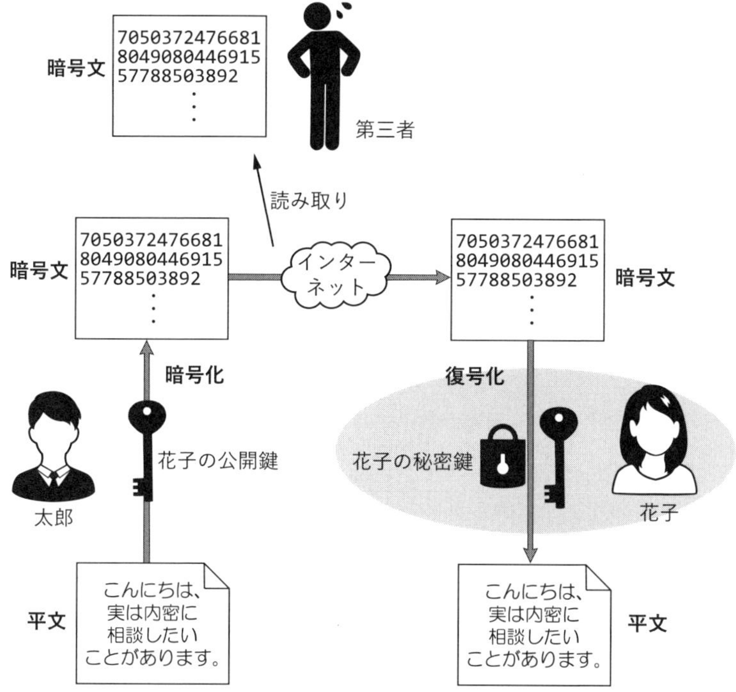


図 4.4　RSA 暗号を用いたメッセージの送信

は Euler の関数とよばれているもので，$\mathrm{GCD}(k, n) = 1$（$k$ と $n$ は互いに素）となる自然数 $1 \leq k \leq n$ である．

$$\mathrm{GCD}(e, l) = 1 \quad \text{かつ} \quad 1 < e < l$$

となる $e$ を決める．こうして花子の公開鍵 $(e, n)$ が生成される．

最後に，

$$ed \bmod l = 1 \quad \text{かつ} \quad 1 < d < l$$

となるよう $d$ を定め，花子の秘密鍵 $(d, n)$ が生成される．ここで，この条件は，

$$ed + ly = 1$$

となる整数 $e, y$ を求めてもよい（$y$ は使用しない）．

**例 4.1**

$p = 5, q = 13$ とする．このとき，$n = pq = 65, l = (5-1)(13-1) = 48 = 2^4 \cdot 3$ である．したがって，たとえば $e = 5 \cdot 7$ とすれば，$\mathrm{GCD}(48, 35) = 1$ とできる．

これで花子の公開鍵は $(e, n) = (35, 65)$ となる．

秘密鍵としては，$35d \bmod 48 = 1$ となるものとして，たとえば $d = 11$ とする．これで花子の秘密鍵は $(d, n) = (11, 65)$ となる．

### ◆── 暗号化と復号化

暗号化と復号化は以下の手順で行われる．当然だが，平文は $n$ より小さい正の整数である必要がある．

**暗号化**：暗号文 $:=$ 平文$^e \bmod n$
**復号化**：平文 $:=$ 暗号文$^d \bmod n$

これによって，太郎が花子の公開鍵 $(e, n)$ によって生成した暗号文は，花子の秘密鍵 $(d, n)$ でしか復号化できないことになる．

この手順を逆にして，花子しか知らない秘密鍵 $(d, n)$ を用いて平文から署名（＝暗号文）を生成し，太郎の知る花子の公開鍵 $(e, n)$ で署名を平文に戻すことができれば，花子が署名した，という証を得ることができる（**図 4.5**）．

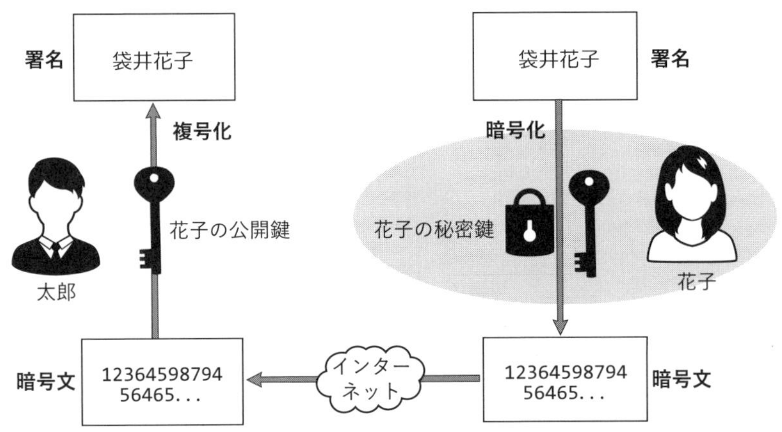


図 4.5　RSA 暗号を用いた署名の仕組み

例 4.2

花子の公開鍵を $(e, n) = (35, 65)$，花子の秘密鍵を $(d, n) = (11, 65)$，平文を $55\ (< n)$ とするとき，太郎から花子に送られる暗号文は

$$55^e \bmod n = 55^{35} \bmod 65 = 35$$

より，暗号文は 35 となる．これを復号化すると

$$35^d \bmod n = 35^{11} \bmod 65 = 55$$

となり，平文 55 が取り出せる．

**問題 4.5**

公開鍵を $(e, n) = (35, 65)$，秘密鍵を $(d, n) = (5, 65)$ とする．花子の署名（たとえば 49 とする）を確認する手順を述べよ．また，実際に花子の署名を秘密鍵で暗号化し，公開鍵で元に戻せることを確認せよ．

### 4.7.2 —— C ソースプログラム

ここでは，RSA 暗号プログラム (`rsa.c`) の C による実装例を示す[38]．

#### ◆—— main 関数

まず，メイン関数は**リスト 4.6.1** のようになる．大まかな手順は

1. 平文の入力（170，171 行目）と多倍長整数化（174 行目，`str2int` 関数，処理はリスト 4.6.2 を参照）
2. 公開鍵と秘密鍵の生成（183，184 行目，`get_public_private_key` 関数，リスト 4.6.3 参照）
3. 暗号化（197 行目，`encrypt` 関数，リスト 4.6.4 参照）
4. 復号化（206 行目，`decrypt` 関数，リスト 4.6.4 参照）
5. 復号化した平文を元の文字列に変換（215 行目，`int2str` 関数，リスト 4.6.2 参照）と出力（217〜223 行目）

となる．

リスト 4.6.1 `rsa.c`（メイン関数）

```
155
156 int main()
157 {
158   unsigned char string[MAXLEN], out_string[MAXLEN];
159   mpz_t string_int, string_int_encrypt;
160   mpz_t public_key[2], private_key;
161
162   // mpz変数の初期化
163   mpz_init(string_int);
164   mpz_init(string_int_encrypt);
165   mpz_init(public_key[0]);
166   mpz_init(public_key[1]);
167   mpz_init(private_key);
168
169   // 暗号化する文字列(平文)を入力
170   printf("Input␣a␣string(Max␣length␣=␣%d):␣", MAXLEN);
```

```
  fgets(string, MAXLEN - 1, stdin);

  //文字列から多倍長整数へ変換
  str2int(string_int, string);

#ifdef HEX
  gmp_printf("string(%d)␣␣->␣%Zx\n\n", strlen(string), string_int);
#else // HEX
  gmp_printf("string(%d)␣␣->␣%Zd\n\n", strlen(string), string_int);
#endif // HEX

  // 公開鍵(public_key)と秘密鍵(private_key)を生成
  get_public_private_key(public_key[0], public_key[1], private_key,
   string_int);

#ifdef HEX
  gmp_printf("Public_key_n␣:␣%Zx\n", public_key[0]);
  gmp_printf("Public_key_e␣:␣%Zx\n", public_key[1]);
  gmp_printf("Private_key_d:␣%Zx\n\n", private_key);
#else // HEX
  gmp_printf("Public_key_n␣:␣%Zd\n", public_key[0]);
  gmp_printf("Public_key_e␣:␣%Zd\n", public_key[1]);
  gmp_printf("Private_key_d:␣%Zd\n\n", private_key);
#endif // HEX

  // 暗号化
  encrypt(string_int_encrypt, string_int, public_key[0], public_key[1]);

#ifdef HEX
  gmp_printf("Encryption␣␣␣:␣%Zx\n", string_int_encrypt);
#else // HEX
  gmp_printf("Encryption␣␣␣:␣%Zd\n", string_int_encrypt);
#endif // HEX

  // 復号化
  decrypt(string_int, string_int_encrypt, private_key, public_key[0]);

#ifdef HEX
  gmp_printf("Decrypt␣␣␣␣␣␣:␣%Zx\n\n", string_int);
#else // HEX
  gmp_printf("Decrypt␣␣␣␣␣␣:␣%Zd\n\n", string_int);
#endif // HEX

  // 多倍長整数から文字列へ変換
  int2str(out_string, string_int);

#ifdef HEX
  gmp_printf("%Zd\n␣␣␣␣␣␣␣␣␣␣␣␣->␣%s(%d)\n", string_int, out_string,
   strlen(out_string));
#else // HEX
  gmp_printf("%Zd\n␣␣␣␣␣␣␣␣␣␣␣␣->␣%s(%d)\n", string_int, out_string,
   strlen(out_string));
#endif // HEX
  // 多倍長整数を消去
  mpz_clear(string_int);
  mpz_clear(string_int_encrypt);
  mpz_clear(public_key[0]);
```

```
  mpz_clear(public_key[1]);
  mpz_clear(private_key);

  return 0;
}
```

### ◆── 文字列の多倍長整数化と復元

次に，入力された平文を，暗号化のため整数化し，それを元に戻すプログラムを示す（リスト 4.6.2）．

文字列は BASE を基数とする多倍長整数として表現されている．文字列を多倍長整数化する際には，Horner 法を使用して求める．これは，文字列 $a_{n-1}a_{n-2}\cdots a_0$ を多項式 $p(x)=\sum_{i=0}^{n-1} a_i x^i$ の係数とし，$x = \mathrm{BASE} \in \mathbb{N}$ として

$$p(x) = (\cdots((a_{n-1}x + a_{n-2})x + a_{n-3})x + \cdots + a_1)\,x + a_0$$

のように計算を行い，$p(x) \in \mathbb{N}$ を求めている（str2int 関数）．

多倍長整数から文字列に復元するには，int2str 関数の中で

$$\begin{aligned}
p_0 &:= p(x),\\
a_0 &:= p_0 \bmod x,\\
p_1 &:= (p_0 - a_0)/x,\\
a_1 &:= p_1 \bmod x,\\
&\ \ \vdots\\
p_{n-1} &:= (p_{n-2} - a_{n-2})/x,\\
a_{n-1} &:= p_{n-1} \bmod x
\end{aligned}$$

と剰余演算を繰り返し行うことで，文字列 $a_{n-1}a_{n-2}\cdots a_0$ を得ることができる．

リスト 4.6.2　rsa.c（文字列の多倍長整数化と復元）

```
#include <stdio.h>
#include <string.h>

#include "gmp.h"

// 文字列を整数化する際の基数
//#define BASE 128 // ASCIIコードなら128=2^7未満
#define BASE 256 // ASCII以外

// 平文の最大文字数
#ifndef MAXLEN
  #define MAXLEN 256
#endif
```

```

// 文字列を多倍長整数に変換
void str2int(mpz_t ret, char *str)
{
  long int str_len, i;
  unsigned char c;

  // 改行をヌル文字(\0)に置換
  str_len = strlen(str);
  if(str[str_len - 1] == '\n')
    str[str_len - 1] = '\0';

  str_len = strlen(str);

// printf("%s -> %d \n", str, str_len); // チェック用

  // ret := 0
  mpz_set_ui(ret, 0UL);

  // ret = str[str_len-1] * BASE^(str_len-1) +...+ str[1] * BASE+str[0]
  for(i = str_len - 1; i >= 0; i--)
  {
    c = str[i];

    // Horner法で計算
    mpz_mul_ui(ret, ret, (unsigned long)BASE);
    mpz_add_ui(ret, ret, (unsigned long)c);
  }
}

// 多倍長整数を文字列に変換
void int2str(char *str, mpz_t org_str_int)
{
  long int str_len, i;
  mpz_t max_int, c_int, str_int;

  // 多倍長整数の初期化
  mpz_init(max_int);
  mpz_init(c_int);
  mpz_init(str_int);

  mpz_set(str_int, org_str_int);

  // 文字列の長さを取得
  mpz_set_ui(max_int, 1UL);
  for(i = 0; i < MAXLEN; i++)
  {
    if(mpz_cmp(str_int, max_int) <= 0)
    {
      str_len = i;
      break;
    }

    mpz_mul_ui(max_int, max_int, (unsigned long)BASE);
  }

  // 文字列に変換
```

```
71    for(i = 0; i < str_len; i++)
72    {
73      mpz_mod_ui(c_int, str_int, (unsigned long)BASE);
74      mpz_sub(str_int, str_int, c_int);
75      mpz_tdiv_q_ui(str_int, str_int, (unsigned long)BASE);
76
77      str[i] = mpz_get_ui(c_int);
78    }
79    str[str_len] = '\0';
80
81  // printf("Length-> %d\n", str_len); // チェック用
82
83    // 多倍長整数を消去
84    mpz_clear(max_int);
85    mpz_clear(c_int);
86    mpz_clear(str_int);
87  }
88
```

### ◆── 公開鍵と秘密鍵の生成

次に，公開鍵 $(e, n)$ と秘密鍵 $(d, n)$ を生成するプログラムを示す（**リスト 4.6.3**）．実用的にはありえないが，ここでは $e$ はなるべく小さい値になるように設定している（118〜124 行目）．

リスト 4.6.3 rsa.c（公開鍵と秘密鍵の生成）

```
89
90  // 公開鍵と秘密鍵を取得
91  void get_public_private_key(mpz_t n, mpz_t e, mpz_t d, mpz_t org_str_int)
92  {
93    mpz_t p, q, str_int, euler_n, tmp; // prime numbers
94
95    // 多倍長整数の初期化
96    mpz_init(p);
97    mpz_init(q);
98    mpz_init(str_int);
99    mpz_init(euler_n);
100   mpz_init(tmp);
101
102   // tmp := str_int * BASE
103   mpz_mul_ui(str_int, org_str_int, (unsigned long)BASE);
104
105   // 2つの素数を取得
106   mpz_nextprime(q, str_int);
107   mpz_nextprime(p, q); // p > q > str_int * BASE
108
109   // n := p * q
110   mpz_mul(n, p, q);
111
112   // euler(n)
113   mpz_sub_ui(p, p, 1UL);
114   mpz_sub_ui(q, q, 1UL);
115   mpz_mul(euler_n, p, q); // euler(n) = (p-1)*(q-1)
```

```

  // eを取得するも最小値なのでセキュアでない！
  mpz_set_ui(e, 2UL);
  while(1) {
    mpz_gcd(tmp, euler_n, e);
    if(mpz_cmp_ui(tmp, 1UL) == 0)
      break;
    mpz_nextprime(e, e);
  }

  // 秘密鍵を取得
  mpz_gcdext(p, d, q, e, euler_n);
  if(mpz_sgn(d) < 0)
    mpz_add(d, d, euler_n);

  // 多倍長整数を消去
  mpz_clear(p);
  mpz_clear(q);
  mpz_clear(str_int);
  mpz_clear(euler_n);
  mpz_clear(tmp);
}
```

### ◆—— 暗号化と復号化

最後に，リスト 4.6.1 で用いた encrypt 関数，decrypt 関数のプログラムを示す（リスト 4.6.4）．暗号化（平文 → 暗号文, encrypt 関数）も，復号化（暗号文 → 平文, decrypt 関数）も，$x^y \bmod z$ の計算を行うだけなので，mpz_powm 関数を呼び出すだけで済む．

リスト 4.6.4　rsa.c（暗号化と復号化）

```

// 暗号化
void encrypt(mpz_t enc_str_int, mpz_t str_int, mpz_t public_key_n,
 mpz_t public_key_e)
{
  // enc_str_int := str_int^public_key_e mod public_key_n
  mpz_powm(enc_str_int, str_int, public_key_e, public_key_n);
}

// 復号化
void decrypt(mpz_t str_int, mpz_t enc_str_int, mpz_t private_key,
 mpz_t public_key_n)
{
  // str_int = enc_str_int^private_key mod public_key_n
  mpz_powm(str_int, enc_str_int, private_key, public_key_n);
}

```

### ◆── 実行例

たとえば，平文として「多倍長数値計算」を，`rsa.c` に UTF-8 で入力したときの実行結果は，次のようになる．

```
$ ./rsa
Input a string(Max length = 256): 多倍長数値計算
string(21)  -> 221685275007978108708083106587145469419123770041573

Public_key_n : 32207248526778619295122224992622543636006363600638167616908684
03222045447036458946211500294221325514707159
Public_key_e : 3
Private_key_d: 21471499017852412863414816661748362424004242400425444321253383
99424835858998605582395346634419970168947787

Encryption    : 20745109525546140327314847415308718591283943162361544958128855
15549722782342032131128219889799683412841927
Decrypt       : 221685275007978108708083106587145469419123770041573

221685275007978108708083106587145469419123770041573
            -> 多倍長数値計算 (21)
```

ここで，公開鍵は $(e, n) = (3, 3220724\cdots)$ であり，秘密鍵は $(d, n) = (2147149\cdots, 3220724\cdots)$ である．

> **問題 4.6**
>
> (1) 上記の RSA 暗号の具体例において，公開鍵 $(e, n)$，秘密鍵 $(d, n)$ に対して，それぞれ
>
> $$\mathrm{GCD}(e, \varphi(n)) = 1, \quad ed \bmod \varphi(n) = 1$$
>
> という関係式が成り立っていることを，GMP の多倍長整数演算機能を用いて確認せよ．
>
> (2) 本章に示した RSA 暗号のプログラムでは，$e$ の値が小さくなるように設定してある．できるだけ大きい公開鍵が得られるよう，プログラムを改良せよ．
>
> (3) 本章に示した RSA 暗号のプログラムを使い，署名を生成して検証するプログラムを作れ．

## 章末問題

**4.1** 標準入力から非ゼロな整数 $a, b$ を受け取り，商 $q := a/b$ と剰余 $r := a \bmod b$ を求めてそれぞれ標準出力に表示し，$qb + r$ が $a$ と等しくなることを確認するプログラムを作れ．

**4.2** mpz 関数を用いて，$100!$ と $1000!$ を求めるプログラムを作れ．

**4.3** 任意の二項係数 ${}_nC_k = \binom{n}{k} = n!/((n-k)!k!)$ を求めるプログラムを作り，${}_{200}C_{100}$ を

求めよ．

**4.4** 任意の循環小数 $0.a_1a_2\cdots a_na_1a_2\cdots a_n\cdots = 0.\dot{a_1}a_2\cdots\dot{a_n}$ を入力し，既約分数 $a_1a_2\cdots a_n/99\cdots9$ に変換して四則演算を行うプログラムを作れ．

**4.5** **Mersenne 素数**とは，$m := 2^p - 1$ $(p \in \mathbb{N})$ という形で与えられる素数である．現在知られているものとしては，

$$
\begin{array}{rrrrr}
p = 2, & 3, & 5, & 7, & 13, \\
17, & 19, & 31, & 61, & 89, \\
107, & 127, & 521, & 607, & 1279, \\
2203, & 2281, & 3217, & 4253, & 4423, \\
9689, & 9941, & 11213, & 19937, & 21701, \\
23209, & 44497, & 86243, & 110503, & 132049, \\
216091, & 756839, & 859433, & 1257787, & 1398269, \\
2976221, & 3021377, & 6972593, & 13466917, & 20996011, \\
24036583, & 25964951, & 30402457, & 32582657, & 37156667, \\
42643801, & 43112609, & 57885161, & 74207281, & 77232917, \\
82589933 & & & &
\end{array}
$$

がある[†1]．ここで，次の問いに答えよ．

(1) 上記の $p$ に対応するすべての Mersenne 素数 $m := 2^p - 1$ を，mpz 関数 `mpz_ui_pow_ui(`$m$`, 2UL, `$p$`)` を使って求めよ．また，計算に要する時間も計測せよ．

(2) 求めた Mersenne 素数が実際に素数になっていることを確認するプログラムを作れ．具体的には，mpz 関数 `mpz_probab_prime_p(`$m$`, 15)` を使うと，返り値が非ゼロのときには $m$ が素数になっていることが確認できることを利用すればよい．また，このプログラムを使って，5 分以内に素数になっていることが確認できる最大の $p$ も求めよ．

**4.6** **［発展］** RSA 暗号のプログラム `rsa.c` を参考に，公開鍵 $(d, n)$ が既知のとき，秘密鍵 $(e, n)$ を類推するプログラムを作れ．また，$d, e, n$ がどの程度の長さであれば類推が難しくなるかも調べよ．

---

†1 Mersenne 素数参照先：`http://primes.utm.edu/mersenne/`

# 5 多倍長浮動小数点数演算
## —GMP の MPF と MPFR/GMP

MPFR はポータブルな C ライブラリで，任意精度の浮動小数点演算を行います。その基盤ライブラリとして GNU MP(GMP) を使用しています。MPFR の目的は，高精度を保つための浮動小数点数クラスを提供することにあり，ここに他の任意精度浮動小数点ソフトウェアとは異なる特徴があります。

——————— MPFR Version 4.0.2 マニュアル

前章までに，GMP の多倍長自然数カーネル（MPN カーネル）を土台とする多倍長整数型，多倍長有理数型，そしてその応用としての RSA 暗号の実装例を見てきた．本章では，科学技術計算で主役となる，多倍長浮動小数点数型のプログラミング例を見ていくことにする．前述したように，GMP にも *mpf_t* という多倍長浮動小数点数型が存在するが，四則演算と平方根しか実装されておらず，それ以外の指数・対数・三角関数等の初等関数，Bessel 関数，ガンマ関数等の特殊関数は，MPN カーネルを土台とする別の多倍長浮動小数点数演算ライブラリである MPFR (/GMP) を使う必要がある．本章ではその 2 つを取り上げ，以降は MPFR/GMP を任意精度多倍長演算用として使うものとする．

## 5.1 GMP の多倍長浮動小数点数型と基本関数

GMP の *mpf_t* 型は，図 5.1 に示すように，*mpz_t* 型，*mpq_t* 型と同様，構造体へのポインタとして定義される．仮数部は可変長であり，変数ごとに長さを指定することができるようになっている．

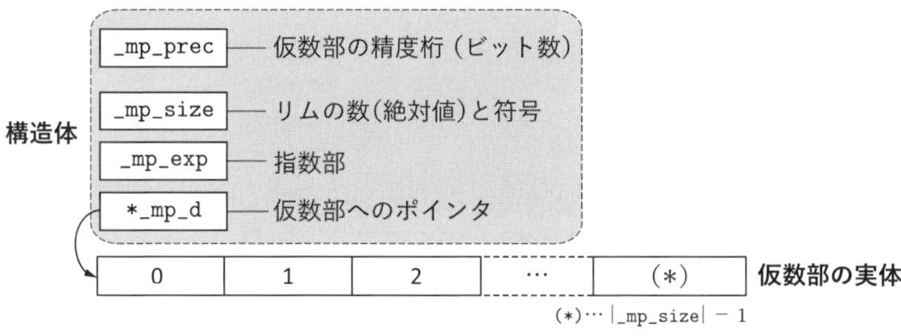


図 5.1　*mpf_t* 型の構造体

実際には，デフォルトの仮数部の長さ（精度桁数）をあらかじめ設定しておき，とくに指定しない限りはデフォルト精度で *mpf_t* 型変数を初期化する．仮数部は構造体からポインタとして指定された別の領域に確保されるため，いつでも長さの変更が可能である．指数部長は使用する計算機環境下で変動し，32 ビットもしくは 64 ビット整数値となる．したがって，*float* 型（指数部長 8 ビット），*double* 型（同 11 ビット）より扱える実数の範囲が格段に広くなる．

演算機能としては，四則演算と平方根（表 5.2）が提供されているが，丸め処理は切り捨て（RZ 方式）しかなく，内部的にはリム単位で計算処理が行われている．

### ◆── C プログラム例：`mpf_template.c`

*mpf_t* 型を扱うプログラムを見てみよう．*mpf_t* 型の変数を使うプログラムは，*mpz_t* 型，*mpq_t* 型同様，変数の初期化を最初に行い，処理が終了したあとは消去するという流れになる．違うのは，仮数部の精度桁数の設定が必要になることで，デフォルトの精度桁数の設定を行うか，変数ごとに指定した精度桁数に変更する必要がある．

変数の初期化，デフォルト精度桁数の指定，変数の消去のみ行う `mpf_template.c` をリスト 5.1 に示す．

リスト 5.1　*mpf_t* 型変数を扱う C プログラムのテンプレート：`mpf_template.c`

```
#include <stdio.h>
#include "gmp.h"

int main(void)
{
  unsigned long prec;
  mpf_t a, b, c; // デフォルトの精度
  mpf_t ad, bd, cd; // a, b, cより長い桁

  printf("Input␣default␣prec␣in␣bits:␣"); scanf("%ld", &prec);

  // デフォルトの仮数部ビット数をセット
  mpf_set_default_prec((mp_bitcnt_t)prec);

  // デフォルトの精度を表示
  printf("default␣prec␣in␣bits:␣%ld\n", prec);

  mpf_init(a); // デフォルト精度
  mpf_inits(b, c, NULL); // デフォルト精度でまとめて初期化

  // デフォルト仮数部の2倍に設定
  mpf_init2(ad, (mp_bitcnt_t)(prec * 2));
  mpf_init2(bd, (mp_bitcnt_t)(prec * 2));
  mpf_init2(cd, (mp_bitcnt_t)(prec * 2));

  // 変数ごとの仮数部ビット数を表示
  printf("prec(ad)␣=␣%ld\n", mpf_get_prec(ad));

```

```
29      // ・・・・・・・・・・・
30      // ・・・演算処理・・・
31      // ・・・・・・・・・・・
32
33      // 変数の消去
34      mpf_clear(a); // 単独
35
36      // まとめて消去
37      mpf_clears(b, c, NULL);
38      mpf_clears(ad, bd, cd, NULL);
39
40      return 0;
41  }
```

リスト 5.1 で使用している関数は，以下のとおりである．

- `mpf_set_default_prec(ビット数)`：デフォルト仮数部ビット数の設定
- `prec = mpf_get_prec(`*mpf_t* 型変数名`)`：変数の仮数部ビット数を `prec` に取得
- `mpf_init(`*mpf_t* 型変数名`)`：`mpf_set_default_prec` でセットしたビット数の仮数部長で変数を初期化
- `mpf_inits(`*mpf_t* 型変数名 `1, ..., ` *mpf_t* 型変数名 `n, NULL)`：変数をまとめてデフォルト仮数部ビット数で初期化
- `mpf_init2(`*mpf_t* 型変数名`, ビット数)`：指定ビット数の仮数部長で変数を初期化
- `mpf_clear(`*mpf_t* 型変数名`)`：`mpf_init` 関数で初期化した変数の消去
- `mpf_clears(`*mpf_t* 型変数名 `1, ..., ` *mpf_t* 型変数名 `n, NULL))`：まとめて変数を消去

定数をセットして表示するには，mpz 関数，mpq 関数と同様に，`mpf_set*`関数を使う（**表 5.1**）．リスト 5.1 の 29～31 行目の部分を次のように書き換えると，符号なし整数，倍精度，10 進表現した文字列をそれぞれ定数値として *mpf_t* 型変数に代入し，`gmp_printf` 関数（付録 B.2 参照）で表示することができる．

**表 5.1　GMP の *mpf_t* 型変換**

| 関数名 | 数式表記 | C 関数名 | 備　考 |
|---|---|---|---|
| 代入 | $a := b$ | `mpf_set(a, b)` | a, b とも *mpf_t* 型 |
| | | `mpf_set_d(a, b)` | *double* 型の b を *mpf_t* 型の a に代入 |
| | | `mpf_set_ui(a, b)` | *unsigned long* 型の b を *mpf_t* 型の a に代入 |
| | | `mpf_set_si(a, b)` | *long* 型の b を *mpf_t* 型の a に代入 |
| 型変換 | | *double* `mpf_get_d(b)` | *mpf_t* 型 b を *double* 型に変換 |
| | | *unsigned long* `mpf_get_ui(b)` | *mpf_t* 型 b を *unsigned long* 型に変換 |
| | | *long* `mpf_get_si(b)` | *mpf_t* 型 b を *long* 型に変換 |

```
// 値をセットして表示
mpf_set_ui(a, 5UL);
mpf_set_d(b, sqrt(2.0));
mpf_set_str(c, "3.14159265358979323846264338327950e+1568759", 10);
gmp_printf("a␣=␣%Fe,␣b␣=␣%Fe\n", a, b);
gmp_printf("c␣=␣%50.43Fe\n", c);
```

*mpf_t* 型変数を標準のデータ型に変換するためには，次のように，mpf_get*関数を使う（表 5.1 参照）.

```
// 標準型に変換して表示
printf("a␣=␣%ld\n", mpf_get_ui(a));
printf("b␣=␣%f\n", mpf_get_d(b));
printf("c␣=␣%25.17e\n", mpf_get_d(c));
```

この場合，c の値は倍精度型としては大きすぎるため，オーバーフローを起こす．実際，prec = 128 と指定したときの結果は，

```
Input default prec in bits: 128 ←入力値
default prec in bits: 128
prec(ad) = 256
a = 5.000000e+00, b = 1.414214e+00
c = 3.14159265358979323846264338327950000000000000e+1568759
a = 5
b = 1.414214
c =                       inf ← 無限大になる
ad =    1.414213562373095048801688724209698078570e+00
```

となる．

最後に，以下のように，リスト 5.1 の 29〜31 行目の部分で $a = \sqrt{2}$, $b = \sqrt{3}$ を代入し，四則演算 $a \pm b$, $ab$, $a/b$ と平方根 $\sqrt{a}$ を計算するように書き換える．

```
//a = sqrt(2);
//b = sqrt(3);
mpf_set_ui(a, 2UL); mpf_sqrt(a, a);
mpf_set_ui(b, 3UL); mpf_sqrt(b, b);

mpf_add(c, a, b); // 加算, c = a + b;
gmp_printf("%50.43Fe␣+␣%50.43Fe␣=␣%50.43Fe\n", a, b, c);

mpf_sub(c, a, b); // 減算, c = a - b;
gmp_printf("%50.43Fe␣-␣%50.43Fe␣=␣%50.43Fe\n", a, b, c);

mpf_mul(c, a, b); // 乗算, c = a * b;
gmp_printf("%50.43Fe␣*␣%50.43Fe␣=␣%50.43Fe\n", a, b, c);

mpf_div(c, a, b); // 除算, c = a / b;
gmp_printf("%50.43Fe␣/␣%50.43Fe␣=␣%50.43Fe\n", a, b, c);
```

```
mpf_sqrt(c, a); // 平方根, c = sqrt(a);
gmp_printf("sqrt(%50.43Fe)␣=␣%50.43Fe\n", a, c);
```

実行すると，計算結果は次のようになる．

```
Input default prec in bits: 128
default prec in bits: 128
prec(ad) = 256
 1.4142135623730950488016887242096980785690000e+00 +  1.7320508075688772935274
4634150587236694200000e+00 =  3.1462643699419723423291350657155704455110000e+00
 1.4142135623730950488016887242096980785690000e+00 -  1.7320508075688772935274
4634150587236694200000e+00 = -3.1783724519578224472575761729617428837340000e-01
 1.4142135623730950488016887242096980785690000e+00 *  1.7320508075688772935274
4634150587236694200000e+00 =  2.4494897427831780981972840747058913919640000e+00
 1.4142135623730950488016887242096980785690000e+00 /  1.7320508075688772935274
4634150587236694200000e+00 =  8.1649658092772603273242802490196379732180000e-01
sqrt( 1.4142135623730950488016887242096980785690000e+00) =  1.189207115002721
0667174999705604759152910000e+00
```

基本演算関数は，**表 5.2** のとおりである．四則演算と平方根以外の初等関数，特殊関数はサポートしていない．

表 5.2　GMP 多倍長浮動小数点数の基本演算

| 関数名 | 数式表記 | C 関数名 |
|---|---|---|
| 加算 | $c := a + b$ | `mpf_add(c, a, b)` |
| 減算 | $c := a - b$ | `mpf_sub(c, a, b)` |
| 乗算 | $c := ab$ | `mpf_mul(c, a, b)` |
| 除算 | $c := a/b$ | `mpf_div(c, a, b)` |
| 平方根 | $c := \sqrt{a}$ | `mpf_sqrt(c, a)` |

**問題 5.1**

上記の四則演算と平方根を計算するように改良した `mpf_template.c` を用いて，次の処理を行え．

(1) 精度桁数をデフォルト値の倍の長さにして初期化した `ad`, `bd` に，それぞれ $\sqrt{2}$, $\sqrt{3}$ を精度桁分目いっぱいで代入し，四則演算と平方根結果を `cd` に代入して表示する．

(2) `ad`, `bd`, `cd` の値を真値の代わりとして，`a`, `b` と，各計算後の `c` の相対誤差を求めて表示する．

### ◆── C++プログラム例：mpf_template.cpp

GMP が提供する *mpf_class* クラスを用いて，リスト 5.1 と同じ処理を行う C++プログラム `mpf_template.cpp` を，**リスト 5.2** のように記述することができる．

リスト 5.2　*mpf_t* 型を扱う C++テンプレート：`mpf_template.cpp`

```
1  #include <iostream>
2  #include <iomanip>
3  #include "gmpxx.h" // GMPクラス関数群
4  
5  using namespace std;
6  
7  int main(void)
8  {
9    unsigned long prec;
10 
11   cout << "Input␣default␣prec␣in␣bits:␣"; cin >> prec;
12 
13   // デフォルトの仮数部ビット数をセット
14   mpf_set_default_prec((mp_bitcnt_t)prec);
15 
16   mpf_class a, b, c; // デフォルトの精度
17   mpf_class ad, bd, cd; // a, b, cより長い桁
18 
19   // デフォルトの精度を表示
20   cout << "default␣prec␣in␣bits:␣" << prec << endl;
21 
22   // デフォルト仮数部の2倍に設定
23   ad.set_prec((mp_bitcnt_t)(prec * 2));
24   bd.set_prec((mp_bitcnt_t)(prec * 2));
25   cd.set_prec((mp_bitcnt_t)(prec * 2));
26 
27   // 変数ごとの仮数部ビット数を表示
28   cout << "prec(ad)␣=␣" << ad.get_prec() << endl;
29 
30   // ・・・・・・・・・・・
31   // ・・・演算処理・・・
32   // ・・・・・・・・・・・
33 
34   return 0;
35 }
```

四則演算と平方根の計算と表示は，リスト 5.2 の 30〜32 行目を，以下のように書き換えることで実行できる．C++の標準出力では表示桁指定ができないので，`gmp_printf` 関数を使用して表示している（計算結果はリスト 5.1 と同一になるので省略する）．

```
//a = sqrt(2);
//b = sqrt(3);
a = sqrt((mpf_class)2UL);
b = sqrt((mpf_class)3UL);

c = a + b; // 加算
gmp_printf("%50.43Fe␣+␣%50.43Fe␣=␣%50.43Fe\n", a.get_mpf_t(), b.get_mpf_t(),
 c.get_mpf_t());

c = a - b; // 減算
gmp_printf("%50.43Fe␣-␣%50.43Fe␣=␣%50.43Fe\n", a.get_mpf_t(), b.get_mpf_t(),
 c.get_mpf_t());
```

```
c = a * b; // 乗算
gmp_printf("%50.43Fe␣*␣%50.43Fe␣=␣%50.43Fe\n", a.get_mpf_t(), b.get_mpf_t(),
 c.get_mpf_t());

c = a / b; // 除算
gmp_printf("%50.43Fe␣/␣%50.43Fe␣=␣%50.43Fe\n", a.get_mpf_t(), b.get_mpf_t(),
 c.get_mpf_t());

c = sqrt(a); // 平方根
gmp_printf("sqrt(%50.43Fe)␣=␣%50.43Fe\n", a.get_mpf_t(), c.get_mpf_t());
```

**問題 5.2**

上記の四則演算と平方根を計算するように改良した `mpf_template.cpp` を用いて，次の処理を行え．

(1) 真値 $x$ に対する近似値 $\widetilde{x}$ に含まれる，近似値の相対誤差を求める関数 `relerr` を作れ．

(2) (1) の相対誤差を求める関数を使って，128 ビット計算，256 ビット計算，512 ビット計算したときの四則演算の相対誤差をそれぞれ求めよ．

## 5.2 MPFR の特徴

多倍長浮動小数点数を使用する新規のプロジェクトを行うにあたっては，GMP の拡張ライブラリである MPFR を使って下さい。MPFR はしっかりした精度管理と，正確な丸め処理を行っており，IEEE P754 の自然な拡張を行っています。

——— GNU MP Version 6.1.2 マニュアル

MPFR[22] は，GNU MP の MPN カーネルに立脚した多数桁方式による多倍長浮動小数点数演算ライブラリであり，図 4.1 に示したとおり，GMP 抜きには存在しえない．GMP の *mpf_t* 型とは異なり，次のような特徴がある．

- MPFR のコードはポータブルである．**ポータブル (portable)** とは，どんな演算結果もマシン環境に依存せず，一意に決まるという意味である．ただし，忠実丸め (faithful rounding) の場合は例外である．
- ビット数で表現される精度は，各変数ごとに「厳格に」有効ビット数を設定できる．IEEE754 単精度より低い精度設定も可能である．
- GMP にはない非数 (NaN)，無限大 (±Inf) をサポートしている．指数部の範囲は，とくに指定がない限り整数型がサポートする範囲内で指定できるが，仮数部の桁数同様，指数部の範囲も自由に設定できる．
- MPFR は IEEE754-2008 規格で定められている 4 つの丸めモードと，ゼロ離反 (away-from-zero) 丸めをサポートしつつ，基本演算，数学関数の機能を提供する．

- MPFR の提供する基本演算，初等関数，特殊関数は，引数に誤差はないものとしたときに，**正確な丸め** (correctly rounded) 値，すなわち，無限桁表現を指定精度桁数に丸めたときの値を返すように作られている．内部のアルゴリズムについては，MPFR の解説文書 (`https://www.mpfr.org/algo.html`) に詳細な説明がある．

*mpfr_t* 型のデータ構造（**図 5.2**）は *mpf_t* 型（図 5.1）とよく似ており，仮数部が独立して保持される点も共通している．

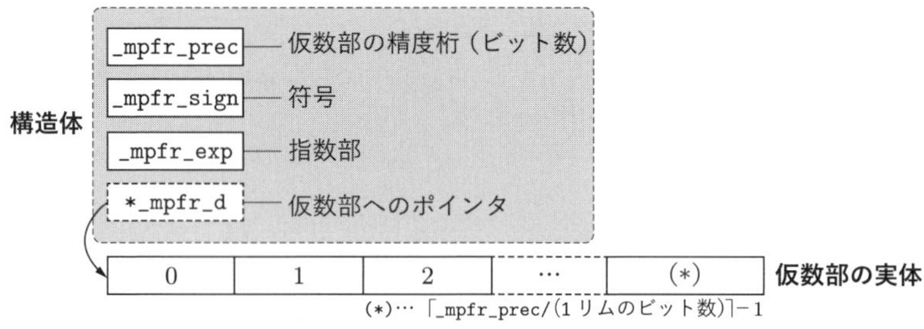


図 5.2 *mpfr_t* 型の構造体

GMP ネイティブの *mpf_t* 型では，四則演算以外は平方根のみしかサポートせず，丸めモードも切り捨て（RZ 方式）のみであり，非数・無限大のサポートもない．したがって，これらのサポートを必要とする場合は，MPFR を使用するほかない．MPFR はビット単位の精度指定ができるうえに，mpf と比べて各演算のパフォーマンスも向上しており，GMP のマニュアルでも述べているとおり，科学技術計算用としては mpf ではなく MPFR を使うべきである．後述する任意精度複素数演算ライブラリ **MPC** や，区間演算ライブラリ **MPFI**，半径演算ライブラリ **Arb** も MPFR を土台として構築されており，任意精度浮動小数点数演算ライブラリとしては，事実上の標準となっている．

### ◆── C プログラム例：`mpfr_template.c`

GMP の *mpf_t* 型の例と同様に，MPFR の *mpfr_t* 型を使った C のプログラムを**リスト 5.3** に示す．MPFR が必要とするデータ型や関数のプロトタイプ宣言は `mpfr.h` にまとめられており，`gmp.h` もここで読み込まれている（そのため，`gmp.h` をあらためてインクルードする必要はない）．

MPFR の関数名は `mpfr_` から始まっており，mpf 関数が提供する機能は，基本的にすべて MPFR にも提供されていると考えてよい．

リスト 5.3　*mpfr_t* 型を扱う C プログラムのテンプレート：`mpfr_template.c`

```
#include <stdio.h>
#include "mpfr.h" // MPFRのヘッダファイル

int main(void)
{
  unsigned long prec;
  mpfr_t a, b, c; // デフォルトの精度
  mpfr_t ad, bd, cd; // a, b, cより長い桁

  printf("Input␣default␣prec␣in␣bits:␣"); while(scanf("%ld", &prec) < 1);

  // デフォルトの仮数部ビット数をセット
  mpfr_set_default_prec(((mp_prec_t))prec);

  // デフォルトの精度を表示
  printf("default␣prec␣in␣bits:␣%ld\n", mpfr_get_default_prec());

  mpfr_init(a); // デフォルト精度
  mpfr_inits(b, c, NULL); // デフォルト精度でまとめて初期化

  // デフォルト仮数部の2倍に設定
  mpfr_init2(ad, (mp_prec_t)(mp_bitcnt_t)(prec * 2));
  mpfr_init2(bd, (mp_prec_t)(mp_bitcnt_t)(prec * 2));
  mpfr_init2(cd, (mp_prec_t)(mp_bitcnt_t)(prec * 2));

  // 変数ごとの仮数部ビット数を表示
  printf("prec(ad)␣=␣%ld\n", mpfr_get_prec(ad));

  // ・・・・・・・・・・
  // ・・・演算処理・・・
  // ・・・・・・・・・・

  // 変数の消去
  mpfr_clear(a); // 単独

  // まとめて消去
  mpfr_clears(b, c, NULL);
  mpfr_clears(ad, bd, cd, NULL);

  return 0;
}
```

ここで使用しているデフォルトの精度桁設定，初期化，消去のための関数は以下のとおりで，*mpf_t* 型のものとほとんど同じ機能，同じ名前で提供されている．

`mpfr_set_default_prec(ビット数)`：デフォルト仮数部ビット数の設定

`prec = mpfr_get_default_prec()`：デフォルト仮数部ビット数を `prec` に取得

`prec = mpfr_get_prec(MPFR 変数名)`：変数の仮数部ビット長を `prec` に取得

`mpfr_init(MPFR 変数名)`：`mpf_set_default_prec` でセットしたビット数の仮数部長で初期化

`mpfr_inits(MPFR 変数名 1, ... , MPFR 変数名 n, NULL)`：まとめてデフォルト仮数部ビット数で初期化

`mpfr_init2(MPFR 変数名, ビット数)`：指定ビット数の仮数部長で初期化

`mpfr_clear(MPFR 変数名)`：`mpf_init`, `mpfr_init2` 関数で初期化した変数の消去

`mpfr_clears(MPFR 変数名 1, ... , MPFR 変数名 n, NULL)`：まとめて変数を消去

*mpf_t* 型の関数との一番の違いは，IEEE754 互換の丸めモードの設定が，関数ごとにできることである．MPFR の演算関数（**表 5.3**），初等・特殊関数（**表 5.4**）の多くは演算結果を丸める必要があるが，その丸め方式を関数の最後の引数として与えるようになっているので，きめ細かい丸めの設定ができる．一方，丸めモードを変える必要のない多数のユーザにとっては煩わしいのも確かである．

表 5.3　MPFR の基本演算

| 関数名 | 数式表記 | C 関数名 |
|---|---|---|
| 加算 | $c := a + b$ | `mpfr_add(c, a, b, rmode)` |
| 減算 | $c := a - b$ | `mpfr_sub(c, a, b, rmode)` |
| 乗算 | $c := ab$ | `mpfr_mul(c, a, b, rmode)` |
| 除算 | $c := a/b$ | `mpfr_div(c, a, b, rmode)` |
| 平方根 | $c := \sqrt{a}$ | `mpfr_sqrt(c, a, rmode)` |

丸め方式を指定する定数として，次のマクロが定義されている[†1]．

`MPFR_RNDN`：最近接値への丸め（IEEE 754-2008 規格の roundTiesToEven に相当）

`MPFR_RNDZ`：ゼロ方向への丸め（切り捨て）（IEEE 754-2008 規格の roundTowardZero に相当）

`MPFR_RNDU`：$+\infty$ 方向への丸め（IEEE 754-2008 規格の roundTowardPositive に相当）

`MPFR_RNDD`：$-\infty$ 方向への丸め（IEEE 754-2008 規格の roundTowardNegative に相当）

`MPFR_RNDA`：ゼロから遠ざかる丸め（切り上げ）（ゼロ離反丸め）

この丸め方式は，MPFR の書式指定出力関数 `mpfr_printf` 関数（付録 C.2 参照）でも利用でき，指定桁数に丸める際に利用できる．とくに指定しなければデフォルトの最近接値丸めとなるので，たとえば，以下のように指定すると，すべて最近接値丸めの結果が表示される．

---

†1 忠実丸め方式（`MPFR_RNDF`）が MPFR 4 以降で試験的に実装されているが，本書では利用しない．

表 5.4 数学関数一覧

| 関数名 | 数式表記 | C11 における数学関数名 | MPFR の関数名（rmode は丸めモード） |
|---|---|---|---|
| 複合積和 (FMA) 演算 | $ab + c$ | fma(a, b, c) | mpfr_fma(ret, a, b, c, rmode) |
| | $ab - c$ | | mpfr_fms(ret, a, b, c, rmode) |
| 逆三角関数 | $\cos^{-1}(x)$ | acos(x) | mpfr_acos(ret, x, rmode) |
| | $\sin^{-1}(x)$ | asin(x) | mpfr_asin(ret, x, rmode) |
| | $\tan^{-1}(x)$ | atan(x) | mpfr_atan(ret, x, rmode) |
| 三角関数 | $\cos x$ | cos(x) | mpfr_cos(ret, x, rmode) |
| | $\sin x$ | sin(x) | mpfr_sin(ret, x, rmode) |
| | $\tan x$ | tan(x) | mpfrtan(ret, x, rmode) |
| 逆双曲線関数 | $\cosh^{-1}(x)$ | acosh(x) | mpfr_acosh(ret, x, rmode) |
| | $\sinh^{-1}(x)$ | asinh(x) | mpfr_asinh(ret, x, rmode) |
| | $\tanh^{-1}(x)$ | atanh(x) | mpfr_atanh(ret, x, rmode) |
| 双曲線関数 | $\cosh(x)$ | cosh(x) | mpfr_cosh(ret, x, rmode) |
| | $\sinh(x)$ | sinh(x) | mpfr_sinh(ret, x, rmode) |
| | $\tanh(x)$ | tanh(x) | mpfr_tanh(ret, x, rmode) |
| 指数関数 | $\exp(x) = e^x$ | exp(x) | mpfr_exp(ret, x, rmode) |
| | $2^x$ | exp2(x) | mpfr_exp2(ret, x, rmode) |
| 対数関数 | $\log x = \log_e x = \ln x$ | log(x) | mpfr_log(ret, x, rmode) |
| | $\log_{10} x = \lg x$ | log10(x) | mpfr_log10(ret, x, rmode) |
| | $\log_2 x$ | log2(x) | mpfr_log2(ret, x, rmode) |
| 平行根 | $\sqrt{x}$ | sqrt(x) | mpfr_sqrt(ret, x, rmode) |
| 立方根 | $\sqrt[3]{x} = x^{1/3}$ | cbrt(x) | mpfr_cbrt(ret, x, rmode) |
| べき乗 | $x^y$ | pow(x, y) | mpfr_pow(ret, x, y, rmode) |
| 誤差関数 | $\mathrm{erf}(x)$ | erf(x) | mpfr_erf(ret, x, rmode) |
| | $1 - \mathrm{erf}(x)$ | erfc(x) | mpfr_erfc(ret, x, rmode) |
| ガンマ関数 | $\Gamma(x)$ | tgamma(x) | mpfr_gamma(ret, x, rmode) |
| 対数ガンマ関数 | $\log\lvert\Gamma(x)\rvert$ | lgamma(x) | mpfr_lgamma(x, rmode) |
| 第一種 Bessel 関数 | $J_0(x)$ | j0(x) | mpfr_j0(ret, x, rmode) |
| | $J_1(x)$ | j1(x) | mpfr_j1(ret, x, rmode) |
| | $J_n(x)$ | jn(int n, x) | mpfr_jn(ret, *long* n, x, rmode) |
| 第二種 Bessel 関数 | $Y_0(x)$ | y0(x) | mpfr_y0(ret, x, rmode) |
| | $Y_1(x)$ | y1(x) | mpfr_y1(ret, x, rmode) |
| | $Y_n(x)$ | yn(int n, x) | mpfr_yn(ret, *long* n, x, rmode) |

```
mpfr_t a;

mpfr_init2(a, 299); // 299ビット ≒ 10進90桁
mpfr_const_pi(a, MPFR_RNDN); // a = 3.1415....
```

```
mpfr_printf("(1)␣a␣=␣%100.90Re\n", a); // デフォルト丸め
mpfr_printf("(2)␣a␣=␣%100.90RNe\n", a);// MPFR_RNDN丸め指定(1)
mpfr_printf("(3)␣a␣=␣%100.90R*e\n", MPFR_RNDN, a); // MPFR_RNDN丸め指定(2)

mpfr_clear(a); // 変数の消去
```

一応，デフォルトの丸めモードを設定したり（mpfr_set_default_rounding_mode 関数），取り出したりする関数（mpfr_get_default_rounding_mode 関数）は存在しているが，引数で丸めモードを指定する関数には影響しない．したがって，$a = \sqrt{2}$, $b = \sqrt{3}$ を代入し，四則演算と平方根を計算するためには，リスト 5.3 の 29～31 行目に，

```
// a = sqrt(2.0);
// b = sqrt(3.0);
mpfr_set_ui(a, 2UL, MPFR_RNDN); mpfr_sqrt(a, a, MPFR_RNDN);
mpfr_set_ui(b, 3UL, MPFR_RNDN); mpfr_sqrt(b, b, MPFR_RNDN);
mpfr_init(c);

// MPFR値を10進50桁出力
mpfr_printf("a␣=␣%50.43RNe\n", a);
mpfr_printf("b␣=␣%50.43RNe\n", b);

mpfr_add(c, a, b, MPFR_RNDN); // 加算
mpfr_printf("%50.43RNe␣+␣%50.43RNe␣=␣%50.43RNe\n", a, b, c);

mpfr_sub(c, a, b, MPFR_RNDN); // 減算
mpfr_printf("%50.43RNe␣+␣%50.43RNe␣=␣%50.43RNe\n", a, b, c);

mpfr_mul(c, a, b, MPFR_RNDN); // 乗算
mpfr_printf("%50.43RNe␣+␣%50.43RNe␣=␣%50.43RNe\n", a, b, c);

mpfr_div(c, a, b, MPFR_RNDN); // 除算
mpfr_printf("%50.43RNe␣+␣%50.43RNe␣=␣%50.43RNe\n", a, b, c);

mpfr_sqrt(c, a, MPFR_RNDN); // 平方根
mpfr_printf("sqrt(%50.43RNe)␣=␣%50.43RNe\n", a, c);
```

のように記述し，表 5.3 や**表 5.5** に示すように，関数ごとに丸めモードを指定しなければならない．

こうして実行した結果は，次のようになる．

```
Input default prec in bits: 128
default prec in bits: 128
prec(ad) = 256
a =  1.4142135623730950488016887242096980785689961e+00
b =  1.7320508075688772935274463415058723669453096e+00
 1.4142135623730950488016887242096980785689961e+00 +  1.7320508075688772935274
4634150587236694530966e+00 =  3.1462643699419723423291350657155704455143056e+00
 1.4142135623730950488016887242096980785689961e+00 +  1.7320508075688772935274
```

```
63415058723669453096e+00 = -3.1783724519578224472575761729617428837631348e-01
 1.4142135623730950488016887242096980785689961e+00 +  1.73205080756887729352744
63415058723669453096e+00 =  2.4494897427831780981972840747058913919667968e+00
 1.4142135623730950488016887242096980785689961e+00 +  1.73205080756887729352744
63415058723669453096e+00 =  8.1649658092772603273242802490196379732030643e-01
sqrt( 1.4142135623730950488016887242096980785689961e+00) =  1.18920711500272106
67174999705604759152908122e+00
```

表 5.5　MPFRの型変換

| 関数名 | 数式表記 | C関数名（rmodeは丸めモード） | 備　考 |
|---|---|---|---|
| 代入 | $a := b$ | `mpfr_set(a, b, rmode)` | a, bとも *mpfr_t* 型 |
| | | `mpfr_set_d(a, b, rmode)` | *double* 型のbを *mpfr_t* 型のaに代入 |
| | | `mpfr_set_ui(a, b, rmode)` | *unsigned long* 型のbを *mpfr_t* 型のaに代入 |
| | | `mpfr_set_si(a, b, rmode)` | *long* 型のbを *mpfr_t* 型のaに代入 |
| 型変換 | | *double* `mpfr_get_d(b, rmode)` | *mpfr_t* 型bを *double* 型に変換 |
| | | *unsigned long* `mpfr_get_ui(b, rmode)` | *mpfr_t* 型bを *unsigned long* 型に変換 |
| | | *long* `mpfr_get_si(b, rmode)` | *mpfr_t* 型bを *long* 型に変換 |

**問題 5.3**

上記の *mpft_t* 型の出力結果と，*mpf_t* 型を用いたプログラム（リスト 5.2）の出力結果との違いを述べよ．

### ◆── C++プログラム例：mpreal.hを使用したmpfr_template.cpp

MPFRはCのAPIのみ提供しており，C++のクラスを使うには，ほかのMPFRをクラス化するC++ライブラリを使う必要がある．ここではHoloborodkoによるMPFR C++ wrapper[11]を使用する．

MPFR C++は`mpreal.h`というヘッダファイルのみで提供される *mpfr::mpreal* クラスで，GMPの *mpf_class* と同様，標準入出力をサポートしている．`mpreal.h`を利用して多倍長小数点数を入出力するC++プログラムは，**リスト 5.4** のようになる．

リスト 5.4　*mpreal* クラスを用いたC++プログラムのテンプレート：`mpfr_template.cpp`

```
#include <iostream>
#include <iomanip>
#include "mpreal.h" // mpfr::mprealクラスのインクルード

using namespace std;
using namespace mpfr; // MPFR使用

```

```
8  int main(void)
9  {
10   unsigned long prec;
11 
12   cout << "Input␣default␣prec␣in␣bits:␣"; cin >> prec;
13 
14   // デフォルトの仮数部ビット数をセット
15   mpreal::set_default_prec(prec);
16 
17   mpreal a, b, c; // デフォルトの精度
18   mpreal ad, bd, cd; // a, b, cより長い桁
19 
20   // デフォルトの精度を表示
21   cout << "default␣prec␣in␣bits:␣" << mpreal::get_default_prec() << endl;
22 
23   // デフォルト仮数部の2倍に設定
24   ad.set_prec((mp_prec_t)(prec * 2));
25   bd.set_prec((mp_prec_t)(prec * 2));
26   cd.set_prec((mp_prec_t)(prec * 2));
27 
28   // 変数ごとの仮数部ビット数を表示
29   cout << "prec(ad)␣=␣" << ad.get_prec() << endl;
30 
31   // ・・・・・・・・・・・
32   // ・・・演算処理・・・
33   // ・・・・・・・・・・・
34 
35   return 0;
36 }
```

前述の例と同様に，$a = \sqrt{2}$，$b = \sqrt{3}$ を代入し，四則演算と平方根を行って表示するためには，リスト 5.4 の 31〜33 行目に，

```
a = sqrt((mpreal)2UL);
b = sqrt((mpreal)3UL);

// mpreal値を50桁分出力
cout << setprecision(50) << "a␣=␣" << a << endl;
cout << setprecision(50) << "b␣=␣" << b << endl;

cout << setprecision(50) << a << "␣+␣" << b << "␣=␣" << a + b << endl; // 加算
cout << setprecision(50) << a << "␣-␣" << b << "␣=␣" << a - b << endl; // 減算
cout << setprecision(50) << a << "␣*␣" << b << "␣=␣" << a * b << endl; // 乗算
cout << setprecision(50) << a << "␣/␣" << b << "␣=␣" << a / b << endl; // 除算
cout << setprecision(50) << "sqrt(" << a << ")␣=␣" << sqrt(a) << endl; // 平方根
```

のように記述する（出力結果は省略する）．デフォルトの丸め方式は内部的に RN 方式に設定されており，とくに変更しない限り，すべての MRFR 関数はこの丸め方式で実行される．

**問題 5.4**

上記の四則演算と平方根を計算できるように改良した `mpfr_template.cpp` を用いて，次の処理を行え．

(1) 真値 $x$ に対する近似値 $\widetilde{x}$ に含まれる，近似値の相対誤差を求める関数 `relerr` を作れ．

(2) (1) の相対誤差を求める関数を使って，128 ビット計算，256 ビット計算，512 ビット計算したときの四則演算の相対誤差をそれぞれ求めよ．

## 5.3 複素数の計算

複素数 $c \in \mathbb{C}$ は，2 つの実数の組，すなわち，実数部として $\mathrm{Re}\, c \in \mathbb{R}$ を，虚数部として $\mathrm{Im}\, c \in \mathbb{R}$ をもち，**虚数単位** (imaginary unit) として $\mathrm{i} = \sqrt{-1}$ を用いて，

$$c = \mathrm{Re}\ c + (\mathrm{Im}\ c) \cdot \mathrm{i} \tag{5.1}$$

と表現される．コンピュータ上のデータ構造としては，実数部と虚数部の組 $(\mathrm{Re}\, c, \mathrm{Im}\, c)$ が，それぞれ浮動小数点数として表現される．

*float* 型，*double* 型をベースとした複素数型は，現在の C においては *float complex* 型と *double complex* 型がある．四則演算子が使用でき，複素数型を引数とする関数は `complex.h` ファイルにプロトタイプ宣言がされているので，使用する際にはこれをインクルードする（リスト 5.5）．

リスト 5.5　倍精度複素数の四則演算を行う C プログラム：`complex_d.c`

```
#include <stdio.h>
#include <complex.h> // C11複素数型

int main(int argc, char* argv[])
{
  // 実部・虚部ともにdouble型とする
  double complex a, b, c;
  double a_real, a_imag, b_real, b_imag;

  // a, bを標準入力(キーボード)から取り入れる
  printf("Input␣Re(a)␣->"); while(scanf("%lf", &a_real) < 1);
  printf("Input␣Im(a)␣->"); while(scanf("%lf", &a_imag) < 1);
  a = a_real + a_imag * I; // I = sqrt(-1)

  printf("Input␣Re(b)␣->"); scanf("%lf", &b_real);
  printf("Input␣Im(b)␣->"); scanf("%lf", &b_imag);
  b = b_real + b_imag * I;

  // a, bを実数部,虚数部に分けて表示
  printf("a␣=␣(%+g)␣+␣(%+g)␣*␣I\n", creal(a), cimag(a));
  printf("b␣=␣(%+g)␣+␣(%+g)␣*␣I\n", creal(b), cimag(b));

```

```
  // 標準出力に四則演算の結果を表示
  c = a + b;
  printf("a␣␣+␣b␣=␣(%+g)␣+␣(%+g)␣*␣I\n", creal(c), cimag(c));

  c = a - b;
  printf("a␣␣+␣b␣=␣(%+g)␣+␣(%+g)␣*␣I\n", creal(c), cimag(c));

  c = a * b;
  printf("a␣␣+␣b␣=␣(%+g)␣+␣(%+g)␣*␣I\n", creal(c), cimag(c));

  c = a / b;
  printf("a␣␣+␣b␣=␣(%+g)␣+␣(%+g)␣*␣I\n", creal(c), cimag(c));

  // 終了
  return 0;
}
```

C++には標準クラスとして *complex* クラスがテンプレートとして用意されているので，使用する際には次の**リスト 5.6** のように，complex ヘッダファイルをインクルードし，インスタンス宣言は *complex <float>*, *complex <double>* のように，内部で使用する浮動小数点数型を <> 内に指定して行う．**表 5.6** に示すように，実数関数と同名の初等関数も使用できる．

リスト 5.6　倍精度複素数四則演算を行う C++プログラム：complex_d.cpp

```
#include <iostream>
#include <complex> // C++17複素数型

// 名前空間はstdを使用
using namespace std;

int main(int argc, char* argv[])
{
  // 実部・虚部ともにdouble型とする
  complex<double> a, b;

  // a, bを標準入力(キーボード)から取り入れる
  // 入力時は"(実数部,虚数部)"と指定すること！
  cout << "Input␣a␣->";
  cin >> a;
  cout << "Input␣b␣->";
  cin >> b;

  // a, bを実数部,虚数部に分けて表示
  cout << "a␣=␣" << a.real() << "␣+␣" << a.imag() << "␣*␣I" << endl;
  cout << "b␣=␣" << b.real() << "␣+␣" << b.imag() << "␣*␣I" << endl;

  // 標準出力に四則演算の結果を表示
  cout << a << "␣+␣" << b << "␣=␣" << a + b << endl;
  cout << a << "␣-␣" << b << "␣=␣" << a - b << endl;
  cout << a << "␣*␣" << b << "␣=␣" << a * b << endl;
  cout << a << "␣/␣" << b << "␣=␣" << a / b << endl;

```

```
  // 終了
  return 0;
}
```

よって，現在使用されているCやC++環境では，既存の実数型をベースとした複素数演算は普通に実行できる．この節では，MPFRやQD（第6章）を用いて，より高精度な複素数演算を行う技法について簡単に紹介する．

表 5.6　C, C++の標準複素数演算（倍精度）の基本機能

| 機　能 | C++（c, x は *complex <double>*） | C（c, x は *double complex*） |
|---|---|---|
| $\mathrm{Re}\, c$ | *double* `c.real()` | *double* `creal(c)` |
| $\mathrm{Im}\, c$ | *double* `c.imag()` | *double* `cimag(c)` |
| $\lvert c \rvert$ | *double* `abs(c)` | *double* `cabs(c)` |
| $\arg(c)$ | *double* `arg(c)` | *double* `carg(c)` |
| $\bar{c} = \mathrm{Re}\, c - (\mathrm{Im}\, c)\mathrm{i}$ | *complex <double>* `conj(c)` | *double complex* `conj(c)` |
| $c^{\mathrm{x}}$ | *complex <double>* `pow(c,x)` | *double complex* `cpow(c,x)` |
| $\sin c$ | *complex <double>* `sin(c)` | *double complex* `csin(c)` |
| $\sinh(c)$ | *complex <double>* `sinh(c)` | *double complex* `csinh(c)` |
| $\cos c$ | *complex <double>* `cos(c)` | *double complex* `ccos(c)` |
| $\cosh(c)$ | *complex <double>* `cosh(c)` | *double complex* `ccosh(c)` |
| $\sqrt{c}$ | *complex <double>* `sqrt(c)` | *double complex* `csqrt(c)` |
| $\exp(c) = e^c$ | *complex <double>* `exp(c)` | *double complex* `cexp(c)` |
| $\tan c$ | *complex <double>* `tan(c)` | *double complex* `ctan(c)` |
| $\tanh(c)$ | *complex <double>* `tanh(c)` | *double complex* `ctanh(c)` |
| $\log c$ | *complex <double>* `log(c)` | *double complex* `clog(c)` |
| $\log_{10} c$ | *complex <double>* `log10(c)` | *double complex* `clog10(c)` |

### 5.3.1 ── MPCライブラリ

MPFRを土台として任意精度の複素数演算の機能を提供するCライブラリとして，MPC[8] がある．実数部と虚数部はそれぞれ *mpfr_t* 型なので，MPFRの諸機能を使用することができる．MPCの特徴を挙げると，次のようになる．

- MPCを使用する際には，必ずMPFR（とGMP）が使用可能でなければならない．
- ヘッダファイルは `mpc.h` で，関数名は `mpc_` から始まる．
- データ型は *mpc_t* 型となる．現在のバージョンではデフォルト精度の指定はできず，初期化は `mpc_init2` 関数（実数部，虚数部を同じ精度桁に設定）もしくは `mpc_init3` 関数（実数部，虚数部それぞれの精度桁を設定）で，消去は `mpc_clear` 関数で行う．
- mpc型の変数 $c$ の実数部と虚数部は，それぞれ `mpc_realref(c)`, `mpc_imagref(c)`

表 5.7　MPC の主な複素数関数

| 機　能 | MPC の関数名 |
|---|---|
| Re $c$ への参照 | *mpfr_t* `mpc_realref(`*mpc_t* `c)` |
| Im $c$ への参照 | *mpfr_t* `mpc_imagref(`*mpc_t* `c)` |
| `ret` $:= \mathrm{Re}\, c$ | *int* `mpc_real(`*mpfr_t* `ret,` *mpc_t* `c,` *mpfr_rnd_t* `rnd)` |
| `ret` $:= \mathrm{Im}\, c$ | *int* `mpc_imag(`*mpfr_t* `ret,` *mpc_t* `c,` *mpfr_rnd_t* `rnd)` |
| `ret` $:= \lvert c \rvert$ | *int* `mpc_abs(`*mpfr_t* `ret,` *mpc_t* `c,` *mpfr_rnd_t* `rnd)` |
| `ret` $:= \arg(c)$ | *int* `mpc_arg(`*mpfr_t* `ret,` *mpc_t* `c,` *mpfr_rnd_t* `rnd)` |
| `ret` $:= a + b$ | *int* `mpc_add(`*mpfc_t* `ret,` *mpc_t* `a,` *mpc_t* `b,` *mpc_rnd_t* `rnd)` |
| `ret` $:= a - b$ | *int* `mpc_sub(`*mpfc_t* `ret,` *mpc_t* `a,` *mpc_t* `b,` *mpc_rnd_t* `rnd)` |
| `ret` $:= a \times b$ | *int* `mpc_mul(`*mpfc_t* `ret,` *mpc_t* `a,` *mpc_t* `b,` *mpc_rnd_t* `rnd)` |
| `ret` $:= a/b$ | *int* `mpc_div(`*mpfc_t* `ret,` *mpc_t* `a,` *mpc_t* `b,` *mpc_rnd_t* `rnd)` |
| `ret` $:= ab + c$ | *int* `mpc_fma(`*mpfc_t* `ret,` *mpc_t* `a,` *mpc_t* `b,` *mpc_t* `c,` *mpfr_rnd_t* `rnd)` |
| `ret` $:= c^2$ | *int* `mpc_sqr(`*mpfc_t* `ret,` *mpc_t* `c,` *mpc_rnd_t* `rnd)` |
| `ret` $:= \bar{c}$ | *int* `mpc_conj(`*mpfc_t* `ret,` *mpc_t* `c,` *mpc_rnd_t* `rnd)` |
| `ret` $:= c^x$ | *int* `mpc_pow(`*mpfc_t* `ret,` *mpc_t* `c,` *mpc_t* `x,` *mpc_rnd_t* `rnd)` |
| `ret` $:= \sin c$ | *int* `mpc_sin(`*mpfc_t* `ret,` *mpc_t* `c,` *mpc_rnd_t* `rnd)` |
| `ret` $:= \sinh(c)$ | *int* `mpc_sinh(`*mpfc_t* `ret,` *mpc_t* `c,` *mpc_rnd_t* `rnd)` |
| `ret` $:= \cos c$ | *int* `mpc_cos(`*mpfc_t* `ret,` *mpc_t* `c,` *mpc_rnd_t* `rnd)` |
| `ret` $:= \cosh(c)$ | *int* `mpc_cosh(`*mpfc_t* `ret,` *mpc_t* `c,` *mpc_rnd_t* `rnd)` |
| `ret` $:= \sqrt{c}$ | *int* `mpc_sqrt(`*mpfc_t* `ret,` *mpc_t* `c,` *mpc_rnd_t* `rnd)` |
| `ret` $:= \exp(c)$ | *int* `mpc_exp(`*mpfc_t* `ret,` *mpc_t* `c,` *mpc_rnd_t* `rnd)` |
| `ret` $:= \exp(2\pi ik/n)$ | *int* `mpc_rootofunity(`*mpfc_t* `ret,` *unsigned long* `n,` *unsigned long* `k,` *mpc_rnd_t* `rnd)` |
| `ret` $:= \tan c$ | *int* `mpc_tan(`*mpfc_t* `ret,` *mpc_t* `c,` *mpc_rnd_t* `rnd)` |
| `ret` $:= \tanh(c)$ | *int* `mpc_tanh(`*mpfc_t* `ret,` *mpc_t* `c,` *mpc_rnd_t* `rnd)` |
| `ret` $:= \log c$ | *int* `mpc_log(`*mpfc_t* `ret,` *mpc_t* `c,` *mpc_rnd_t* `rnd)` |
| `ret` $:= \log_{10} c$ | *int* `mpc_log10(`*mpfc_t* `ret,` *mpc_t* `c,` *mpc_rnd_t* `rnd)` |

のように，*mpfr_t* 型の参照として指定できる．

- 複素数演算を行う関数（**表 5.7** 参照）における丸めモード（*mpc_rnd_t* 型）の指定は，実数部の丸め方式 $X_r = \{\mathrm{N}, \mathrm{Z}, \mathrm{P}, \mathrm{M}\}$ と虚数部の丸め方式 $X_i = \{\mathrm{N}, \mathrm{Z}, \mathrm{P}, \mathrm{M}\}$ を組み合わせて，`MPC_RND`$X_rX_i$ というマクロ定義を使って行う．ここで，N, Z, P, M は，表 2.3 に示した丸め方式 RN, RZ, RP, RM にそれぞれ対応している．たとえば，実数部と虚数部の丸めモードをともに N（最近偶数値への丸め）とするときには，`MPC_RNDNN` とする．
- 書式付き入出力関数は，MPFR 提供の `mpfr_printf` 等を使用する．

**リスト 5.7** に，MPC を用いた基本演算を行う C プログラムを示す．ここでは，

1. $a = \sqrt{2} + \sqrt{3}\mathrm{i}$ と $b = -\sqrt{5} + \pi\mathrm{i}$ を実数部・虚数部ともに 128 ビットに設定して，mpc_set_fr_fr 関数で代入
2. 四則演算を mpc_add 関数（加算），mpc_sub 関数（減算），mpc_mul 関数（乗算），mpc_div 関数（除算），mpc_sqrt 関数（平方根）を行って，結果を実数部と虚数部をそれぞれ mpfr_printf 関数で表示

という処理を行っている．

リスト 5.7 MPC を用いた多倍長精度複素数四則演算 C プログラム：complex_mpc.c

```
#include <stdio.h>

#include "mpfr.h"

// MPCライブラリ
#include "mpc.h"

int main()
{
  mpc_t a, b, c;
  mpfr_t real_num, imag_num;

  mpfr_set_default_prec(128);

  mpc_init2(a, mpfr_get_default_prec());
  mpc_init2(b, mpfr_get_default_prec());
  mpc_init2(c, mpfr_get_default_prec());

  mpfr_init(real_num); mpfr_init(imag_num);

  // a = sqrt(2) + sqrt(3) * i
  mpfr_sqrt_ui(real_num, 2UL, MPFR_RNDN);
  mpfr_sqrt_ui(imag_num, 3UL, MPFR_RNDN);
  mpc_set_fr_fr(a, real_num, imag_num, MPC_RNDNN);

  // b = -sqrt(5) + pi * i
  mpfr_sqrt_ui(real_num, 5UL, MPFR_RNDN);
  mpfr_neg(real_num, real_num, MPFR_RNDN);
  mpfr_const_pi(imag_num, MPFR_RNDN);
  mpc_set_fr_fr(b, real_num, imag_num, MPC_RNDNN);

  // a,bを表示
  mpfr_printf("a␣=␣%40.32RNe␣+␣%40.32RNe␣*␣i\n", mpc_realref(a),
   mpc_imagref(a));
  mpfr_printf("b␣=␣%40.32RNe␣+␣%40.32RNe␣*␣i\n", mpc_realref(b),
   mpc_imagref(b));

  // 加算
  mpc_add(c, a, b, MPC_RNDNN);
  mpfr_printf("a␣+␣b␣=␣%40.32RNe␣+␣%40.32RNe␣*␣i\n", mpc_realref(c),
   mpc_imagref(c));

  // 減算
```

```
  mpc_sub(c, a, b, MPC_RNDNN);
  mpfr_printf("a␣-␣b␣=␣%40.32RNe␣+␣%40.32RNe␣*␣i\n", mpc_realref(c),
   mpc_imagref(c));

  // 乗算
  mpc_mul(c, a, b, MPC_RNDNN);
  mpfr_printf("a␣*␣b␣=␣%40.32RNe␣+␣%40.32RNe␣*␣i\n", mpc_realref(c),
   mpc_imagref(c));

  // 除算
  mpc_div(c, a, b, MPC_RNDNN);
  mpfr_printf("a␣/␣b␣=␣%40.32RNe␣+␣%40.32RNe␣*␣i\n", mpc_realref(c),
   mpc_imagref(c));

  // 平方根
  mpc_sqrt(c, a, MPC_RNDNN);
  mpfr_printf("sqrt(a)␣=␣%40.32RNe␣+␣%40.32RNe␣*␣i\n", mpc_realref(c),
   mpc_imagref(c));

  // 変数の消去
  mpc_clear(a); mpc_clear(b); mpc_clear(c);
  mpfr_clear(real_num); mpfr_clear(imag_num);

  return 0;
}
```

### 5.3.2 ── C++の複素数クラスの利用

前述したように，C++では複素数 (*complex*) クラスが標準テンプレートライブラリとして提供されているので，QD（第 6 章）の *dd_real* 型，*qd_real* 型，`mpreal.h` の *mpreal* 型を，*complex*< データ型 > のデータ型指定として使用することができる．たとえば QD の場合は，*complex<dd_real>*，*complex<qd_real>* としてインスタンス宣言を行う．

たとえば，*dd_real* 型の複素数を使って四則演算と平方根を求めるプログラムは，**リスト 5.8** のようになる．

リスト 5.8　*complex* クラスを用いた複素数四則演算 C++プログラム：`complex_dd.cpp`

```
・・・
#include <complex>

#include "qd/qd_real.h" // QDのqd_real型のインクルード

using namespace std;

int main(void)
{
  complex<dd_real> a, b, c;

  // a = sqrt(2) + sqrt(3) * I
```

```
  // b = -sqrt(5) + pi * I

  a = complex<dd_real>(sqrt((dd_real)2), sqrt((dd_real)3));
  b = complex<dd_real>(-sqrt((dd_real)5), dd_real::_pi);

  cout << "a␣=␣" << a << endl;
  cout << "b␣=␣" << b << endl;

  cout << "a␣+␣b␣=␣" << a + b << endl; // 加算
  cout << "a␣-␣b␣=␣" << a - b << endl; // 減算
  cout << "a␣*␣b␣=␣" << a * b << endl; // 乗点
  cout << "a␣/␣b␣=␣" << a / b << endl; // 除算
  cout << "sqrt(a)␣=␣" << sqrt(a) << endl; // 平方根

  return 0;
}
```

また，*mpreal* 型で複素数を定義するときには，リスト 5.8 を *mpreal* クラスを用いるように改変し，

```
. . .
#include <complex>

#include "mpreal.h"

using namespace std;
using namespace mpfr;

int main(void)
{
. . .
  mpreal::set_default_prec(128); // mpreal型で定義
  complex<mpreal> a, b, c;

  // a = sqrt(2) + sqrt(3) * I
  // b = -sqrt(5) + pi * I

  a = complex<mpreal>(sqrt((mpreal)2), sqrt((mpreal)3));
  b = complex<mpreal>(-sqrt((mpreal)5), const_pi());
. . .
}
```

と指定すればよい．

**問題 5.5**

(1) 上記の C++プログラムを完成させ，演算結果を精度桁分目いっぱい表示するように改良せよ．

(2) 複素係数 $a, b, c$ の 2 次方程式 $ax^2 + bx + c = 0$ の解を，任意精度で求めるプログラムを作れ．解の公式は実数係数の場合と同じ（式 (2.15), (2.16)）である．

## 5.4 区間演算と半径演算

近似値の代わりに，真値 $a$ を含む数直線上の区間 $I(a) = [\underline{a}, \overline{a}] \ni a$（図 5.3(a)）を使って行う演算を，**区間演算** (interval arithmetic) とよぶ．区間演算を使うことで，丸め誤差の限界値が明確になることから，誤差解析の手法として使用することができるため，区間解析 (interval analysis) ともよばれる．多倍長浮動小数点数演算をサポートした区間演算ライブラリとしては，MPFR を基盤とする MPFI[9] がある．区間演算は RP モードと RM モードの丸め方式を組み合わせて実装するのが普通なので，IEEE754 互換の丸めモードをサポートする MPFR がうってつけである．

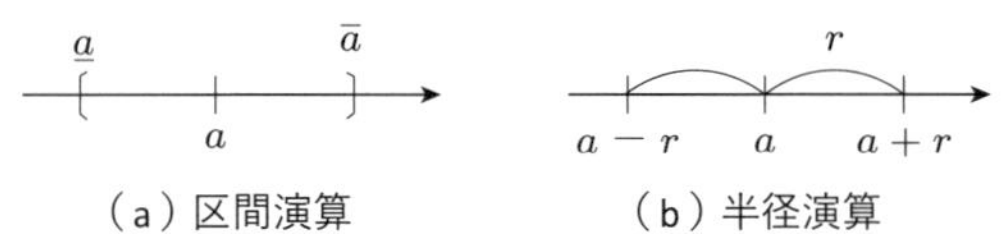

（a）区間演算　　（b）半径演算

図 5.3　区間演算と半径演算

また，区間演算より効率的な誤差限界を表す手法として，**半径演算** (radius arithmetic) もしくは**球演算** (ball arithmetic) が提唱されている．これは，真値 $a$ を含む半径 $r$ の球（円）$B(a,r)$（図 5.3(b)）を用いた演算で，区間との関係は

$$B(a,r) \to [a-r, a+r] \tag{5.2}$$

となる．半径演算をサポートした多倍長浮動小数点ライブラリとしては，これも MPFR を基盤として使用する Arb[12] がある．

ここでは簡単に，その考え方と実装方法を述べる．

### 5.4.1 ── 区間演算

区間 $I(a)$ の左端点 $\underline{a}$ と右端点 $\overline{a}$ を浮動小数点数として表現するためには，真値 $a$ の丸めに際してそれぞれ RM 方式，RP 方式を使用する．こうすることで，$a$ の符号によらず，左右の端点を有限桁の浮動小数点数として表現することができるようになる．

区間 $I(a)$, $I(b) = [\underline{b}, \overline{b}]$ に対する四則演算は，以下のように実行される．

#### ◆── 加減算

符号変換は $-I(b) = [-\overline{b}, -\underline{b}]$ となるので，減算は $I(a) - I(b) = I(a) + (-I(b))$ と定義できる．よって，次のようになる．

$$
\begin{aligned}
I(a) + I(b) &= [\mathrm{RM}(\underline{a} \oplus \underline{b}), \mathrm{RP}(\overline{a} \oplus \overline{b})], \\
I(a) - I(b) &= [\mathrm{RM}(\underline{a} \ominus \overline{b}), \mathrm{RP}(\overline{a} \ominus \underline{b})]
\end{aligned}
\tag{5.3}
$$

### ◆── 乗除算

乗算結果の端点は，被乗数を含む区間の左右端点の符号によって変化するので，すべての端点の組み合わせ $\underline{a} \otimes \underline{b}$, $\underline{a} \otimes \overline{b}$, $\overline{a} \otimes \underline{b}$, $\overline{a} \otimes \overline{b}$ の結果のうち，最小値を左端点，最大値を右端点として採用する．

$$
I(a) \times I(b) = [\underline{a \otimes b}, \overline{a \otimes b}] \tag{5.4}
$$

$$
\text{ここで}\quad
\begin{aligned}
\underline{a \otimes b} &= \min\{\mathrm{RM}(\underline{a} \otimes \underline{b}), \mathrm{RM}(\underline{a} \otimes \overline{b}), \mathrm{RM}(\overline{a} \otimes \underline{b}), \mathrm{RM}(\overline{a} \otimes \overline{b})\}, \\
\overline{a \otimes b} &= \max\{\mathrm{RP}(\underline{a} \otimes \underline{b}), \mathrm{RP}(\underline{a} \otimes \overline{b}), \mathrm{RP}(\overline{a} \otimes \underline{b}), \mathrm{RP}(\overline{a} \otimes \overline{b})\}
\end{aligned}
$$

逆数は $1/I(b) = [1/\overline{b}, 1/\underline{b}]$ となるが，この場合は $0 \notin I(b)$ という前提が必要である．また，除法は逆数を用いて $I(a)/I(b) = I(a) \times (1/I(b))$ として求める．

### ◆── MPFI ライブラリ

MPFI ライブラリ[9] は，MPFR の丸めモード変更機能を用いて区間演算を実現する，多倍長区間演算ライブラリである．変数型は *mpfi_t* で，関数名は `mpfi_` から始まるものになっており，MPFR の関数とよく似ている．使用する際には，MPFR のプログラムがコンパイルできる環境下で MPFI ライブラリ（`mpfi.h` と `libmpfi.a`）をインストールしておき，たとえば Linux 環境下であれば，C コンパイラ（コマンド名は cc とする）を用いて，

```
$ cc logistic_mpfi.c -lmpfi -lmpfr -lgmp
```

のように，ライブラリを指定してコンパイルする．

**リスト 5.9** は，ロジスティック写像（式 (1.2)）を，MPFI で計算する C プログラムである．MPFR の C プログラムと同じように定義できることがわかる．

リスト 5.9　多倍長精度区間演算ライブラリ (MPFI) を用いたロジスティック写像計算 C プログラム：`logistic_mpfi.c`

```
// logistic 写像
// MPFR & MPFI版
#include <stdio.h>
#include "mpfr.h"
#include "mpfi.h" // MPFI関数

#define MAX_NUM 128

int main()
```

```
{
  int i;
  unsigned long prec;
  mpfi_t x[MAX_NUM];
  mpfr_t relerr;

  printf("prec(bits)␣=␣"); scanf("%ld", &prec);
  mpfr_set_default_prec(prec);

  // 初期化
  mpfr_init(relerr);
  for(i = 0; i < MAX_NUM; i++)
    mpfi_init(x[i]);

  // 初期値
  mpfi_set_str(x[0], "0.7501", 10);

  for(i = 0; i <= 100; i++)
  {
    if((i % 10) == 0)
    {
      printf("%5d,␣", i);
      mpfi_out_str(stdout, 10, 17, x[i]);
      mpfi_diam(relerr, x[i]);
      mpfr_printf("%10.3RNe\n", relerr);
    }

    //x[i + 1] = 4 * x[i] * (1 - x[i]);
    mpfi_ui_sub(x[i + 1], 1UL, x[i]);
    mpfi_mul(x[i + 1], x[i + 1], x[i]);
    mpfi_mul_ui(x[i + 1], x[i + 1], 4UL);

  }

  // 変数の消去
  mpfr_clear(relerr);
  for(i = 0; i < MAX_NUM; i++)
    mpfi_clear(x[i]);

  return 0;
}
```

区間演算の特徴は，十分な計算精度桁数をとれば，丸め誤差を含む演算結果を，必ず区間内部に閉じ込めておくことができるという点にある．実際，256 ビット計算を行うと，以下のように，$x_{100}$ の絶対誤差は区間幅 $2.3 \times 10^{-16}$ 以下になっていることがわかる．

```
$ ./logistic_mpfi
prec(bits) = 256
    0, [7.5009999999999999e-1,7.5010000000000001e-1] 1.151e-77
   10, [8.4449595360221744e-1,8.4449595360221745e-1] 1.430e-71
   20, [1.4293972451230765e-1,1.4293972451230766e-1] 8.857e-65
   30, [8.5429600370442189e-1,8.5429600370442190e-1] 1.554e-59
```

```
   40, [7.7497575311820124e-1,7.7497575311820125e-1] 1.796e-53
   50, [9.3375332197703029e-2,9.3375332197703030e-2] 1.563e-46
   60, [4.0822016829087813e-1,4.0822016829087814e-1] 3.749e-41
   70, [7.1511999705058574e-2,7.1511999705058575e-2] 2.244e-34
   80, [4.6325330290077571e-1,4.6325330290077572e-1] 3.633e-29
   90, [1.3344050120868840e-3,1.3344050120868841e-3] 1.322e-20
  100, [7.8817989371509897e-2,7.8817989371509917e-2] 2.348e-16
```

しかし，桁数が不足すると区間幅の爆発現象が起こり，実用に耐えないものとなる．たとえば，128 ビット計算を行うと，

```
$ ./logistic_mpfi
prec(bits) = 128
    0, [7.5009999999999999e-1,7.5010000000000001e-1] 3.918e-39
   10, [8.4449595360221744e-1,8.4449595360221745e-1] 4.865e-33
   20, [1.4293972451230765e-1,1.4293972451230766e-1] 3.014e-26
   30, [8.5429600370442189e-1,8.5429600370442190e-1] 5.288e-21
   40, [7.7497575311819887e-1,7.7497575311820361e-1] 6.112e-15
   50, [9.3375329714176199e-2,9.3375334681229861e-2] 5.319e-08
   60, [4.0561739523590902e-1,4.1082572849550305e-1] 1.276e-02
   70, [-2.9373100713009889e43,2.1377489377594625e43] 5.075e+43
   80, [-1.2245050211453045e45127,8.9118419393669329e45126]2.116e+45127
   90, [-9.5278547330878072e46210753,6.9342905040200581e46210753]1.646e+
       46210754
  100, [-@Inf@,@Inf@]        inf
```

となり，MPFR の 64 ビット指数部の範囲を超えてオーバーフローとなる．

> **問題 5.6**
> ロジスティック写像における $x_{100}$ の有効桁数が 10 進 2 桁以上になる最小の計算ビット数を求め，演算結果と相対誤差を導出せよ．

### 5.4.2 ── 半径演算

半径演算（球演算）の考え方は区間演算とよく似ているため，四則演算についても，区間演算と同様に丸め方式の組み合わせで実現できる．球の中心は RN 方式で求められた浮動小数点数であるとすると，

$$
\begin{aligned}
B(a, r_a) + B(b, r_b) &= B(\mathrm{RN}(a \oplus b), \mathrm{RP}(r_a \oplus r_b)), \\
B(a, r_a) - B(b, r_b) &= B(\mathrm{RN}(a \ominus b), \mathrm{RP}(r_a \oplus r_b)), \\
B(a, r_a) \times B(b, r_b) &= B(\mathrm{RN}(a \otimes b), \mathrm{RP}((|a| \oplus r_a) \otimes r_b \oplus r_a \otimes |b|)), \\
1/B(a, r_a) &= B(\mathrm{RN}(a), r_a)
\end{aligned}
\tag{5.5}
$$

となる．

区間演算（式 (5.4)）と比べると，左右端点の計算が半径の計算のみで済むため，計

算量が抑えられる．また，中心の計算のみ多倍長浮動小数点数を用いて行い，半径の計算は IEEE754 倍精度で済ませる，ということも可能となる[29]．

### ◆── Arb ライブラリ

Arb[12] は Fredrik Johansson が開発している C ライブラリで，半径演算をサポートしながらも，MPFR より高速化した任意精度の数学関数や複素数，多項式，級数，行列，積分等，さまざまな機能を提供している．Arb の関数を利用するには `arb.h` をインクルードし，`libarb.a` をリンクする．変数型は *arb_t* であり，関数は `arb_` から始まる名前になっている．**リスト 5.10** に，ロジスティック写像を計算した例を示す．

リスト 5.10　半径演算ライブラリ (Arb) を用いたロジスティック写像計算 C プログラム：`logistic_arb.c`

```
// ロジスティック写像
// Arb版
#include <stdio.h>
#include "arb.h" // Arb関数

int main()
{
  int i;
  slong prec;
  arb_t x[102];

  // 初期化
  for(i = 0; i < 102; i++)
    arb_init(x[i]);

  printf("prec(bits)␣=␣"); scanf("%ld", &prec);

  // 初期値
  //x[0] = 0.7501;
  arb_set_str(x[0], "0.7501", prec);

  for(i = 0; i <= 90; i++)
  {
    if((i % 10) == 0)
    {
      printf("%5d,␣", i);
      arb_printd(x[i], 17);
      printf("\n");
    }

    //x[i + 1] = 4 * x[i] * (1 - x[i]);
    arb_sub_ui(x[i + 1], x[i], 1UL, prec);
    arb_neg(x[i + 1], x[i + 1]);
    arb_mul(x[i + 1], x[i + 1], x[i], prec);
    arb_mul_ui(x[i + 1], x[i + 1], 4UL, prec);

  }

```

```
  // 変数の消去
  for(i = 0; i < 102; i++)
    arb_clear(x[i]);

  return 0;
}
```

区間演算同様，半径が絶対誤差の代わりとして使用できる．実際，256 ビット計算した結果，$x_{100}$ の絶対誤差は $1.9 \times 10^{-17}$ で抑えられていることがわかる．

```
$ ./logistic_arb
prec(bits) = 256
    0, 0.7501 +/- 8.6362e-78
   10, 0.84449595360221745 +/- 1.2074e-71
   20, 0.14293972451230766 +/- 1.2661e-65
   30, 0.85429600370442189 +/- 1.3276e-59
   40, 0.77497575311820124 +/- 1.3921e-53
   50, 0.093375332197703029 +/- 1.4597e-47
   60, 0.40822016829087813 +/- 1.5306e-41
   70, 0.071511999705058575 +/- 1.6049e-35
   80, 0.46325330290077571 +/- 1.6829e-29
   90, 0.001334405012086884 +/- 1.7647e-23
  100, 0.078817989371509907 +/- 1.8504e-17
```

**問題 5.7**

(1) Arb で 128 ビット計算した結果得られる $x_{100}$ の値はどうなるか調べよ．

(2) MPFI の結果をもとに，ロジスティック写像における $x_{100}$ の有効桁数が 10 進 2 桁以上になる最小の計算ビット数を求め，演算結果と相対誤差を導出せよ．

## 章末問題

**5.1** 真値 $x$ に対する近似値 $\widetilde{x}$ に含まれる相対誤差 $E_{\mathrm{rel}}(\widetilde{x})$ は，式 (2.9) のように定義される．これを用いて，真の値を近似値より長い仮数部をもつ *mpfr_t* 型あるいは *mpreal* 型として与え，近似値の相対誤差を求める関数 `relerr` を作れ．

**5.2** 章末問題 5.1 の相対誤差を求める関数 `relerr` を使って，128 ビット計算，256 ビット計算，512 ビット計算したときの四則演算の相対誤差をそれぞれ求めよ．

# 6 マルチコンポーネント型ライブラリ QD

多くのアプリケーションでは，普通に使用される精度の数倍（せいぜい 2 倍か 4 倍）程度の利用で十分であり，任意精度を必要としていない。この種の「固定化」した精度の計算は，任意精度の計算よりも確実に高速化できる。

—— QD マニュアル

前章で，MPFR/GMP を用いた多倍長浮動小数点数演算の仕組みとプログラミング方法を見たが，これは GMP の MPN カーネルに基づくもので，任意の長さの仮数部のサポートが可能である反面，実用的な利用価値の高い，比較的短い仮数部の浮動小数点数演算用としては「重い」実装になっている可能性がある．そこで，本章では，倍精度浮動小数点数よりも多少長い仮数部をもつ，IEEE754 binary128, 256 形式とは異なる 4 倍精度，8 倍精度相当の浮動小数点数演算に特化して実装された，マルチコンポーネントタイプの多倍長浮動小数点数演算ライブラリ QD を紹介する．

## 6.1 多数桁方式とマルチコンポーネント方式

IEEE754-2008 規格にも 4 倍精度 (binary128)，8 倍精度 (binary256) 浮動小数点フォーマットの規定があり（図 6.1），4 倍精度では，全長 128 ビット，仮数部はケチ

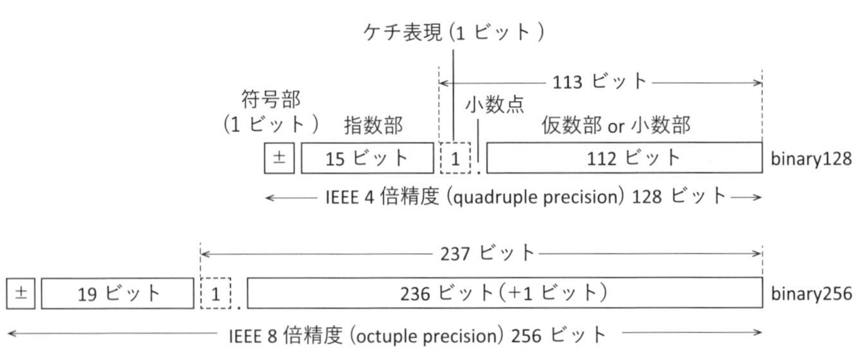


図 6.1　IEEE754-2008 binary128, binary256 フォーマット

表 6.1 QD 2.3.23 の主な演算，数学関数

| | DD（x, y, s, sh, c, ch は *dd_real*） | QD（x, y, s, sh, c, ch は *qd_real*） |
|---|---|---|
| クラス名 | *dd_real* | *qd_real* |
| Sloppy 加算 | `dd_real::sloppy_add` | `qd_real::sloppy_add` |
| Accurate 加算 | `dd_real::ieee_add` | `qd_real::ieee_add` |
| 減算 | `dd_real::operator-` | 加算 `a + (-b)` で代用 |
| Sloppy 乗算 | なし | `qd_real::sloppy_mul` |
| Accurate 乗算 | `dd_real::operator*` | `qd_real::accurate_mul` |
| Sloppy 除算 | `dd_real::sloppy_div` | `qd_real::sloppy_div` |
| Accurate 除算 | `dd_real::accurate_div` | `qd_real::accurate_div` |
| $\|x\|$ | `dd_real::abs(x)` | `qd_real::abs(x)` |
| $\lfloor x \rfloor$ | `dd_real::floor(x)` | `qd_real::floor(x)` |
| $\lceil x \rceil$ | `dd_real::ceil(x)` | `qd_real::ceil(x)` |
| $\sqrt{x}$ | `dd_real::sqrt(x)` | `qd_real::sqrt(x)` |
| $\sqrt[n]{x}$ | `dd_real::nroot(x,` *int* `n)` | `qd_real::nroot(x,` *int* `n)` |
| $\sin x$ | `dd_real::sin(x)` | `qd_real::sin(x)` |
| $\cos x$ | `dd_real::cos(x)` | `qd_real::cos(x)` |
| $\sin x$ と $\cos x$ | `dd_real::sincos(x, s, c)`†1 | `qd_real::sincos(x, s, c)`†1 |
| $\tan x$ | `dd_real::tan(x)` | `qd_real::tan(x)` |
| $\sin^{-1}(x)$ | `dd_real::asin(x)` | `qd_real::asin(x)` |
| $\cos^{-1}(x)$ | `dd_real::acos(x)` | `qd_real::acos(x)` |
| $\tan^{-1}(x)$ | `dd_real::atan(x)` | `qd_real::atan(x)` |
| `atan2`$(x, y)$ | `dd_real::atan2(y, x)`†2 | `qd_real::atan2(y, x)`†2 |
| $\sinh(x)$ と $\cosh(x)$ | `dd_real::sinhcosh(x, sh, ch)`†3 | `qd_real::sinhcosh(x, sh, ch)`†3 |
| $\sinh(x)$ | `dd_real::sinh(x)` | `qd_real::sinh(x)` |
| $\cosh(x)$ | `dd_real::cosh(x)` | `qd_real::cosh(x)` |
| $\tanh(x)$ | `dd_real::tanh(x)` | `qd_real::tanh(x)` |
| $\sinh^{-1}(x)$ | `dd_real::asinh(x)` | `qd_real::asinh(x)` |
| $\cosh^{-1}(x)$ | `dd_real::acosh(x)` | `qd_real::acosh(x)` |
| $\tanh^{-1}(x)$ | `dd_real::atanh(x)` | `qd_real::atanh(x)` |
| $\exp(x)$ | `dd_real::exp(x)` | `qd_real::exp(x)` |
| $x^y$ | `dd_real::pow(x, y)` | `qd_real::pow(x, y)` |
| $\log x$ | `dd_real::log(x)` | `qd_real::log(x)` |
| $\log_{10} x$ | `dd_real::log10(x)` | `qd_real::log10(x)` |

表現の部分も含めて 113 ビットとなっている．現状では，GNU Compiler Collection (GCC) 4.6 以上から利用できる *__float128* 型や，HP-UX, IBM 提供の計算環境でサ

†1 `s` $:= \sin x$, `c` $:= \cos x$.

†2 `atan2`$(x, y) = \begin{cases} \tan^{-1}(y/x) \ (x > 0) \\ \mathrm{sign}(y)(\pi - \tan^{-1}(|y/x|)) \ (x < 0) \end{cases}$.

†3 `sh` $:= \sinh(x)$, `ch` $:= \cosh(x)$.

ポートされているものがあるが，現在主流の Intel, AMD, Arm 等の CPU にハードウェア回路として設計されたものは存在していない．本書では，これを IEEE 4 倍精度とよぶことにする．

IEEE 4 倍精度型をソフトウェアで実装しようとすると，多数桁方式では，ビット演算を用いて 2 進浮動小数点数演算をエミュレートする必要がある．たとえば，MPFR/GMP で仮数部 113 ビットの変数として定義すれば，同精度の演算は可能となる．

では，整数演算ではなく，既存の単精度，もしくは倍精度浮動小数点数演算を活用して実装する方法はないものだろうか？　これを倍精度の浮動小数点数演算で実現したものが，Bailey らによる QD ライブラリ[3] である．C++クラスライブラリとして実装されており，**表 6.1** に示す機能が提供されている．

現在の QD では，IEEE754 4 倍精度に相当する DD (double-double, *dd_real*) 型と，IEEE754 8 倍精度に相当する QD (quadruple-double, *qd_real*) 型がサポートされている．これらは，**図 6.2** に示すように，倍精度型の配列として定義されており，そのひとつひとつが符号部・指数部・仮数部というかたまり = コンポーネントになっていることから，マルチコンポーネント方式と Bailey らは名付けている．本書でも，このようなハードウェアサポートのある既存の浮動小数点数配列を使用した多倍長数の実装方式を，そのようによぶことにする．

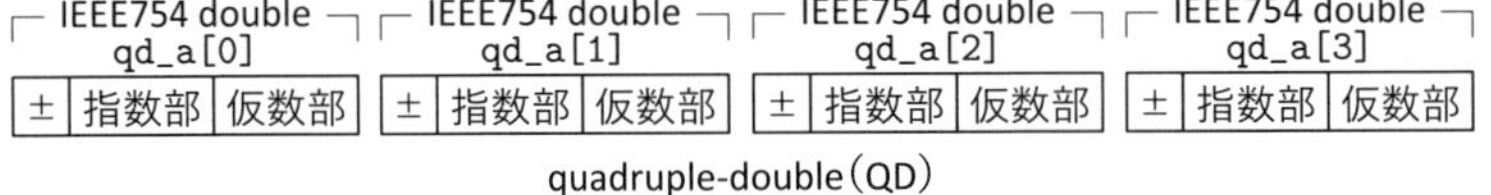


**図 6.2**　マルチコンポーネント型浮動小数点数：DD と QD

変数型としては単なる配列であるので，実現はたやすいように思われるが，これらの配列においては，正規化されたあとには，たとえば *dd_real* 型の場合は `dd_a[0]` + `dd_a[1]` として値が表現され，かつ，この 2 数の絶対値はまったく重なりをもたないように配置される．

たとえば，10 進浮動小数点数として $\pi \approx 3.14159265358979323846264 3$ を 10 進 5 桁の浮動小数点数を用いたマルチコンポーネント方式で表現すると，すべての桁が重複しないように各浮動小数点数コンポーネントの指数部を調整して，

$$\begin{aligned}3.14159265358979323846262643 &= 3.1415\\&+ 0.000092653\\&+ 0.0000000058979\\&+ 0.000000000000032384\\&+ 0.0000000000000000000062643\\&= 3.1415 \times 10^{0} + 9.2653 \times 10^{-5} + 5.8979 \times 10^{-10}\\&+ 3.2384 \times 10^{-15} + 6.2643 \times 10^{-20}\end{aligned}$$

となる．ただし，この表現方法は一意ではなく，異符号の値になっても問題ない．たとえば上記の場合，最初の項が 3.1416 であったとすると，

$$\begin{aligned}3.14159265358979323846262643 &= 3.1416\\&+ (-0.000007346)\\&+ (-0.00000000041021)\\&+ 0.000000000000032385\\&+ (-0.000000000000000000037356\cdots)\\&\approx 3.1416 \times 10^{0} + (-7.3460 \times 10^{-6})\\&+ (-4.1021 \times 10^{-10})\\&+ 3.2385 \times 10^{-15}\\&+ (-3.7357) \times 10^{-20}\end{aligned}$$

という表現になる．

2 進表現の場合は，各コンポーネントは，図 6.2 のように，倍精度で表現される．たとえば，$\pi = 3.14159265358979323846264338327 95$ を *dd_real* 型で表現すると，

**10 進表現**：$3.141592653589793 12 + 1.2246467991473529 6 \times 10^{-16}$

**2 進表現**：

$$(1.1001001000011111101101010100010001000010110100011000)_2 \times 2^{2}$$
$$+ (1.0001101001100010011000110011000101000101110000000110)_2 \times 2^{-52}$$

と表現できる．

以上はあくまでマルチコンポーネント方式における表現の一例である．最上位コンポーネント `dd_a[0]` や `qd_a[0]` は必ず *double* 型の近似値になっているが，それより下のコンポーネントの符号は，上のコンポーネントを導出する際の丸め誤差によっ

て変化する．したがって，マルチコンポーネントタイプの多倍長数の処理を行うときには，CPU の丸めモードを変更してはならず，精度桁設定は元になる浮動小数点数の精度桁で固定しなくてはならない．

このように，既存の IEEE754 浮動小数点数を繋いで 1 つの多倍長浮動小数点数として扱う場合，必然的に丸め誤差を伴う各コンポーネントの演算をベースに実装する必要があり，全体として正確な多倍長浮動小数点数演算とするためには，**無誤差変換技法** (error-free transformation technique) という理論的な裏付けが必要となる．古くは Knuth や Møller らが基礎付け，Dekker[5] によってマルチコンポーネント型多倍長浮動小数点数演算が可能となることが明らかとなった．QD は，その土台の上で Bailey らが実装した，4 倍精度，8 倍精度演算 C++ライブラリである．

マルチコンポーネント方式の多倍長浮動小数点形式は，既存の binary$k$ 浮動小数点数を繋ぎ，仮数部長だけを伸ばすので，指数部長はベースとなる binary$k$ の指数部長と同じである．

**問題 6.1**
$2\sqrt{2} \approx 2.8284271247461900976033774484193$ を $dd\_real$ 型で表現したとき，各コンポーネントの値を出力するプログラムを作れ．

## 6.2　マルチコンポーネント方式の多倍長浮動小数点数演算

ここでは，Dekker による DD 演算（仮数部 106 ビット）と，Bailey らによる QD 演算実装（仮数部 212 ビット）に基づいて，アルゴリズムの解説を行う．

### 6.2.1 ── 倍精度演算の特性と記号

まず，通常の倍精度四則演算を $\oplus, \otimes, \ominus, \oslash$ と表現する．たとえば，$a, b$ が倍精度浮動小数点数であるとすると，$c := a \oplus b$, $c := a \otimes b$ と記述する．これをダイアグラムとして表現したものが，図 6.3 である．

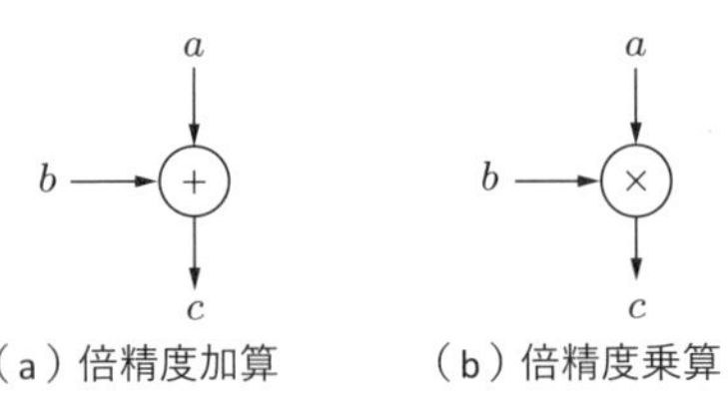


（a）倍精度加算　（b）倍精度乗算

図 6.3　倍精度演算

倍精度演算の結果，仮数部の最上位ビット (Most Significant Bits, MSB) が $2^0$ になるように指数部が正規化され，仮数部が 53 ビットに丸められて倍精度の値 $c$ を得られる．したがって，$a, b$ が正確に倍精度浮動小数点数として表現されていたとしても，$c$ には最大 $2^{-53}/2 = 2^{-52}$ の相対誤差が含まれる．

### 6.2.2 ── DD, QD 演算の基本パーツ：無誤差変換技法

#### ◆── QuickTwoSum：DD 演算の加算と正規化

Dekker[5] は，$a, b$ が正確な 2 進浮動小数点数であり，$|a| \geq |b|$ であるとき，QuickTwoSum 演算というアルゴリズムよって，

$$a + b = (a \oplus b) + e \tag{6.1}$$

が成立することを証明した．この証明の肝は，$s := a \oplus b$, $w := s \ominus a$, $e := b \ominus w$ であるとき，丸め誤差が発生するのは $s$ のみで，$w$ と $e$ の計算では，次の等式が成立することにある．

$$w := s \ominus a = s - a$$

$$e := b \ominus w = b - w$$

これによって，倍精度加算の結果 $s := a \oplus b$ に混入する丸め誤差を，$e := b \ominus (s \ominus a)$ として正確に表現することができることがわかる．結果として，式 (6.1) が誤差なしで正確に成立することから，無誤差変換技法とよばれる．

QuickTwoSum 演算をアルゴリズムとして記述したものが，**アルゴリズム 6.1** である．

**アルゴリズム 6.1　QuickTwoSum**

```
(s, e) := QuickTwoSum(a, b)
   s := a ⊕ b
   e := b ⊖ (s ⊖ a)
   return (s, e)
```

#### ◆── TwoSum と TwoDiff

TwoSum$(a, b)$ は，$a, b$ の大小に関係なく，$a \oplus b$ の結果に含まれる誤差項 $e := (a + b) - (a \oplus b)$ を算出できる加算法である．これが実現できれば，同様に，$a \ominus b = a \oplus (-b)$ より，誤差項込みの減算法である TwoDiff$(a, b)$ も実現できる．TwoSum, TwoDiff 演算のアルゴリズムを，**アルゴリズム 6.2** に示す．

**アルゴリズム 6.2　TwoSum と TwoDiff**

| | |
|---|---|
| $(s, e) := \mathrm{TwoSum}(a, b)$ | $(d, e) := \mathrm{TwoDiff}(a, b)$ |
| $s := a \oplus b$ | $d := a \ominus b$ |
| $v := s \ominus a$ | $v := d \ominus a$ |
| $e := (a \ominus (s \ominus v)) \oplus (b \ominus v)$ | $e := (a \ominus (d \ominus v)) \ominus (b \oplus v)$ |
| **return** $(s, e)$ | **return** $(d, e)$ |

### ◆―― Split と TwoProd

正確な誤差項込みの乗算を実現するには，丸め誤差の発生しない乗算を実行する必要がある．そのため，まず元の浮動小数点数を，上位桁と下位桁に2分割する．このアルゴリズムが Split である（**アルゴリズム 6.3**）．倍精度浮動小数点数 $a$ の仮数部は 53 ビットであるから，仮数部を 26 ビットで表現した上位の値を $a_{\mathrm{high}}$，下位の値を $a_{\mathrm{low}} := a \ominus a_{\mathrm{high}}$ として求め，**26 ビット**で表現する[†1]．同様に，$b$ も $b_{\mathrm{high}}$ と $b_{\mathrm{low}}$ に 26 ビット表現で分割しておく．

分割したら，$a := a_{\mathrm{high}} + a_{\mathrm{low}}$, $b := b_{\mathrm{high}} + b_{\mathrm{low}}$ に対して，それぞれ

$$a \times b = a_{\mathrm{high}} \times b_{\mathrm{high}} + a_{\mathrm{high}} \times b_{\mathrm{low}} + a_{\mathrm{low}} \times b_{\mathrm{high}} + a_{\mathrm{low}} \times b_{\mathrm{low}}$$

であることを利用して，誤差項 $e$ の計算を行う．この乗算のアルゴリズムを $\mathrm{TwoProd}(a, b)$ とよぶ（アルゴリズム 6.3）．

**アルゴリズム 6.3　Split と TwoProd**

| | |
|---|---|
| $(a_{\mathrm{high}}, a_{\mathrm{low}}) := \mathrm{Split}(a)$ | $(p, e) := \mathrm{TwoProd}(a, b)$ |
| $t := (2^{27} + 1) \otimes a$ | $p := a \otimes b$ |
| $a_{\mathrm{high}} := t \ominus (t \ominus a)$ | $(a_{\mathrm{high}}, a_{\mathrm{low}}) := \mathrm{Split}(a)$ |
| $a_{\mathrm{low}} := a \ominus a_{\mathrm{high}}$ | $(b_{\mathrm{high}}, b_{\mathrm{low}}) := \mathrm{Split}(b)$ |
| **return** $(a_{\mathrm{high}}, a_{\mathrm{low}})$ | $e := (((a_{\mathrm{high}} \otimes b_{\mathrm{high}}) \ominus p) \oplus a_{\mathrm{high}} \otimes b_{\mathrm{low}} \oplus a_{\mathrm{low}} \otimes b_{\mathrm{high}}) \oplus a_{\mathrm{low}} \otimes b_{\mathrm{low}}$ |
| | **return** $(p, e)$ |

なお，現在のハードウェアの多くでサポートされている複合積和 (FMA, Fused Multiply-Add) 演算を使うと，$\mathrm{FMA}(a, b, -p) = a \times b + (-p)$ が 1 命令で実行できるので，Split が不要となり，TwoProd が実質 2 つの計算だけで済む（**アルゴリズム 6.4**）．

†1 53 ビットの仮数部を 26 ビットずつ分割できるのかという疑問に対しては，「マルチコンポーネント方式なので，符号部（1 ビット）も活用すればできる」[24] という回答を紹介しておく．

**アルゴリズム 6.4 FMA 演算を用いた TwoProd**

$(p,\ e) := \mathrm{TwoProd\text{-}FMA}(a,\ b)$
  $p := a \otimes b$
  $e := \mathrm{FMA}(a, b, -p)\ (= a \times b - p)$
  **return** $(p,\ e)$

### ◆—— DD，QD 演算の基本パーツ図

以上の QuickTwoSum, TwoSum, TwoDiff, TwoProd が，マルチコンポーネント方式における演算の基本パーツとなる．これを Shewcheck の図で表現したものが，**図 6.4** である．

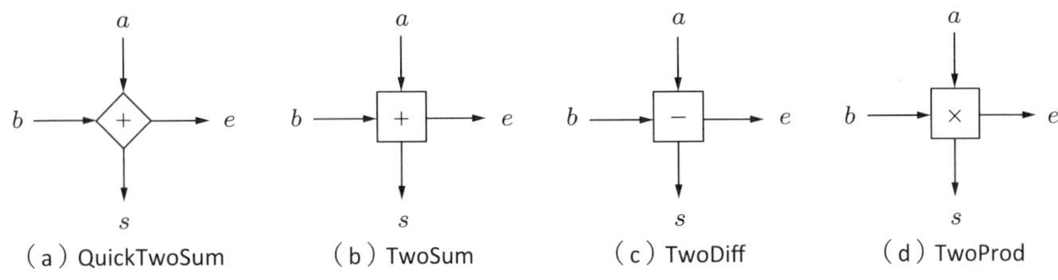


図 6.4 DD，QD 演算の基本パーツ

以下，これらのアルゴリズムと図を用いて，実質 4 倍精度演算にあたる DD 演算，8 倍精度にあたる QD 演算を実現していく．

## 6.2.3 —— DD 演算

DD 演算は，「倍精度 ∘ 倍精度」「倍精度 ∘ DD 精度」（と逆も）「DD 精度 ∘ DD 精度」の 3 種類の組み合わせが考えられる．このうち，倍精度と DD 精度の組み合わせは，DD どうしの計算の，片方の下位桁がゼロの場合を考えればよい．

そこで，以下，倍精度どうし，DD 精度どうしの基本演算法を確認する．なお，簡単のため，DD 精度の値 $a := a[0] + a[1]$ においては，$a[0]$ の絶対値の大きさを 1 とし，$O(1)$ と表すと，$a[1]$ は $\varepsilon_d$ の大きさ，つまり $O(\varepsilon_d)$（$\varepsilon_d$ は倍精度のマシンイプシロン）と表現できる．

### ◆—— 倍精度どうしの演算

倍精度どうしの場合は，

**正規化**：$(c[0],\ c[1]) := \mathrm{QuickTwoSum}(a,\ b) = a + b$
**加算**：$(c[0],\ c[1]) := \mathrm{TwoSum}(a,\ b) = a + b$
**減算**：$(c[0],\ c[1]) := \mathrm{TwoDiff}(a,\ b) = a - b$

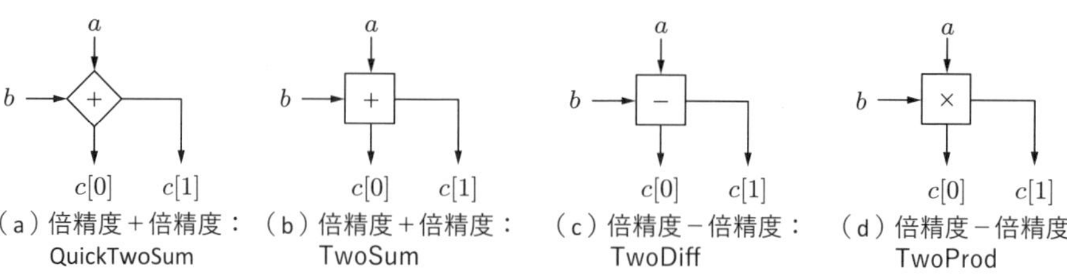


図 6.5　倍精度どうしの DD 精度演算

**乗算**：$(c[0], c[1]) := \mathrm{TwoProd}(a, b) = a \times b$

のように，倍精度演算で発生する正確な誤差を $c[1]$ に入れることで，基本パーツのみで実行できる．これを図で表すと，**図 6.5** のようになる．

### ◆── DD 精度どうしの演算

$a, b$ ともに DD 精度であるとき，$a := a[0] + a[1]$ $(a[0] > a[1])$, $b := b[0] + b[1]$ $(b[0] > b[1])$ のように，p.109 の例のように正規化されて格納されているとする．このとき，加算をどの程度精緻に行うかによって，2 種類の方法が考えられる．

1 つは，$O(\varepsilon_d)$ の $a[1] \oplus b[1]$ で排出される $O(\varepsilon_d^2)$ の誤差を足し込む処理を行う Accurate 加算，もう 1 つは，この誤差を無視する Sloppy 加算である（**図 6.6**）．

この結果，Sloppy 加算のほうが，Accurate 加算より若干誤差が大きくなる．

DD 精度どうしの乗算をそのままの形で実行すると，

$$\begin{aligned} a \times b &= (a[0] + a[1]) \times (b[0] + b[1]) \\ &= \underbrace{a[0] \times b[0]}_{O(1)} + \underbrace{a[0] \times b[1] + a[1] \times b[0]}_{O(\varepsilon_d)} + \underbrace{a[1] \times b[1]}_{O(\varepsilon_d^2)} \end{aligned}$$

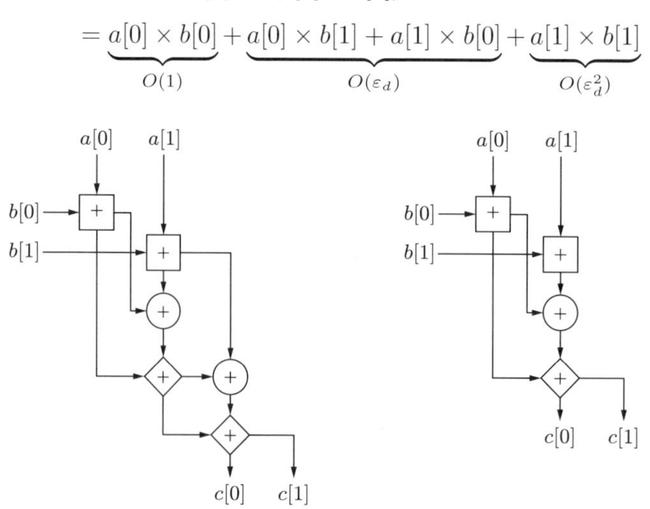


図 6.6　DD 精度どうしの加算

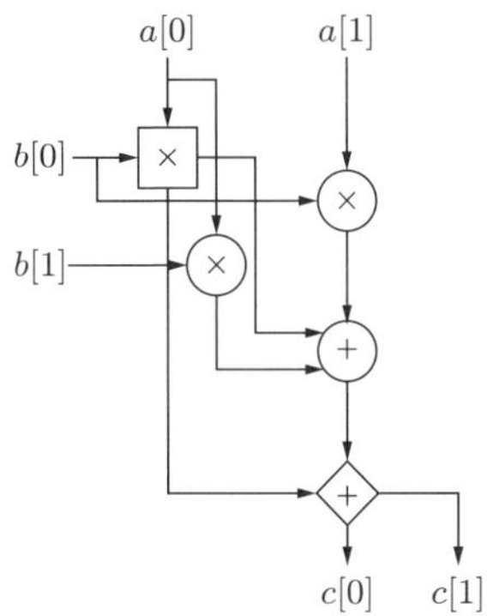


図 6.7 DD 精度どうしの乗算

となるが，最後の $O(\varepsilon_d^2)$ の部分は足し込まれても DD 精度の分からあふれてしまうために無視できる．したがって，$O(1)$ と $O(\varepsilon_d)$ の部分を，誤差をフォローしながら図 6.7 のように計算すればよい．

### 6.2.4 ── QD 演算

$a$ が QD 精度であるときは，$a := a[0]+a[1]+a[2]+a[3]$ $(a[0] > a[1] > a[2] > a[3])$ となり，4 つの倍精度値を正規化して，重なりがないように格納しておく．QD 演算は，DD 演算で考慮した 3 つの組み合わせをすべて含み，さらに「倍精度 ∘ QD 精度」(とその逆)，「DD 精度 ∘ QD 精度」(とその逆)，「QD 精度 ∘ QD 精度」の組み合わせがありうる．ここでは，QD 精度どうしの加算と乗算のみ示す．

#### ◆── 再正規化

DD 演算どうしの結果を正規化するには QuickTwoSum を 1 回呼び出すだけで済んだが，QD 精度の場合は，最低でも 4 回の QuickTwoSum に加えてさらに 4 回，合計 8 回の呼び出しが必要となる．この操作を再正規化 (renormalization) とよぶ (**アルゴリズム 6.5**)．

**アルゴリズム 6.5 QD 精度の再正規化**

$(b[0], b[1], b[2], b[3]) :=$ Renormalization$(a[0], a[1], a[2], a[3], a[4])$
  $(s, t[4]) :=$ QuickTwoSum$(a[3], a[4])$
  $(s, t[3]) :=$ QuickTwoSum$(s, a[2])$
  $(s, t[2]) :=$ QuickTwoSum$(s, a[1])$
  $(t[0], t[1]) :=$ QuickTwoSum$(s, a[0])$
  $s := t[0]$
  $k := 0$
  **for** $i = 1, 2, 3, 4$ **do**

```
      (s, e) := QuickTwoSum(s, t[i])
    if e ≠ 0 then
      b[k] := s
      s := e
      k := k + 1
    end if
  end for
```

### ◆── QD 加算

QD 精度の値 $a$ に倍精度の値 $b$ を加算するには，**図 6.8** に示すように，TwoSum 演算を 4 回繰り返す必要がある．また，それぞれの TwoSum 演算から出る誤差を逐次的に上位桁から下位桁に送り出す，いわゆる「桁下がり」処理が不可欠となる．

QD 精度の値どうしの加算は，この 4 回の TwoSum 演算を $a[i]+b[i]$ $(i=0,1,2,3)$ で実施し，その誤差を使った桁下がり処理を順送りで行う必要がある．これを Sloppy 加算方式で行ったものが，**図 6.9** である．

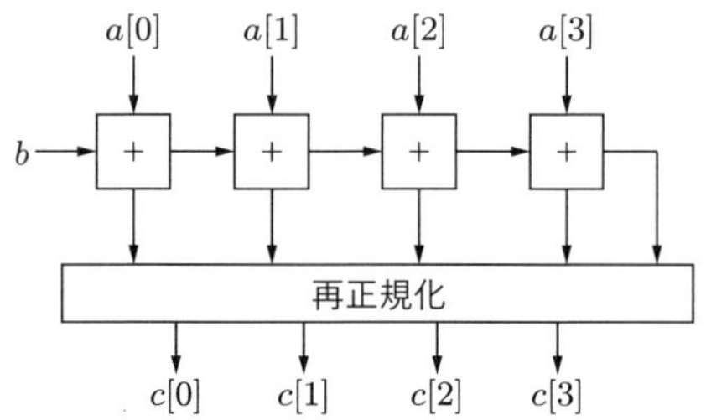


図 6.8　QD 精度と倍精度の加算

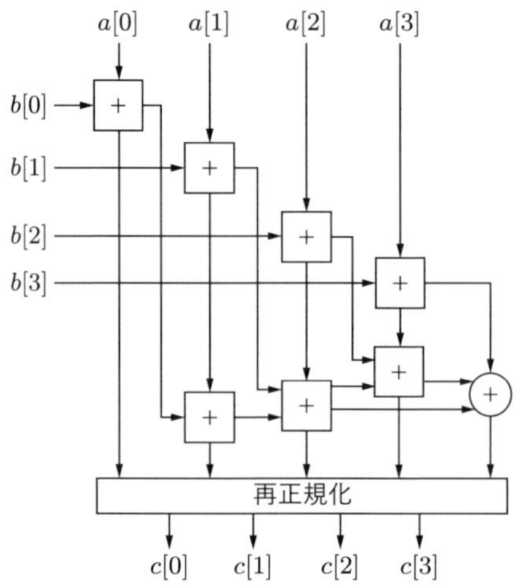


図 6.9　QD 精度どうしの Sloppy 加算

Accurate 加算方式では，$a$ と $b$ の値をマージソート (Merge-Sort) して大きい順に並べ替えておき，Double-Accumulate 演算 $((u, v) + x)$ を繰り返し実行することで，誤差の少ない加算を実現する（**アルゴリズム 6.6**）.

**アルゴリズム 6.6 Double-Accmulate 演算と Accurate 加算**

```
(s, u, v) := Double-Accumulate(u, v, x)
  (s, v) := TwoSum(v, x)
  (s, u) := TwoSum(u, s)
  if u = 0 then
    u := s
    s := 0
  end if
  if v = 0 then
    v := u
    u := s
    s := 0
  end if
  return (s, u, v)
```

```
(c) := QD-Accurate-Add(a, b)
  (x[0], ..., x[7])
  := Merge-Sort(a[0], ..., b[3])
  u := 0, v := 0, k := 0, i = 0
  while k < 4 and i < 8 do
    (s, u, v)
    := Double-Accumulate(u, v, x[i])
    if s ≠ 0 then
      c[k] := s, k := k + 1
    end if
    i := i + 1
  end while
  if k < 2 then
    c[k + 1] := v
  end if
  if k < 3then
    c[k] := u
  end if
  return Renormalize(c[0], c[1], c[2], c[3])
```

### ◆── QD 乗算

QD 精度と倍精度の乗算は，$a[i] \times b$ を計算し，桁下がり処理と再正規化を行って値を得る（**図 6.10**）.

QD 精度どうしの乗算は，

$$
\begin{aligned}
a \times b &= (a[0] + a[1] + a[2] + a[3]) \times (b[0] + b[1] + b[2] + b[3]) \\
&\approx \underbrace{a[0] \times b[0]}_{O(1)} + \underbrace{a[0] \times b[1] + a[1] \times b[0]}_{O(\varepsilon_d)} \\
&\quad + \underbrace{a[0] \times b[2] + a[1] \times b[1] + a[2] \times b[0]}_{O(\varepsilon_d^2)} \\
&\quad + \underbrace{a[0] \times b[3] + a[1] \times b[2] + a[2] \times b[1] + a[3] \times b[0]}_{O(\varepsilon_d^3)}
\end{aligned}
$$

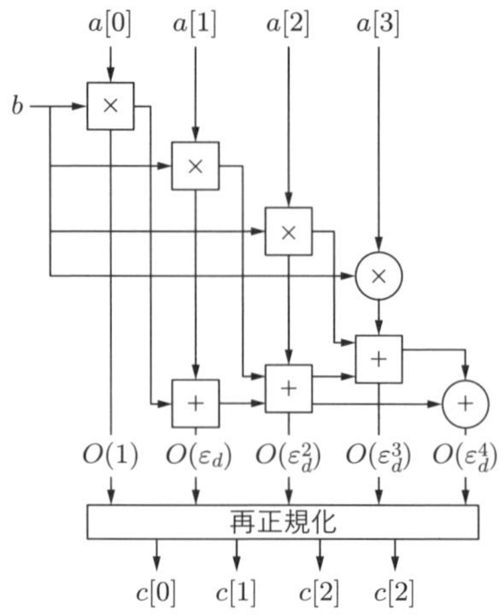


図 6.10　QD 精度と倍精度の乗算

$$+\underbrace{a[1]\times b[3]+a[2]\times b[2]+a[3]\times b[1]}_{O(\varepsilon_d^4)}$$

のように，$O(\varepsilon_d^4)$ の項まで計算すれば，QD 精度の積を得ることができる．この乗算は，すべて TwoProd 演算によって行われる必要がある．その後，**図 6.11** に示すような桁下がり処理を行い，再正規化を経て QD 精度の積が得られる．

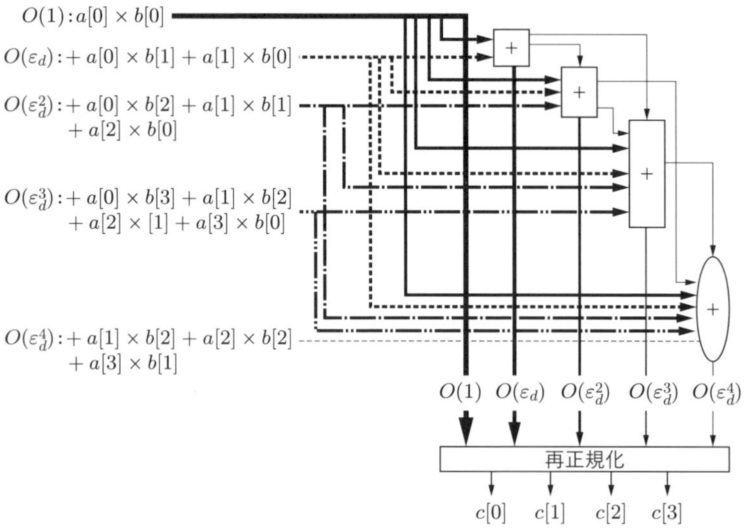


図 6.11　QD 精度どうしの乗算

## 6.3 QD の C++プログラム例

前述したように，QD には C++のクラスとして *dd_real* と *qd_real* が実装されており，演算の基本部分はインライン化され，高速に実行できるようになっている．C から利用できる関数も一応用意されているが（`c_dd.h`, `c_qd.h` に関数定義あり），これはすべて C++クラスを呼び出して実現されているため，C++コンパイラを使ってライブラリ化してから C コンパイラからリンクして使用する必要があり，関数呼び出しに伴うオーバーヘッドが不可避である．

したがって，ここではネイティブ実装されている C++クラスを使ったプログラム例のみを示すことにする．なお，無誤差変換技法は，コンパイラの最適化機能によっては無効化されてしまうことがあるので，たとえば Intel コンパイラの場合は，`-fp-model precise` のように，浮動小数点数演算を厳密に実行できるよう，`-fp-model` オプションを付けておく必要がある．

### ◆—— DD 精度計算プログラムの例

DD 精度は，*dd_real* クラスとして実現されている．実行前に，必ず倍精度演算を行うよう，浮動小数点数演算ユニットに対してフラグを立てておく．そのために，DD 演算前に `fpu_fix_start` 関数を呼び出しておくことが推奨されている．フラグを元に戻すときには，あらかじめ保存してあったフラグ値を `fpu_fix_end` 関数で戻すことができる．`fpu_fix_[start, end]` 関数は QD で定義され，`fpu.h` でプロトタイプ宣言されている．

表 6.1 に示したように，四則演算と指数・対数・三角関数がこのクラスとして実現されている．**リスト 6.1** は，DD 精度四則演算を C++で実装した例である．

リスト 6.1 *dd_real* クラスを用いた四則演算 C++プログラム：`dd_test.cpp`

```
#include <iostream>
#include <iomanip>

#define QD_INLINE
#include "qd/qd_real.h" // dd_real, qd_realクラスの定義
#include "qd/fpu.h" // fpu_fix*関数

using namespace std;

int main()
{
  int i, j;
  dd_real dd_a, dd_b;
  unsigned int old_cw;

```

```
  // 浮動小数点数演算フラグをold_cwに保存&倍精度計算に固定
  fpu_fix_start(&old_cw);

  dd_a = sqrt((dd_real)2) * 2;
  dd_b = sqrt((dd_real)2);

  // 精度桁数の表示
  cout << "DD␣decimal␣digigs␣=␣" << dd_real::_ndigits << endl;

  // a,bの表示
  cout << setprecision(dd_real::_ndigits) << "a␣␣␣␣␣=␣" << dd_a << endl;
  cout << setprecision(dd_real::_ndigits) << "b␣␣␣␣␣=␣" << dd_b << endl;

  // 四則演算の計算
  cout << setprecision(dd_real::_ndigits) << "a␣+␣b␣=␣" << dd_a + dd_b <<
   endl;
  cout << setprecision(dd_real::_ndigits) << "a␣-␣b␣=␣" << dd_a - dd_b <<
   endl;
  cout << setprecision(dd_real::_ndigits) << "a␣*␣b␣=␣" << dd_a * dd_b <<
   endl;
  cout << setprecision(dd_real::_ndigits) << "a␣/␣b␣=␣" << dd_a / dd_b <<
   endl;

  // 演算フラグを元に戻す
  fpu_fix_end(&old_cw);

  return 0;

}
```

リスト 6.1 を実行すると，以下の結果が得られる．

```
$ ./dd_test
DD decimal digigs = 31
a     = 2.828427124746190097603377448419 3e+00
b     = 1.414213562373095048801688724209 7e+00
a + b = 4.242640687119285146405066172629 0e+00
a - b = 1.414213562373095048801688724209 7e+00
a * b = 3.999999999999999999999999999999 8e+00
a / b = 2.000000000000000000000000000000 0e+00
```

### ◆── QD の例

QD 精度は *qd_real* クラスとして実現されている．QD 演算前に `fpu_fix_start` 関数を呼び出し，終了時には `fpu_fix_end` 関数を呼び出す手続きは，DD 精度の例と同じである．**リスト 6.2** は，QD 精度四則演算を C++プログラムで実装した例である．

リスト 6.2　*qd_real* クラスを用いた四則演算 C++プログラム：`qd_test.cpp`

```
#include <iostream>
#include <iomanip>

#define QD_INLINE
```

```
#include "qd/qd_real.h"
#include "qd/fpu.h"

using namespace std;

int main()
{
  int i, j;
  qd_real qd_a, qd_b;
  unsigned int old_cw;

  fpu_fix_start(&old_cw);

  qd_a = sqrt((qd_real)2) * 2;
  qd_b = sqrt((qd_real)2);

  // 精度桁数の表示
  cout << "QD␣decimal␣digits␣=␣" << qd_real::_ndigits << endl;

  // a,bの表示
  cout << setprecision(qd_real::_ndigits) << "a␣␣␣␣␣␣=␣" << qd_a << endl;
  cout << setprecision(qd_real::_ndigits) << "b␣␣␣␣␣␣=␣" << qd_b << "\n";

  // 四則演算の計算
  cout << setprecision(qd_real::_ndigits) << "a␣+␣b␣=␣" << qd_a + qd_b <<
   "\n";
  cout << setprecision(qd_real::_ndigits) << "a␣-␣b␣=␣" << qd_a - qd_b <<
   "\n";
  cout << setprecision(qd_real::_ndigits) << "a␣*␣b␣=␣" << qd_a * qd_b <<
   "\n";
  cout << setprecision(qd_real::_ndigits) << "a␣/␣b␣=␣" << qd_a / qd_b <<
   "\n";

  fpu_fix_end(&old_cw);

  return 0;
}
```

リスト 6.2 を実行すると，以下の結果が得られる．

```
$ ./qd_test
QD decimal digits = 62
a     = 2.82842712474619009760337744841939615713934375075389614635335948e+00
b     = 1.41421356237309504880168872420969807856967187537694807317667974e+00
a + b = 4.24264068711928514640506617262909423570901562613084421953003921e+00
a - b = 1.41421356237309504880168872420969807856967187537694807317667974e+00
a * b = 4.00000000000000000000000000000000000000000000000000000000000000e+00
a / b = 2.00000000000000000000000000000000000000000000000000000000000000e+00
```

## 6.4 DD 精度の相対誤差の計算

DD 精度の相対誤差を計算する際には，QD 精度の値を真値の代わりの高精度近似値として，以下のように計算すればよい．

```
// dd_real値の相対誤差を計算
void dd_relerr(dd_real &relerr, dd_real approx, qd_real true_val)
{
  qd_real tmp_qd;

  tmp_qd = (qd_real)approx - true_val;
  if(true_val != 0)
    tmp_qd /= true_val;

  tmp_qd = abs(tmp_qd);
  relerr.x[0] = tmp_qd.x[0];
  relerr.x[1] = tmp_qd.x[1];
}
```

誤差の計算はすべて QD 精度で実行し，最後に得られた相対誤差を DD 精度の値に代入（頭の 2 個分の倍精度値の代入）し，DD 精度の値である `approx` 変数の相対誤差を，DD 精度の値として `relerr` に入れて返している．指数部長が同じであるため，相対誤差に対して DD 精度を使用するのはもったいないというのであれば，頭の 1 個分の倍精度値のみ返しても差し支えない．

この関数を使うことで，たとえば main 関数の中で，DD 精度の変数 `dd_a` と `dd_b` の相対誤差を，以下のようにして求めることができるようになる．

```
// DD
dd_a = sqrt((dd_real)2) * 2;
dd_b = sqrt((dd_real)2);

// QD
qd_a = sqrt((qd_real)2) * 2;
qd_b = sqrt((qd_real)2);

cout << "␣␣␣␣␣␣␣␣␣␣␣␣␣␣␣␣␣dd_real␣value␣␣␣␣␣␣␣␣␣␣␣␣␣␣␣␣Relative␣Error" <<
 endl;

dd_relerr(relerr, dd_a, qd_a); // dd_aの相対誤差
cout << "a␣␣␣␣␣=␣" << setprecision(dd_real::_ndigits) << dd_a << "␣" <<
 setprecision(3) << relerr << endl;
dd_relerr(relerr, dd_b, qd_b); // dd_bの相対誤差
cout << "b␣␣␣␣␣=␣" << setprecision(dd_real::_ndigits) << dd_b << "␣" <<
 setprecision(3) << relerr << endl;
```

これを用いて相対誤差を求めると，

```
              dd_real value                Relative Error
a      = 2.8284271247461900976033774484193e+00 2.036e-32
b      = 1.4142135623730950488016887242097e+00 2.036e-32
```

のように，だいたい 32 桁程度の有効桁数になっていることがわかる．

## 6.5 QD 精度の相対誤差の計算

QD 精度の浮動小数点数の相対誤差を求めるには，真値の代わりに使用する値の精度はそれ以上必要となるため，MPFR を用いて評価することにする．MPFR には，倍精度の変数と MPFR 変数を互いに変換するための関数 `mpfr_get_d`（MPFR → 倍精度），`mpfr_set_d`（倍精度 → MPFR）が実装されているので，これを使用して，QD 精度の変数と MPFR 変数を互いに変換する関数 `mpfr_get_qd`（MPFR → QD 精度），`mpfr_set_qd`（QD 精度 → MPFR）を実装する．

`mpfr_get_qd` と `mpfr_set_qd` のアルゴリズムは**アルゴリズム 6.7** のようになる．これらは，MPFR の `mpfr_get_ld` 関数および `mpfr_set_ld` 関数のソースコードに基づくものである．

**アルゴリズム 6.7 `mpfr_get_qd` と `mpfr_set_qd`**

| | |
|---|---|
| $(q[0], q[1], q[2], q[3]) :=$ `mpfr_get_qd`$(x)$ | $x :=$ `mpfr_set_qd`$(q[0], q[1], q[2], q[3])$ |
| $q[0] := \mathrm{RN}(x)$ | $x := q[0]$ |
| $q[1] := \mathrm{RN}(x \ominus q[0])$ | $x :=$ `mpfr_add`$(x, q[1])$ |
| $q[2] := \mathrm{RN}(x \ominus q[0] \ominus q[1])$ | $x :=$ `mpfr_add`$(x, q[2])$ |
| $q[3] := \mathrm{round}(x \ominus q[0] \ominus q[1] \ominus q[2])$ | $x :=$ `mpfr_add`$(x, q[3])$ |
| **return** $(q[0], q[1], q[2], q[3])$ | **return** $x$ |

同様にして，DD 精度の変数と MPFR 変数を互いに変換する関数 `mpfr_get_dd`（MPFR → DD 精度），`mpfr_set_dd`（DD 精度 → MPFR）も実装できる．

これらの関数を用いることで，QD 精度変数の相対誤差の計算が可能となる．

**問題 6.2**

`mpfr_get_qd`, `mpfr_set_qd` を用いて，QD 精度変数の相対誤差を求める関数

```
void qd_relerr(qd_real &relerr, qd_real approx, mpreal true_val)
```

を実装せよ．

## 章末問題

6.1 DD 精度の値の相対誤差を，QD 精度の値を真値として使用して求める dd_relerr 関数を実装せよ．また，これを使って DD 精度変数どうしの四則演算の相対誤差を求めよ．

6.2 ロジスティック写像(式(1.2))の計算を, DD, QD 演算を用いて行え．また, MPFR/GMP による計算に比べて，どの程度の有効桁数になるかを比較せよ．

6.3 DD 精度の変数を MPFR 変数に変換する関数 mpfr_get_dd（MPFR → DD 精度），mpfr_set_dd（DD 精度 → MPFR）を実装せよ．

# 7 基本線形計算と連立 1 次方程式の解法

本章では，前章までに見てきた，QD による DD 精度（106 ビット）と QD 精度（212 ビット），MPFR/GMP による任意精度計算のプログラム例に基づいて，ベクトル，行列演算といった基本線形計算のプログラムを構築し，その応用例として，LU 分解を用いた直接解法や，共役勾配法（CG 法）を実装する．CG 法は，正定値対称な係数行列をもつ連立 1 次方程式を反復的に解くアルゴリズムだが，丸め誤差の影響を受けやすく，多倍長計算の効用がわかりやすい．また，OpenMP を使った並列化手法も使い，マルチコア環境における CG 法の計算時間の短縮方法についても見ていくことにする．

## 7.1 QD, MPFR/GMP の計算性能

いままで見てきた任意精度設定可能な MPFR/GMP と，固定精度の DD と QD との演算性能を比較する．使用したのは MPFR が提供しているベンチマークテストスクリプト集[21] で，これをビット単位の精度桁数で比較ができるようにし，GMP の mpf, DD, QD の演算も可能なように作り替えた．本章を通じて使用した計算環境は，以下のとおりである．

**ハードウェア**：Intel Xeon E5-2620 v2（2.10 GHz, 12 コア），32 GB RAM
**ソフトウェア**：CentOS 6.5 x86_64, Intel Compiler version 13.1.3
**MPFR/GMP**：MPFR 3.1.5/ GMP 6.0.0a, MPFR
**QD**：QD 2.3.17

この結果を，図 7.1～7.3 に示す．

DD については，同じ仮数部長（106 ビット）に設定した MPFR/GMP に比べて，加算・乗算・除算・平方根・初等関数のすべてにおいて高速であることがわかる（図 7.1）．

これに対して，QD については，加算，乗算については同じ仮数部長（212 ビット）の MPFR/GMP に比べて高速であるものの，除算，平方根は非常に低速であり，その

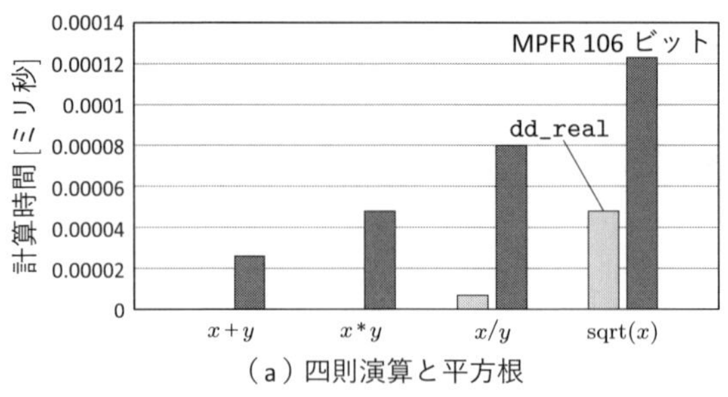


（a）四則演算と平方根

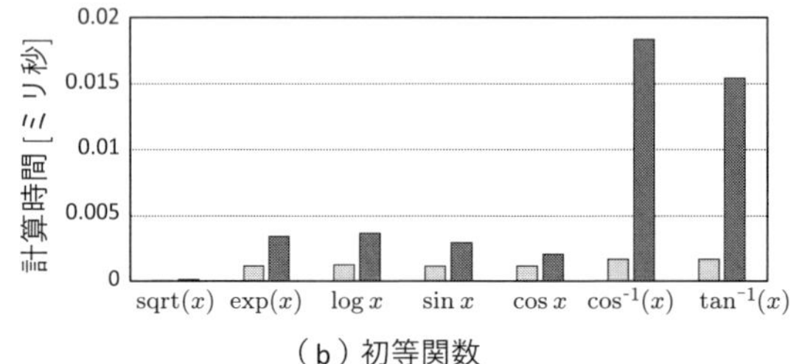


（b）初等関数

図 7.1　DD と MPFR（106 ビット）との計算速度比較

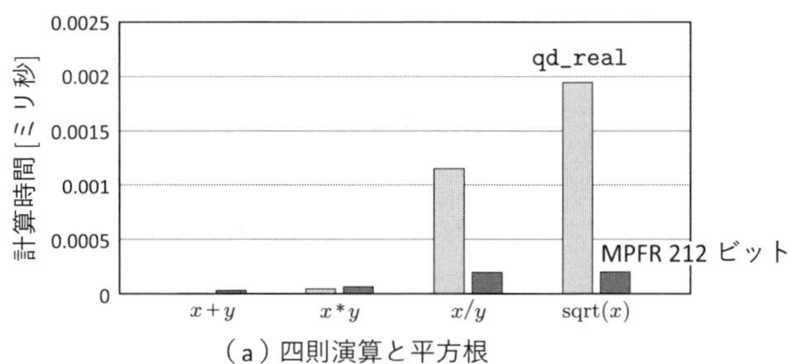


（a）四則演算と平方根

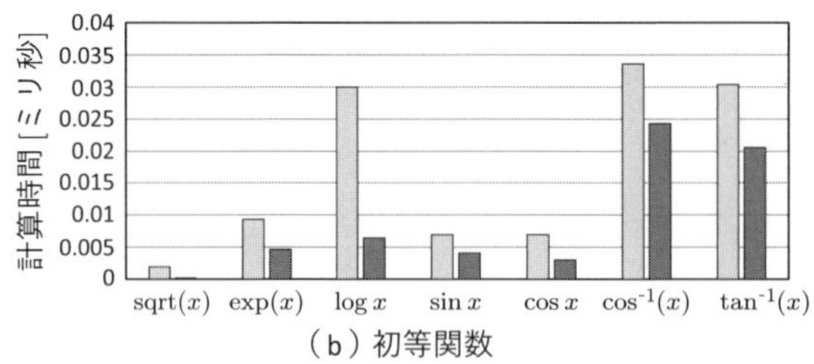


（b）初等関数

図 7.2　QD と MPFR（212 ビット）との計算速度比較

ためか，初等関数についてはすべて QD のほうが低速になっていることがわかる（**図 7.2**）．

MPFR/GMP の演算ごとの性能を見るために，128 ビット〜32768 ビットまで計測

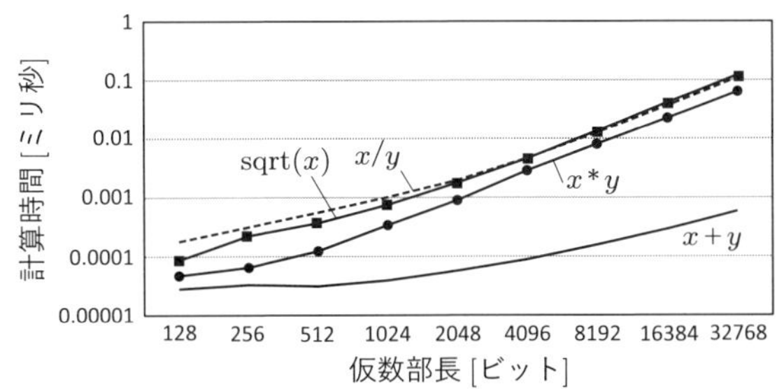


図 7.3　MPFR（128〜32768 ビット）の計算時間

してプロットしたものを**図 7.3** に示す．加算に比較して乗算，除算，平方根は圧倒的に遅く，後者の 3 つは，仮数部長を長くすると，同程度の増加率で演算時間が増えていくことがわかる．

以上の結果より，この環境下での計算時間については

$$\mathrm{DD} < \mathrm{QD} \lesssim \mathrm{MPFR/GMP}$$

であることが判明した．

なお，MPFR 4.0.x 以降は，128 ビット精度以下の計算を高速化しているので，DD 精度，QD 精度との差は若干縮まっているものと思われる．

## 7.2　C による基本線形計算の実装

ここでは，MPFR/GMP と *double* 型を使って，基本的な線形計算プログラムを C プログラムとして構築する．以下，実数ベクトル $\mathbf{x}, \mathbf{y}, \mathbf{z} \in \mathbb{R}^n$，実正方行列 $A \in \mathbb{R}^{n \times n}$ のみを対象としたベクトル・行列演算を構築していく．

実ベクトル $\mathbf{x} = [x_1\ x_2\ \dots\ x_n]^T$ は配列 `x[0]`, ..., `x[n-1]` に格納されており，実正方行列 $A = [a_{ij}]_{i,j=1}^n$ は行優先方式の 1 次元配列として扱う．すなわち，$a_{11}$, ..., $a_{1n}, a_{21}, \dots, a_{2n}, \dots, a_{nn}$ の順で，1 行目から行方向（横）に `a[0]`, ..., `a[n * n - 1]` まで値が格納されているものとする．

以下，ベクトルどうしの演算，行列・ベクトル乗算を定義する．C プログラム例としては倍精度計算と MPFR/GMP の場合のみ記述した．このソースコードはすべて，`linear_c.h` というヘッダファイルにまとめてある．MPFR/GMP のデフォルト丸めモードは `_tk_default_rmode` というグローバル変数に格納し，MPFR の関数ではこの丸めモードを参照して計算を行っている．

以下，必要となる基本線形計算の定義と，C による実装例を見ていく．

### 7.2.1 ── AXPY 演算

定数 $\alpha \in \mathbb{R}$ に対して，ベクトルの定数倍と加算を行う計算を，**AXPY 演算**とよぶ．

$$\mathbf{z} := \alpha\mathbf{x} + \mathbf{y} \tag{7.1}$$

AXPY とは式 (7.1) の $\alpha\mathbf{x} + \mathbf{y}$ をその形式のままアルファベット化したもので，この演算を 1 つ作っておくと，定数倍と加算をそれぞれ別個の関数として書き下す必要がないうえに，両者を同時に実行でき，関数呼び出し回数の減少も期待できる．

実際，式 (7.1) の計算が AXPY($\mathbf{z}$, $\alpha$, $\mathbf{x}$, $\mathbf{y}$) で実行できるものとすると，次の計算は，この AXPY 関数だけで実現できる．

$$\mathbf{z} := 3\mathbf{x} + \mathbf{y} \iff \mathrm{AXPY}(\mathbf{z}, 3, \mathbf{x}, \mathbf{y})$$
$$\mathbf{z} := \mathbf{x} - \mathbf{y} \iff \mathrm{AXPY}(\mathbf{z}, -1, \mathbf{y}, \mathbf{x})$$

#### ◆── 倍精度 AXPY

上記の AXPY 演算を倍精度で実行するには，すべて同じ次元 $n =$ `dim` をもつベクトル $\mathbf{x} =$ `x[dim]`, $\mathbf{y} :=$ `y[dim]` を使って，次のような C プログラムを書けばよい．

```
// myaxpy : ret := alpha * x + y
void d_myaxpy(double ret[], double alpha, double x[], double y[], int dim)
{
  int i;

  for(i = 0; i < dim; i++)
    ret[i] = alpha * x[i] + y[i];
}
```

#### ◆── MPFR/GMP AXPY

MPFR/GMP では，次のように **FMA 演算**関数（`mpfr_fma`，表 5.4 参照）を利用すると，プログラムを短くできる．

```
// myaxpy : ret := alpha * x + y
void mpfr_myaxpy(mpfr_t ret[], mpfr_t alpha, mpfr_t x[], mpfr_t y[], int dim)
{
  int i;

  for(i = 0; i < dim; i++)
    // FMA演算関数の利用
    mpfr_fma(ret[i], alpha, x[i], y[i], _tk_default_rmode);

}
```

### 7.2.2 —— 内積と Euclid ノルム

実ベクトルの**内積**は，

$$(\mathbf{x}, \mathbf{y}) = \sum_{i=1}^{n} x_i y_i = \mathbf{x}^T \mathbf{y} \tag{7.2}$$

という要素どうしの積和計算として定義できる．また，**Euclid ノルム**は，この内積を使って

$$\|\mathbf{x}\|_2 = \sqrt{(\mathbf{x}, \mathbf{x})} = \sqrt{\sum_{i=1}^{n} x_i^2} \tag{7.3}$$

と定義され，どちらも FMA 演算だけで実装できる．Euclid ノルムの計算では，最後に平方根を呼び出す必要がある．

#### ◆—— 倍精度内積と Euclid ノルム

倍精度の内積と Euclid ノルムの計算を行うには，次のような C プログラムを書けばよい．

```
// 内積 mydotp : x^T * y
double d_mydotp(double x[], double y[], int dim)
{
  int i;
  double ret = 0.0;

  for(i = 0; i < dim; i++)
    ret += x[i] * y[i];

  return ret;
}

// Euclidノルム mynorm2 : ||x||_2
double d_mynorm2(double x[], int dim)
{
  int i;
  double ret = 0.0;

  for(i = 0; i < dim; i++)
    ret += x[i] * x[i];

  ret = sqrt(ret); // 平方根の呼び出し

  return ret;
}
```

#### ◆—— MPFR/GMP 内積と Euclid ノルム

MPFR/GMP では，AXPY 演算と同様に，内積と Euclid ノルムを FMA 演算関数

を用いて以下のように記述できる．

```
// 内積 mydotp : x^T * y
void mpfr_mydotp(mpfr_t ret, mpfr_t x[], mpfr_t y[], int dim)
{
  int i;

  mpfr_set_ui(ret, 0UL, _tk_default_rmode);

  for(i = 0; i < dim; i++)
    // FMA演算関数の利用
    mpfr_fma(ret, x[i], y[i], ret, _tk_default_rmode);

  return;
}

// Euclidノルム mynorm2 : ||x||_2
void mpfr_mynorm2(mpfr_t ret, mpfr_t x[], int dim)
{
  int i;

  mpfr_set_ui(ret, 0UL, _tk_default_rmode);

  for(i = 0; i < dim; i++)
    // FMA演算関数の利用
    mpfr_fma(ret, x[i], x[i], ret, _tk_default_rmode);

  mpfr_sqrt(ret, ret, _tk_default_rmode); // 平方根呼び出し

  return;
}
```

**問題 7.1**

Euclid ノルムより計算量の少ない 1 ノルム ($\|\mathbf{x}\|_1$) と無限大ノルム ($\|\mathbf{x}\|_\infty$) を計算するプログラムを作れ．定義は以下のとおり．

$$\|\mathbf{x}\|_1 = \sum_{i=1}^{n} |x_i|, \quad \|\mathbf{x}\|_\infty = \max_i |x_i|$$

### 7.2.3 ── 行列・ベクトル積

実正方行列 $A$ と $n$ 次元実ベクトル $\mathbf{x}$ との乗算は，

$$A\mathbf{x} = \begin{bmatrix} \sum_{j=1}^{n} a_{1j}x_j \\ \sum_{j=1}^{n} a_{2j}x_j \\ \vdots \\ \sum_{j=1}^{n} a_{nj}x_j \end{bmatrix} \tag{7.4}$$

と定義される．本章では，行優先方式で格納された 1 次元配列の行列要素を呼び出す

ために，ZERO_INDEX(i, j, dim) という，次のようなマクロ定義を利用している．

```
// 行優先ゼロインデックス
#define ZERO_INDEX(i, j, dim) ((i) * (dim) + (j))
```

#### ◆── 倍精度行列・ベクトル積

倍精度の行列・ベクトル積は，以下の C プログラムで求められる．

```
// mymv : ret := A * x
// A : 行優先方式で格納
void d_mymv(double ret[], double A[], double x[], int dim)
{
  int i, j;

  for(i = 0; i < dim; i++)
  {
    ret[i] = 0.0;
    for(j = 0; j < dim; j++)
      ret[i] += A[ZERO_INDEX(i, j, dim)] * x[j];
  }
}
```

#### ◆── MPFR/GMP 行列・ベクトル積

MPFR/GMP では，FMA 演算関数を用いて，行列・ベクトル積を以下のように書ける．

```
// mymv : ret := A * x
// A : 行優先方式で格納
void mpfr_mymv(mpfr_t ret[], mpfr_t A[], mpfr_t x[], int dim)
{
  int i, j;

  for(i = 0; i < dim; i++)
  {
    mpfr_set_ui(ret[i], 0UL, _tk_default_rmode);
    for(j = 0; j < dim; j++)
      mpfr_fma(ret[i], A[ZERO_INDEX(i, j, dim)], x[j], ret[i],
       _tk_default_rmode);
  }
}
```

### 7.2.4 ── その他の機能

ここまで紹介した基本的な計算以外に，線形計算ではないが，必要な機能を以下に示す．ソースコードはヘッダファイル (linear_c.h) を参照されたい．

◆―― ベクトルのゼロクリア

ベクトル・行列として定義した配列要素をすべてゼロにする関数.

倍精度：*void* `d_set0(`*double* `x[],` *int* `dim)`
MPFR/GMP：*void* `mpfr_set0(`*mpfr_t* `x[],` *int* `dim)`

◆―― ベクトルのコピー（代入）

ベクトル・行列として定義した配列要素を代入する関数. $\mathbf{x} := \mathbf{y}$ とする.

倍精度：*void* `d_mycopy(`*double* `x[],` *double* `y[],` *int* `dim)`
MPFR/GMP：*void* `mpfr_mycopy(`*mpfr_t* `x[],` *mpfr_t* `y[],` *int* `dim)`

◆―― 相対誤差・ノルム相対誤差

1 要素の相対誤差を求める関数と，ベクトルの**ノルム相対誤差**を求める関数. ノルム相対誤差は，近似ベクトルを $\widetilde{\mathbf{x}}$, 真値（の代わりの高精度近似ベクトル）を $\mathbf{x}$ とすると，

$$rE_2(\widetilde{\mathbf{x}}) := \begin{cases} \dfrac{\|\widetilde{\mathbf{x}} - \mathbf{x}\|_2}{\|\mathbf{x}\|_2} & (\|\mathbf{x}\|_2 \neq 0) \\ \|\widetilde{\mathbf{x}} - \mathbf{x}\|_2 & (\|\mathbf{x}\|_2 = 0) \end{cases} \tag{7.5}$$

である.

倍精度 相対誤差：*double* `get_d_relerr(`*double* `val,` *double* `true_val)`
MPFR/GMP 相対誤差：*void* `get_mpfr_relerr(`*mpfr_t* `ret,` *mpfr_t* `val,` *mpfr_t* `true_val)`
倍精度 ノルム相対誤差：*double* `get_d_relerr_norm2(`*double* `vec[],` *double* `true_vec[],` *int* `dim)`
MPFR/GMP ノルム相対誤差：*void* `get_mpfr_relerr_norm2(`*mpfr_t* `ret,` *mpfr_t* `vec[],` *mpfr_t* `true_vec[],` *int* `dim)`

◆―― MPFR/GMP 配列操作

MPFR/GMP の変数は，使用前に必ず初期化を行う必要がある. そのため，配列は確保しただけでは使えず，要素ごとに初期化を施さねばならない. また，確保した配列を消去する際には，要素ごとに `mpfr_clear` 関数を呼び出さねばならない. これらの操作は，関数として実装しておくと，MPFR/GMP の配列が扱いやすくなる.

MPFR/GMP の配列内の多倍長浮動小数点数の精度を調べ，最大の精度桁値を取り出す関数も用意しておく.

配列初期化（デフォルト精度）：*void* mpfr_init_array(*mpfr_t* array[], *int* dim)

配列初期化（精度指定）：*void* mpfr_init2_array(*mpfr_t* array[], *int* dim, *unsigned long* prec)

配列消去：*void* mpfr_clear_array(*mpfr_t* array[], *int* dim)

最大精度取得：*unsigned long* mpfr_get_max_prec_array(*mpfr_t* array[], *int* dim)

### 7.2.5 — linear_c.h を用いた C プログラム例

linear_c.h を使い，基本的なベクトル演算を行うプログラム例を示す．実正方行列 $A$ と実ベクトル $\mathbf{x}$ を MPFR の mpfr_urandomb 関数で与え，$\mathbf{b} := A\mathbf{x}$ を求めて，$A, \mathbf{x}, \mathbf{b}$ を出力するプログラムは，**リスト 7.1** のようになる．

リスト 7.1　指定した精度桁数と次元数の連立 1 次方程式を生成する C プログラム：sample_linear.c

```
#include <stdio.h>
#include <stdlib.h>
#include <math.h>

// MPFR/GMPを使用
#include "mpfr.h"

// Cプログラム用線形計算ライブラリ
#include "linear_c.h"

int main(int argc, char *argv[])
{
  unsigned long prec;
  int i, j, dimension;
  mpfr_t *matrix, *b, *x;
  gmp_randstate_t state; // 乱数用

  if(argc <= 2)
  {
    fprintf(stderr, "USAGE:␣%s␣[dimension]␣[prec]\n", argv[0]);
    return EXIT_SUCCESS;
  }

  // 計算精度桁(prec)と次元数(dimension)を実行時引数から受け取る
  prec = (unsigned long)atoi(argv[2]);
  dimension = atoi(argv[1]);

  if(dimension <= 1)
  {
    fprintf(stderr, "ERROR:␣dimension␣=␣%d␣is␣illegal!", dimension);
    return EXIT_FAILURE;
  }
```

```

  // GMP乱数の初期化
  gmp_randinit_default(state);
  gmp_randseed_ui(state, (unsigned long)dimension); // seed := dimension

  // 行列(matrix), 解ベクトル(x), 定数ベクトル(b)を初期化
  matrix = (mpfr_t *)calloc(dimension * dimension, sizeof(mpfr_t));
  x = (mpfr_t *)calloc(dimension, sizeof(mpfr_t));
  b = (mpfr_t *)calloc(dimension, sizeof(mpfr_t));

  printf("callocs,␣dim␣=␣%d,␣prec␣=␣%ld\n", dimension, prec);

  // 配列の初期化(精度指定)
  mpfr_init2_array(matrix, dimension * dimension, prec);
  mpfr_init2_array(x , dimension, prec);
  mpfr_init2_array(b , dimension, prec);

  // 解ベクトルと行列値を乱数でセット
  for(i = 0; i < dimension; i++)
  {
    mpfr_urandomb(x[i], state);
    for(j = 0; j < dimension; j++)
      mpfr_urandomb(matrix[ZERO_INDEX(i, j, dimension)], state);
  }

  // b := matrix * x
  mpfr_mymv(b, matrix, x, dimension);

  // 連立1次方程式を表示
  for(i = 0; i < dimension; i++)
  {
    for(j = 0; j < dimension; j++)
      mpfr_printf("%15.7RNe␣", matrix[ZERO_INDEX(i, j, dimension)]);

    mpfr_printf("␣␣x␣␣␣%15.7RNe␣=␣%15.7RNe\n", x[i], b[i]);
  }

  // 変数の消去
  gmp_randclear(state);
  mpfr_clear_array(matrix, dimension * dimension);
  mpfr_clear_array(x, dimension);
  mpfr_clear_array(b, dimension);

  free(matrix);
  free(x);
  free(b);

  return EXIT_SUCCESS;
}
```

これをコンパイルして，実行ファイル sample_linear を生成したとする．2 次元，128 ビットの行列・ベクトル積計算を行うと，たとえば，

```
$ ./sample_linear 2 128
callocs, dim = 2, prec = 128
 4.6410408e-01 4.8097819e-01 x  8.8936087e-01 = 5.7431548e-01
 9.2673464e-01 9.5782386e-01 x  3.3589771e-01 = 1.1459324e+00
```

という結果が得られる.

## 7.3 C++テンプレートを利用した線形計算

以上，基本線形計算の定義とCの実装例を見てきたが，定義に則って，同じ計算プログラムを，使用する浮動小数点形式ごとに書き直すのは労力を要する．C++の場合，関数テンプレート機能を使うことで，使用する浮動小数点形式を指定するだけで，1つの関数を使い回すことができるようになる．この実装は，すべて `template_linear.h` というヘッダファイルにまとめてある．

前章までで見てきたように，MPFR/GMPやQDはC++クラスライブラリを使用することができ，演算子のオーバーロードによって，通常の倍精度演算のように多倍長浮動小数点数演算を記述することができる．加えて，MPFR/GMPを利用するmprealクラスとQDはテンプレート化が可能なように実装されており，倍精度演算関数のように，たとえばAXPY演算を

```
template <typename T> void myaxpy(T ret[], T alpha, T x[], T y[], int dim)
{
  int i;

  for(i = 0; i < dim; i++)
    ret[i] = alpha * x[i] + y[i];
}
```

と記述し，倍精度(`double`)，DD精度(`dd_real`)，QD精度(`qd_real`)，MPFR(`mpreal`)のAXPY演算を

```
myaxpy<double>(z, alpha, x, y, dim);
myaxpy<dd_real>(z, alpha, x, y, dim);
myaxpy<qd_real>(z, alpha, x, y, dim);
myaxpy<mpreal>(z, alpha, x, y, dim);
```

のように型指定することで，指定された多倍長精度で実行することができるようになる．

### 7.3.1 ── 基本線形計算

このようなテンプレート機能を利用して，基本線形計算を以下のように定義した．以

下のすべての関数のクラス型 $T$ には，上記のプログラム例で示した *double* 型，*dd_real* 型，*qd_real* 型，*mpreal* 型の4種類が入る．

AXPY演算：*void* myaxpy($T$ ret[], $T$ alpha, $T$ x[], $T$ y[], *int* dim)
内積：$T$ mydotp($T$ x[], $T$ y[], *int* dim)
Euclidノルム：$T$ mynorm2($T$ x[], *int* dim)
行列・ベクトル積：*void* mymv($T$ ret[], $T$ A[], $T$ x[], *int* dim)
ベクトルのゼロクリア：*void* set0($T$ x[], *int* dim)
ベクトルのコピー：*void* mycopy($T$ x[], $T$ y[], *int* dim)
相対誤差：$T$ get_relerr($T$ val, $T$ true_val)
ノルム相対誤差：$T$ get_relerr_norm2($T$ vec[], $T$ true_vec[], *int* dim)

なお，*mpreal* クラスの配列を削除する際にはデストラクタが使用できないため (mpfr_clear関数を呼び出す必要がある)，配列要素削除専用の関数 (delete_array) を用意してある．

### 7.3.2 ── データ型変換

C++の同名関数定義機能を利用して，

set_array(変換先データ型の配列，変換元データ型の配列，配列の要素数)

という関数を実装し，*double* 型，*dd_real* 型，*qd_real* 型，*mpreal* 型それぞれに対して相互にデータ型の変換ができる，具体的には，以下のような関数群を実装すればよい．

```
// 同じデータ型の変換(代入)
template <typename T> void set_array(T ret_array[], T org_array[], int dim);

// double -> dd_real
void set_array(dd_real ret_array[], double org_array[], int dim);

// double -> qd_real
void set_array(qd_real ret_array[], double org_array[], int dim);

// dd_real -> double
void set_array(double ret_array[], dd_real org_array[], int dim);

// qd_real -> double
void set_array(double ret_array[], qd_real org_array[], int dim);

// dd_real -> qd_real
void set_array(qd_real ret_array[], dd_real org_array[], int dim);

// qd_real -> dd_real
void set_array(dd_real ret_array[], qd_real org_array[], int dim);
```

```
// mpreal -> double
void set_array(double ret_array[], mpfr::mpreal org_array[], int dim);

// double -> mpreal
void set_array(mpfr::mpreal ret_array[], double org_array[], int dim);
```

これらの関数は，混合精度反復改良法（第 8 章）の実装で活用する．

### 7.3.3 ── LU 分解と前進・後退代入

解くべき**連立 1 次方程式**を，

$$A\mathbf{x} = \mathbf{b} \tag{7.6}$$

とする．ここで，係数行列 $A \in \mathbb{R}^{n \times n}$ と定数ベクトル $\mathbf{b} \in \mathbb{R}^n$ はあらかじめ与えられているものし，等式 (7.6) を満足する未知の実ベクトル $\mathbf{x} \in \mathbb{R}^n$ を求めることを考える．

**直接法** (direct method) とは，行列 $A$ を下三角行列 $L$ と上三角行列 $U$ の積に分解（**LU 分解**）し，

$$A\mathbf{x} = \mathbf{b} \rightarrow (LU)\mathbf{x} = \mathbf{b} \rightarrow L\mathbf{y} = \mathbf{b} \rightarrow U\mathbf{x} = \mathbf{y}$$

という方式で，最後は $L\mathbf{y} = \mathbf{b}$（前進代入）と $U\mathbf{x} = \mathbf{y}$（後退代入）という 2 段階を経て，解 $\mathbf{x}$ を直接求める方法である．

C++テンプレートを用いて LU 分解を実装すると，以下のようになる．以下では，対角成分に対して部分ピボット選択 (partial pivoting) を行っている．

```
// 行列AのLU分解
template <typename T> int LU(T A[], int dim, int pivot[])
{
  int i, j, k, max_j, tmp_index;
  T absmax_aji, abs_aji, pivot_aii;

  // ピボット用配列を初期化
  for(i = 0; i < dim; i++)
    pivot[i] = i;

  // AのLU分解開始
  for(i = 0; i < dim; i++)
  {
    // ピボット候補を列から選択
    absmax_aji = fabs(A[ZERO_INDEX(pivot[i], i, dim)]);
    max_j = i;
    for(j = i + 1; j < dim; j++)
    {
      abs_aji = fabs(A[ZERO_INDEX(pivot[j], i, dim)]);
      if(absmax_aji < abs_aji)
```

```
      {
        max_j = j;
        absmax_aji = abs_aji;
      }
    }
    if(max_j != i)
    {
      tmp_index = pivot[max_j];
      pivot[max_j] = pivot[i];
      pivot[i] = tmp_index;
    }

    // ピボット値を指定
    pivot_aii = A[ZERO_INDEX(pivot[i], i, dim)];

    // ピボットがゼロなら失敗
    if(fabs(pivot_aii) <= (T)0)
      return 1;

    for(j = i + 1; j < dim; j++)
    {
      A[ZERO_INDEX(pivot[j], i, dim)] /= pivot_aii;

      for(k = i + 1; k < dim; k++)
        A[ZERO_INDEX(pivot[j], k, dim)] -= A[ZERO_INDEX(pivot[j], i, dim)] *
         A[ZERO_INDEX(pivot[i], k, dim)];
    }
  }

  return 0;

}
```

LU 分解された $A$ を用いて前進代入，後退代入を行う C++テンプレートプログラムは，以下のようになる．

```
// 行優先方式のみ
// LU * x = bをxについて解く
template <typename T> int solve_LU_linear_eq(T x[], T LU[], T b[], int dim,
 int pivot[])
{
  int i, j;

  // x := b
  for(i = 0; i < dim; i++)
    x[i] = b[pivot[i]];

  // 前進代入
  for(j = 0; j < dim; j++)
  {
    for(i = j + 1; i < dim; i++)
      x[i] -= LU[ZERO_INDEX(pivot[i], j, dim)] * x[j];
  }
```

```
  // 後退代入
  for(i = dim - 1; i >= 0; i--)
  {
    for(j = i + 1; j < dim; j++)
      x[i] -= LU[ZERO_INDEX(pivot[i], j, dim)] * x[j];

    x[i] /= LU[ZERO_INDEX(pivot[i], i, dim)];
  }

  return 0;
}
```

### 7.3.4 ── template_linear.h を用いた C++プログラム例

リスト 7.1 と同じ計算を行う C++プログラムを template_linear.h を使って実装すると，たとえば**リスト 7.2** のようになる．

リスト 7.2 指定精度桁数と次元数の連立 1 次方程式を生成する C++プログラム：sample_linear.cpp

```
#include <iostream>
#include <iomanip>
#include <cmath>

using namespace std;

// MPFRC++ を利用
#include "mpreal.h"

using namespace mpfr;

// C++用テンプレート基本線形計算ライブラリ
#include "template_linear.h"

int main(int argc, char *argv[])
{
  unsigned long prec;
  int i, j, dimension;
  mpreal *matrix, *b, *x;
  gmp_randstate_t state; // 乱数用

  if(argc <= 2)
  {
    cerr << "USAGE:␣" << argv[0] << "␣[dimension]␣␣[prec]" << endl;
    return 0;
  }

  // 計算精度(ビット数)を取得
  prec = (unsigned long)atoi(argv[2]);

  mpreal::set_default_prec(prec);

  // 次元数を取得
```

```
  dimension = atoi(argv[1]);

  if(dimension <= 1)
  {
    cerr << "ERROR:␣dimension␣=␣" << dimension << "␣is␣illegal!" << endl;
    return 1;
  }

  // 乱数の初期化
  gmp_randinit_default(state);
  gmp_randseed_ui(state, (unsigned long)dimension); // seed := dimension

  // 変数の初期化
  matrix = new mpreal[dimension * dimension];
  x = new mpreal[dimension];
  b = new mpreal[dimension];

  // 解ベクトル(x)と行列(matrix)に乱数をセット
  for(i = 0; i < dimension; i++)
  {
    x[i] = urandomb(state);
    for(j = 0; j < dimension; j++)
      matrix[ZERO_INDEX(i, j, dimension)] = urandomb(state);

  }

  // b := matrix * x
  mymv<mpreal>(b, matrix, x, dimension);

  // 連立1次方程式を表示
  for(i = 0; i < dimension; i++)
  {
    for(j = 0; j < dimension; j++)
      cout << scientific << setprecision(7) <<
       matrix[ZERO_INDEX(i, j, dimension)] << "␣";

    cout << "␣␣x␣␣␣" << scientific << setprecision(7) << x[i] << "␣=␣" <<
     b[i] << endl;
  }

  // 変数の消去
  gmp_randclear(state);
  delete_array<mpreal>(matrix, dimension * dimension);
  delete_array<mpreal>(x, dimension);
  delete_array<mpreal>(b, dimension);

  return 0;
}
```

実行結果については，リスト 7.1 と同様のため省略する．

**問題 7.2**

(1) Frank 行列 $F_n$

$$F_n = \begin{bmatrix} n & n-1 & \cdots & 1 \\ n-1 & n-1 & \cdots & 1 \\ \vdots & \vdots & \ddots & 1 \\ 1 & 1 & \cdots & 1 \end{bmatrix} \tag{7.7}$$

を $A$ として与え，真の解を $\mathbf{x} = [1\ 2\ \ldots\ n]^T$ とし，$\mathbf{b} := A\mathbf{x}$ を求めて自動的にテスト問題を与える set_test_linear_eq 関数は，リスト 7.3 のようになる．

リスト 7.3 set_test_linear_eq 関数

```
// 行列A, 真の解true_x, ベクトルbをセット
template <typename T> void set_test_linear_eq(T A[], T true_x[],
 T b[], int dim)
{
  int i, j;

  // 行列Aの値をセット
  for(i = 0; i < dim; i++)
  {
    true_x[i] = (T)(i + 1);

    // Frank行列
    for(j = 0; j < dim; j++)
      A[ZERO_INDEX(i, j, dim)] = (T)((T)dim - (T)MAX(i, j));

  }

  // b := A * true_x
  mymv<T>(b, A, true_x, dim);

  // 連立1次方程式を表示
  for(i = 0; i < dim; i++)
  {
    for(j = 0; j < dim; j++)
      cout << scientific << setprecision(32) << A[ZERO_INDEX(i, j,
       dim)] << "␣";

     cout << "␣␣x␣␣␣" << scientific << setprecision(32) << b[i] <<
      endl;
   }
 }
```

このテスト問題生成関数を用いて，次元数 $n = 1024$ のときの連立 1 次方程式を LU 分解を用いて解き，数値解のノルム相対誤差と計算時間を，次表の計算精度の場合に対して求めよ．

| | 倍精度 | DD 精度 | QD 精度 | MPFR/GMP ビット数 | | | |
|---|---|---|---|---|---|---|---|
| | | | | 128 | 256 | 512 | 1024 |
| 計算時間［秒］ | | | | | | | |
| ノルム相対誤差 | | | | | | | |

(2) Hilbert 行列

$$H_n = \begin{bmatrix} 1 & 1/2 & \cdots & 1/n \\ 1/2 & 1/3 & \cdots & 1/(n+1) \\ \vdots & \vdots & \ddots & \vdots \\ 1/n & 1/(n+1) & \cdots & 1/(2n-1) \end{bmatrix} \tag{7.8}$$

を係数行列としてもつには，リスト 7.3 の 12〜14 行目を

```
// Hilbert行列
for(j = 0; j < dim; j++)
  A[ZERO_INDEX(i, j, dim)] = (T)1 / (T)(i + j + 1);
```

というように改変すればよい．

$n = 128$ の連立 1 次方程式を作り，10 進 10 桁以上の有効桁数をもつ近似解を求めるための最短の計算時間と精度ビット数は，どの程度になると予想できるか？次の表を埋め，考察せよ．

| | MPFR/GMP ビット数 | | | |
|---|---|---|---|---|
| | 512 | 1024 | 2048 | 4096 |
| 計算時間［秒］ | | | | |
| ノルム相対誤差 | | | | |

## 7.4 共役勾配法（CG 法）のアルゴリズム

以上で定義してきた基本線形計算だけを使用して実行できる連立 1 次方程式 (7.6) の解法として，Krylov 部分空間法の一種である，**共役勾配法**（**Conjugate-Gradient method，CG 法**）を取り上げる．

CG 法は，係数行列 $A$ が正定値対称行列 (positive definite symmetric matrix) である場合に適用できる．ここで，**対称行列 (symmetric matrix)** とは，

$$A^T = A \tag{7.9}$$

を満たす行列であり，**正定値 (positive definite)** であるとは，任意の $\mathbf{z} \in \mathbb{R}^n$ に対して，常に

$$\mathbf{z}^T A\mathbf{z} \geq 0 \tag{7.10}$$

が成立することである．なお，等式は $\mathbf{z} = \mathbf{0}$ のときのみ成立するものとする．

CG 法のアルゴリズムは，**アルゴリズム 7.1** のとおりである．

**アルゴリズム 7.1 CG 法**

$\mathbf{x}_{\rm end} := {\rm cg}(A,\, \mathbf{b},\, \mathbf{x}_0,\, \varepsilon_{\rm rtol},\, \varepsilon_{\rm atol})$
　$\mathbf{r}_0 := \mathbf{b} - A\mathbf{x}_0$, $\mathbf{p}_0 := \mathbf{r}_0$
**for** $k = 0, 1, 2, \cdots$ **do**
　$\alpha_k := \dfrac{(\mathbf{r}_k, \mathbf{p}_k)}{(\mathbf{p}_k, A\mathbf{p}_k)}$
　$\mathbf{x}_{k+1} := \mathbf{x}_k + \alpha_k \mathbf{p}_k$
　$\mathbf{r}_{k+1} := \mathbf{r}_k - \alpha_k A\mathbf{p}_k$（または $:= \mathbf{b} - A\mathbf{x}_{k+1}$）
　$\beta_k := \|\mathbf{r}_{k+1}\|_2^2 / \|\mathbf{r}_k\|_2^2$
　**if** $\|\mathbf{r}_{k+1}\| \le \varepsilon_{\rm rtol}\|\mathbf{r}_0\| + \varepsilon_{\rm atol}$ **then**
　　$\mathbf{x}_{\rm end} := \mathbf{x}_k$; **exit**
　**end if**
　$\mathbf{p}_{k+1} := \mathbf{r}_{k+1} + \beta_k \mathbf{p}_k$
**end for**

このアルゴリズムの特徴は，

A. ベクトル，行列演算だけで構成されている
B. 有限回の反復操作で理論的には収束する
C. 丸め誤差の影響を受けやすく，反復回数の見積もりが難しい

点にある．A. は現在流行のマルチコア環境にとっては都合がよく，並列計算による高速化がたやすい．この点を踏まえて，CG 法系の解法を**ベクトル反復法**という名で分類している書籍もある．

B. は，CG 法において，$0 \le i < j \le l \le n$ のとき，

1. $(\mathbf{r}_j, \mathbf{p}_i) = 0$
2. $(\mathbf{r}_j, \mathbf{p}_j) = \|\mathbf{r}_j\|_2^2$
3. $(\mathbf{p}_i, A\mathbf{p}_j) = 0$
4. $(\mathbf{r}_i, \mathbf{r}_j) = 0$

が成立するという性質から導かれる．

この 4. の性質と，「$\mathbb{R}^n$ 線形空間における直交基底をなす 1 次独立なベクトルの数は $n$ 以下である」という定理から，

$$l \le n$$

でなければならない．したがって，理論的には，CG 法は $n$ 回以下の反復で真値が得られる．

しかし，実際の数値計算においては 3. の条件が満足されず，**相対許容値** $\varepsilon_{\rm rtol}$（相対

誤差としてこの程度になることを期待する値，relative tolerance）と**絶対許容値** $\varepsilon_{\mathrm{atol}}$（絶対誤差として期待される値，absolute tolerance）を用いた**残差** (residual)

$$\mathbf{r}_{k+1} = \mathbf{b} - A\mathbf{x}_{k+1} \tag{7.11}$$

による収束判定式

$$\|\mathbf{r}_{k+1}\| \leq \varepsilon_{\mathrm{rtol}}\|\mathbf{r}_0\| + \varepsilon_{\mathrm{atol}} \tag{7.12}$$

を満足したときに反復を停止する，という制御が必要となる．

## 7.5 CG 法のプログラムとベンチマークテスト

基本線形計算だけで CG 法が実装できることはすでに示した．ここでは，係数行列として Frank 行列 $F_n$（式 (7.7)）をもち，真の解として $\mathbf{x} = [1\ 2\ \cdots\ n]^T$ をもつテスト問題を，CG 法で解く例を示す．

なお，簡単のため，以下の CG 法の実装例では，初期値 $\mathbf{x}_0 = \mathbf{0}$ とし，収束条件を満足するか，最大反復回数 `maxtimes` を超えたときには強制終了するようにしてある．

### 7.5.1 ── C プログラム例

係数行列 $A$ を列優先方式で格納した 1 次元配列 `A[dim * dim]` に，定数ベクトル $\mathbf{b}$ は 1 次元配列 `b[dim]` に，相対許容値 $\varepsilon_{\mathrm{rtol}}$ は `rtol`，絶対許容値 $\varepsilon_{\mathrm{atol}}$ は `atol` に格納しておく．近似解 $\mathbf{x}_{k+1}$ は，1 次元配列 `x[dim]` に格納されて返される．作業用ベクトルとして，`r`, `p`, `w` という 1 次元配列を一時的に確保して利用している．

以下，倍精度の CG 法の C によるプログラム例と，これを MPFR/GMP を用いた CG 法に書き換える方法について解説する．

#### ◆── 倍精度の CG 法

倍精度用のテスト問題の係数行列 $A$，真の解 $\mathbf{x}_{\mathrm{true}}$，定数ベクトル $\mathbf{b}$ は，次の関数 `set_test_d_linear_eq` を呼び出すことで与えることができる．

```
// 行列A，真の解true_x，ベクトルbをセット
void set_test_d_linear_eq(double A[], double true_x[], double b[], int dim)
```

倍精度用の CG 法は，以下のとおりである．収束状態を見るために，残差ベクトルの変化 $\|\mathbf{r}_{k+1}\|_2/\|\mathbf{r}_0\|_2$ を標準出力に表示している．

```
// A * x = bを解くCG法
```

```
int d_conjugate_gradient(double x[], double A[], double b[], int dim,
 double rel_tol, double abs_tol, int maxitimes)
{
  int itimes, i;

  // 一時ベクトル
  double *r, *p, *w;

  // 定数値
  double alpha, beta, tmp_val, init_r_norm2, r_new_norm2;

  // 一時ベクトル初期化
  r = (double *)calloc(dim, sizeof(double));
  p = (double *)calloc(dim, sizeof(double));
  w = (double *)calloc(dim, sizeof(double));

  // x_0 := 0
  d_set0(x, dim);

  // r := b - A * x_0;
  d_mycopy(r, b, dim); // x_0 = 0

  // init_r_norm2 := ||r||_2
  init_r_norm2 = d_mynorm2(r, dim);

  // p := r
  d_mycopy(p, r, dim);

  // メインループ
  for(itimes = 0; itimes < maxitimes; itimes++)
  {
    // w := A * p
    d_mymv(w, A, p, dim);

    // alpha := (r, p) / (p, A * p)
    alpha = d_mydotp(r, p, dim);
    tmp_val = d_mydotp(p, w, dim);

    if(tmp_val == 0.0)
    {
      itimes = -1;
      break;
    }
    alpha /= tmp_val;

    // x := x + alpha * p
    d_myaxpy(x, alpha, p, x, dim);

    // r_new := r - alpha * A * p
    beta = d_mydotp(r, r, dim);
    d_myaxpy(r, -alpha, w, r, dim);

    // beta := ||r_new||_2^2 / ||r||_2^2
    r_new_norm2 = d_mynorm2(r, dim);
    beta = r_new_norm2 * r_new_norm2 / beta;

    // 残差のEuclidノルムをチェックして収束判定
```

```
    if(r_new_norm2 <= rel_tol * init_r_norm2 + abs_tol)
      break;

    printf("%3d␣%10.3e␣%10.3e\n", itimes, alpha, r_new_norm2 / init_r_norm2);

    // p := r + beta * p
    d_myaxpy(p, beta, p, r, dim);

  }

  // 一時ベクトル消去
  free(r);
  free(p);
  free(w);

  return itimes;
}
```

### ◆── MPFR/GMP の CG 法

多倍長浮動小数点用のテスト問題は，以下の関数 set_test_mpfr_test_eq で与えることができるように linear_c.h に実装してあるので，それを活用する．

```
// 行列A，真の解true_x，ベクトルbをセット
void set_test_mpfr_linear_eq(mpfr_t A[], mpfr_t true_x[], mpfr_t b[],
 int dim)
```

MPFR/GMP を用いた CG 法は，

```
// A * x = bを解くCG法
int mpfr_conjugate_gradient(mpfr_t x[], mpfr_t A[], mpfr_t b[], int dim,
 mpfr_t rel_tol, mpfr_t abs_tol, int maxitimes)
```

を呼び出すことで実行できる．実装例は，基本的には倍精度 CG 法の各パーツを多倍長用に置き換えただけのものであるが，以下のような違いがある．

まず，CG 法内部で使用する一時変数，ベクトルは，返り値の近似解ベクトル x[dim] の要素の最大精度 prec で初期化され，計算される．したがって，

```
// 初期化
prec = mpfr_get_max_prec_array(x, dim); // 配列xの要素から最大の精度桁を得る
```

として prec を設定し，

```
mpfr_inits2(prec, alpha, beta, tmp_val, init_r_norm2, r_new_norm2,
 (mpfr_ptr)0);

r = (mpfr_t *)calloc(dim, sizeof(mpfr_t));
```

```
p = (mpfr_t *)calloc(dim, sizeof(mpfr_t));
w = (mpfr_t *)calloc(dim, sizeof(mpfr_t));

mpfr_init2_array(r, dim, prec);
mpfr_init2_array(p, dim, prec);
mpfr_init2_array(w, dim, prec);
```

のように，CG 法 (mpfr_conjugate_gradient 関数) 内部の一時変数は，すべて prec ビットの仮数部の多倍長浮動小数点数として初期化される．また，すでに見てきたように，C では演算子のオーバーロード機能が使えないので，$\alpha_k$, $\beta_k$，収束判定部分は，以下のように，すべて MPFR の演算関数を呼び出して計算する必要がある．

- $\alpha_k$ の計算

```
// alpha := (r, p) / (p, A * p)
mpfr_mydotp(alpha, r, p, dim);
mpfr_mydotp(tmp_val, p, w, dim);
```

- $\beta_k$ の計算

```
// beta := ||r_new||_2^2 / ||r||_2^2
// beta = r_new_norm2 * r_new_norm2 / beta;
mpfr_mynorm2(r_new_norm2, r, dim);
mpfr_sqr(tmp_val, r_new_norm2, _tk_default_rmode);
mpfr_div(beta, tmp_val, beta, _tk_default_rmode);
```

- 収束判定

```
// 残差を用いた収束判定
// if(r_new_norm2 <= rel_tol * init_r_norm2 + abs_tol)
mpfr_mul(tmp_val, rel_tol, init_r_norm2, _tk_default_rmode);
mpfr_add(tmp_val, tmp_val, abs_tol, _tk_default_rmode);
if(mpfr_cmp(r_new_norm2, tmp_val) <= 0)
 break;
```

また，初期化した一時配列を消去する際には，

```
// 配列の消去
mpfr_clear_array(r, dim);
mpfr_clear_array(p, dim);
mpfr_clear_array(w, dim);
```

のように配列要素ごとに mpfr_clear 関数を呼び出して，一時変数として使用したメモリ領域を解放している．

### 7.5.2 ── 関数テンプレートを使ったC++プログラム例

C++の場合，関数テンプレートが使えることはすでに示した．したがって，Cとは異なり，使用する浮動小数点データ型によらないCG法をテンプレート機能を用いて実装することができる．以下，その例を

template <*typename T*> *int* conjugate_gradient(*T* x[], *T* A[], *T* b[], *int* dim, *T* rel_tol, *T* abs_tol, *int* maxitimes)

という関数として示す．

```
// A * x = bを解くためのCG法
template <typename T> int conjugate_gradient(T x[], T A[], T b[], int dim,
 T rel_tol, T abs_tol, int maxitimes)
{
  int itimes, i;

  // 一時ベクトル
  T *r, *p, *w;

  // 定数
  T alpha, beta, tmp_val, init_r_norm2, r_new_norm2;

  // 一時ベクトルの初期化
  r = new T[dim];
  p = new T[dim];
  w = new T[dim];

  // x_0 := 0
  set0<T>(x, dim);

  // r := b - A * x_0;
  mycopy<T>(r, b, dim); // x_0 = 0

  // init_r_norm2 := ||r||_2
  init_r_norm2 = mynorm2<T>(r, dim);

  // p := r
  mycopy<T>(p, r, dim);

  // メインループ
  for(itimes = 0; itimes < maxitimes; itimes++)
  {
    // w := A * p
    mymv<T>(w, A, p, dim);

    // alpha := (r, p) / (p, A * p)
    alpha = mydotp<T>(r, p, dim);
    tmp_val = mydotp<T>(p, w, dim);

    if(tmp_val == (T)0)
    {
      itimes = -1;
      break;
```

```
    }
    alpha /= tmp_val;

    // x := x + alpha * p
    myaxpy<T>(x, alpha, p, x, dim);

    // r_new := r - alpha * A * p
    beta = mydotp<T>(r, r, dim);
    myaxpy<T>(r, -alpha, w, r, dim);

    // beta := ||r_new||_2^2 / ||r||_2^2
    r_new_norm2 = mynorm2<T>(r, dim);
    beta = r_new_norm2 * r_new_norm2 / beta;

    // 残差ベクトルをチェックして収束判定
    if(r_new_norm2 <= rel_tol * init_r_norm2 + abs_tol)
      break;

    cout << setw(3) << itimes << "␣" << scientific << setprecision(3) <<
     r_new_norm2 / init_r_norm2 << endl;

    // p := r + beta * p
    myaxpy<T>(p, beta, p, r, dim);

  }

  // 一時ベクトルの消去
  delete_array<T>(r, dim);
  delete_array<T>(p, dim);
  delete_array<T>(w, dim);

  return itimes;
}
```

MPFR にも対応するため，前述したように，配列の消去の際には標準のデストラクタではなく，`delete_array` 関数を呼び出す必要がある．

### 7.5.3 —— 多倍長 CG 法のベンチマークテスト

C 言語版の倍精度，MPFR/GMP による多倍長精度の CG 法を用いて，$n = 1024$ 次元の Frank 行列を係数行列としてもつ連立 1 次方程式収束条件を $\varepsilon_{\mathrm{rtol}} = 10^{-10}$，$\varepsilon_{\mathrm{atol}} = 10^{-100}$ という収束条件のもとで計算した．その結果を**図 7.4** および**表 7.1** に示す．

図 7.4(a) は，残差の収束履歴をプロットした折れ線グラフである．倍精度の残差の減り方に比べ，多倍長精度の残差の減り方は，桁数が増えるにつれて滑らかになる．この例では，2048 ビット以上の精度では，まったく同一の減り方になる．

したがって，計算桁数を増やせば丸め誤差の影響がなくなるので，反復回数は減る．しかし，計算時間は桁数に依存して増えていくことは本章の最初に示したとおりなの

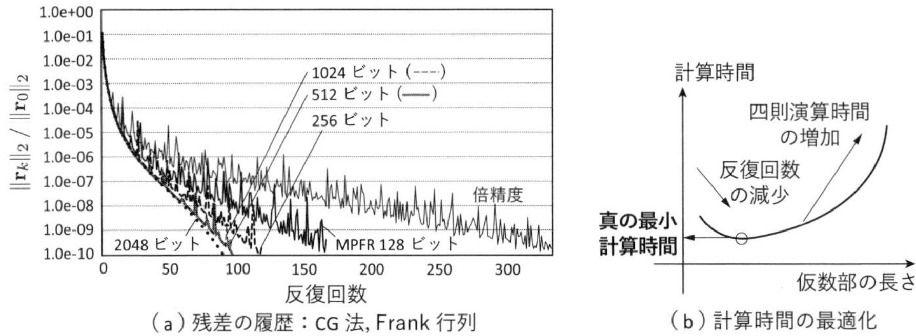

（a）残差の履歴：CG 法, Frank 行列　　（b）計算時間の最適化

図 7.4　CG 法の残差 $\|\mathbf{r}_{k+1}\|_2/\|\mathbf{r}_0\|_2$ の履歴と CG 法の計算時間の最適化

表 7.1　CG 法の計算時間，反復回数，反復 1 回あたりの計算時間

| | 倍精度 | MPFR/GMP ビット数 | | | | | | |
|---|---|---|---|---|---|---|---|---|
| | | 128 | 256 | 512 | 1024 | 2048 | 4096 | 8192 |
| 計算時間［秒］ | 1.2 | 33.1 | 30.0 | 31.0 | 34.2 | 44.0 | 63.2 | 105.3 |
| CG 法の反復回数 | 332 | 167 | 120 | 97 | 91 | 90 | 90 | 90 |
| 反復 1 回あたりの計算時間［秒］ | 0.0037 | 0.20 | 0.25 | 0.32 | 0.38 | 0.49 | 0.70 | 1.2 |

で，トータルの計算時間は図 7.4(b) のようになることが期待できる．実際に計算した結果，表 7.1 に示すように，トータルの計算時間が 256〜512 ビットで最小になっていることがわかる．

**問題 7.3**

(1) C++テンプレート版の CG 法を用いて，C 言語同様，収束条件を $\varepsilon_{\mathrm{rtol}} = 10^{-10}$, $\varepsilon_{\mathrm{atol}} = 10^{-100}$ として，次の表を埋めよ．また，C 言語版と比べて，計算時間はどのように変化するかも考察せよ．

| | 倍精度 | DD 精度 | QD 精度 | MPFR/GMP ビット数 | | | |
|---|---|---|---|---|---|---|---|
| | | | | 128 | 512 | 2048 | 8192 |
| 計算時間［秒］ | | | | | | | |
| CG 法の反復回数 | | | | | | | |
| 反復 1 回あたりの計算時間［秒］ | | | | | | | |

(2) C 言語版，C++版の CG 法を，真の解 $\mathbf{x}_{\mathrm{true}}$ を引数に与え，収束条件を満足するまで近似解 $\mathbf{x}_k$ のノルム相対誤差を残差の横に表示するように改変せよ．また，近似解のノルム相対誤差の変化を，図 7.4(a) のような折れ線グラフにして示せ．また，そのグラフから何が読み取れるかも考察せよ．

(3) MPFR/GMP を使用した CG 法を用いて，10 進 50 桁以上，100 桁以上，1000 桁以上の精度をもつ近似解をできる限り高速に求めよ．また，その際の収束条件の与え方と，計算時間についても調べよ．

## 7.6 OpenMP による並列化

3.5 節で示したように，複数コアを同時に使用できる環境では，OpenMP を用いて簡単に基本線形計算の並列化が可能となる．

たとえば実行列 $A$ とベクトル $\mathbf{x}$ の積 $\mathbf{b} := A\mathbf{x}$ を計算する場合，行列 $A$ を行方向に 4 分割して

$$A = \begin{bmatrix} A_1 \\ A_2 \\ A_3 \\ A_4 \end{bmatrix}$$

とし，$\mathbf{b}$ を

$$\mathbf{b} := \begin{bmatrix} A_1\mathbf{x} \\ A_2\mathbf{x} \\ A_3\mathbf{x} \\ A_4\mathbf{x} \end{bmatrix} \tag{7.13}$$

として分割して計算し，それぞれ $A_i\mathbf{x}$ の計算を $i$ 番目のスレッドで計算させると，それぞれの計算は互いに依存するところがないので並列に実行させることができる（図 7.5）．

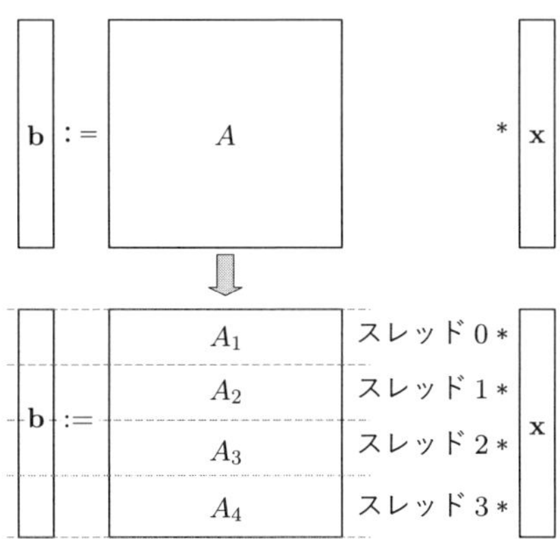


図 7.5 4 分割した行列・ベクトル積

とくに処理が重くなる多倍長計算では，並列化による高速化は必須である．以下，C の基本線形計算ライブラリ `linear_c.h` を，OpenMP で並列化する方法を見ていくことにする．

### 7.6.1 ── 行列・ベクトル積の並列化

式 (7.13) に示した行列・ベクトル積を，複数スレッドで並列実行する OpenMP プログラムを考える．各スレッドに割り当てたいのは 2 重ループ部分だけなので，そこだけをマルチスレッド化するには，

```
#pragma omp parallel for private(各スレッドに割り当てるローカル変数)
  shared(変数, 行列, ベクトル, 次元数)
```

というマクロを指定し，OpenMP のこのディレクティブ命令を解釈できる C や C++ コンパイラを使用することで実現できる．`shared(変数,···)` は，すべてのスレッドで共通して使用する変数を精定している．

たとえば，倍精度の行列・ベクトル積 `d_mymv` 関数 (p.131) を OpenMP で並列化させてみると，次のようになる．

```
// mymv : ret := A * x
// A : 行優先方式で格納
void d_mymv(double ret[], double A[], double x[], int dim)
{
  int i, j;

  // 2重ループ部分のマルチスレッド化
  #pragma omp parallel for private(i, j) shared(ret, A, x, dim)
  for(i = 0; i < dim; i++)
  {
    ret[i] = 0.0;

    for(j = 0; j < dim; j++)
      ret[i] += A[ZERO_INDEX(i, j, dim)] * x[j];
  }
}
```

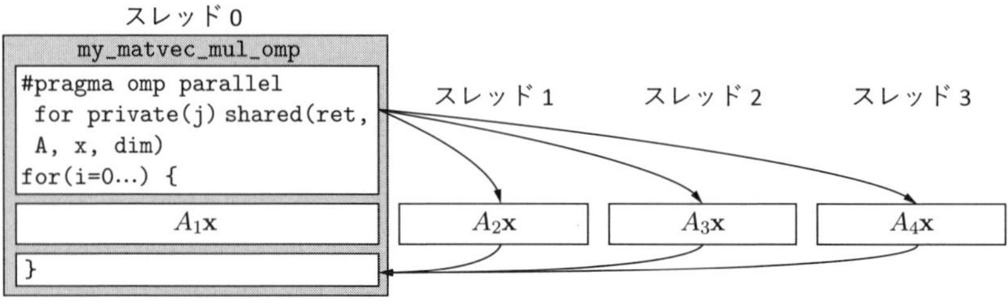


図 7.6　OpenMP による行列・ベクトル積の並列化

こうしてマルチスレッド化した d_mymv 関数は，**図 7.6** のように，行列・ベクトル積を分割して実行することができるようになる．

### 7.6.2 ── OpenMP を使った並列プログラム例

C プログラムで記述した基本線形計算 linear_c.h のうち，以下の計算を OpenMP で並列化してみる．

AXPY 演算：[d,mpfr]_myaxpy
内積：[d, mpfr]_mydotp
Euclid ノルム：[d, mpfr]_mynorm2
行列・ベクトル積：[d, mpfr]_mymv
ベクトルのゼロクリア：[d, mpfr]_set0
ベクトルのコピー：[d, mpfr]_mycopy
MPFR 配列の初期化：mpfr_init_array, mpfr_init2_array
MPFR 配列のクリア：mpfr_clear_array
MPFR 配列の最大桁数の取得：mpfr_get_max_prec_array

これらは関数名，引数ともに OpenMP 化しても変化させずに済むため，次の 2 つの関数は，プログラムにまったく手を加えずに並列化の恩恵にあずかることができる．

ノルム相対誤差：[d, mpfr]_get_relerr_norm2
CG 法：[d, mpfr]_conjugate-gradient

基本線形計算のうち，内積と Euclid ノルムはリダクション機能を使用している．その例を以下に示す．

#### ◆── 倍精度演算のリダクション

マルチスレッドで計算した値を集約して結果を求めたいときは，集約したものを処理する部分を明示しておく必要がある．そのために使用するのが OpenMP のリダクション命令で，次のような形式でディレクティブの中に記述する．

reduction(演算の種類:リダクション対象変数名)

たとえば，内積のようにお互いのベクトル成分の積をすべて ret 変数に加算する際には，次のように reduction(+:ret) を指定する．

```
// mydotp : x^T * y
double d_mydotp(double x[], double y[], int dim)
{
```

```
  int i, thread_index;
  double ret = 0.0;

  // リダクション命令の使用
  #pragma omp parallel for private(i) shared(x, y, dim) reduction(+:ret)
  for(i = 0; i < dim; i++)
    ret += x[i] * y[i];

  return ret;
}
```

ベクトルの Euclid ノルム `d_norm2` 関数でも，同様のリダクション命令を使用している．

### ◆── MPFR/GMP のリダクション

OpenMP のリダクション命令は，コンパイラが標準でサポートするデータ型でしか使用できないのが普通である．したがって，MPFR/GMP の場合は，次のように，`ret` 変数に足し込む部分を `critical` 指定し，ほかのスレッドと同時に実行しないようにする必要がある．

```
// mydotp : x^T * y
void mpfr_mydotp(mpfr_t ret, mpfr_t x[], mpfr_t y[], int dim)
{
  unsigned long prec;
  mpfr_t tmp_val;
  int i;

  prec = mpfr_get_prec(ret);
  mpfr_set_ui(ret, 0UL, _tk_default_rmode);

  #pragma omp parallel private(tmp_val) shared(prec, dim, ret,
   _tk_default_rmode)
  {
    mpfr_init2(tmp_val, prec);
    mpfr_set_ui(tmp_val, 0UL, _tk_default_rmode);

    #pragma omp for private(i)
    for(i = 0; i < dim; i++)
      mpfr_fma(tmp_val, x[i], y[i], tmp_val, _tk_default_rmode);

    // critical指定
    #pragma omp critical
    mpfr_add(ret, ret, tmp_val, _tk_default_rmode);

    mpfr_clear(tmp_val);

  } // omp parallel

  return;
}
```

### 7.6.3 ── 並列 CG 法のベンチマークテスト

C 言語版の倍精度，多倍長精度の CG 法が，以上で述べてきた OpenMP による並列化を行って高速になるかどうか，ベンチマークテストを行った．問題は $n = 1024$ 次元の Frank 行列を係数行列としてもつ連立 1 次方程式，収束条件も $\varepsilon_{\rm rtol} = 10^{-10}$, $\varepsilon_{\rm atol} = 10^{-100}$ としてある．収束状態は，基本的に並列化してもしなくてもほとんど同じなので，反復 1 回あたりの計算時間がどの程度短くなったかを調べた．その結果を図 7.7 に示す．

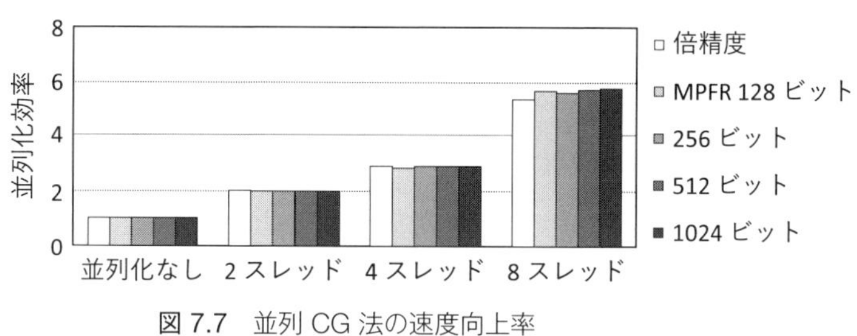


図 7.7 並列 CG 法の速度向上率

倍精度計算や MPFR 128 ビット〜1024 ビットまで，それぞれ 2 スレッドではぼ 2 倍，4 スレッドで 3 倍，8 スレッドで 5.4〜5.7 倍の高速化を達成できていることがわかる．

## 7.7 べき乗法と逆べき乗法

正方行列 $A$ の固有値・固有ベクトルを求める計算方法は複雑なものが多いが，絶対値最大の固有値と，それに対応する固有ベクトルだけならば，正方行列をベクトルに掛けていくだけで求めることができる．これが**べき乗法** (power method) の原理である．

さらに，もし $A$ が正則行列であれば，$A$ の絶対値最小の固有値の逆数が $A^{-1}$ の絶対値最大の固有値になるので，$A^{-1}$ に対してべき乗法を適用することで，$A$ の絶対値最小固有値と固有ベクトルも求めることもできる．これを**逆べき乗法** (inverse power method) とよぶ．とくに，この逆べき乗法においては，$A$ の条件数 $\|A\|\|A^{-1}\|$ に比例して絶対値最小固有値・固有ベクトルの精度が悪くなるため，悪条件行列に対しては多倍長計算が有効である．

本章の最後に，多倍長計算の応用例として，このべき乗法と逆べき乗法を実装してみよう．

### 7.7.1 — べき乗法の原理

べき乗法は，最も単純な，絶対値最大固有値 $\lambda_1 = \lambda_1(A)$ と，それに属する固有ベクトル $\mathbf{v}_1$ を同時に求める方法である．もしすべての固有値が相異なる（$i < j$ のとき，$\lambda_i \neq \lambda_j$，かつ，$|\lambda_i| > |\lambda_j|$）ならば，各固有値 $\lambda_i = \lambda_i(A)$ に属する固有ベクトル $\mathbf{v}_i$ は $n$ 次元線形空間の基底となるため，任意のベクトル $\mathbf{x}_0$ は

$$\mathbf{x}_0 = c_1\mathbf{v}_1 + c_2\mathbf{v}_2 + \cdots + c_n\mathbf{v}_n$$

と表現できる．したがって，$\mathbf{x}_k := A^k\mathbf{x}_0$ とすれば

$$\mathbf{x}_k = (\lambda_1)^k \left( c_1\mathbf{v}_1 + c_2 \left(\frac{\lambda_2}{\lambda_1}\right)^k \mathbf{v}_2 + \cdots + c_n \left(\frac{\lambda_n}{\lambda_1}\right)^k \mathbf{v}_n \right)$$

であるから，

$$\mathbf{x}_k = (\lambda_1)^k c_1\mathbf{v}_1 + O\left(\left(\frac{|\lambda_2|}{|\lambda_1|}\right)^k\right)$$

となり，固有ベクトル $\mathbf{v}_1$ へ収束する．そうすると，固有値 $\lambda_1$ は，$\mathbf{x}_k = [x_1^{(k)} \ \ldots \ x_n^{(k)}]^T$ の中から $x_i^{(k)} \neq 0$ となる成分を 1 つ定め，$\mathbf{x}_{k+1} = A\mathbf{x}_k = [x_1^{(k+1)} \ \ldots \ x_n^{(k+1)}]^T$ の対応する成分を使って，

$$\lambda_1 \approx \frac{x_i^{(k+1)}}{x_i^{(k)}}$$

を計算することで得られる（**アルゴリズム 7.2**）．実際には，オーバーフローを防ぐため，反復 1 回ごとに $\|\mathbf{x}_k\| = 1$ となるように正規化する．

| アルゴリズム 7.2　べき乗法 |
|---|
| 初期ベクトル $\mathbf{x}_0$（ここで $\|\mathbf{x}_0\| = 1$）を決める<br>**for** $k = 0, 1, 2, \ldots$ **do**<br>　　$\mathbf{y}_{k+1} := A\mathbf{x}_k$<br>　　$\gamma_{k+1} := y_i^{(k+1)}/x_i^{(k)}$（ここで $x_i^{(k)} \neq 0$）<br>　　収束判定 (*)<br>　　$\mathbf{x}_{k+1} := \mathbf{y}_{k+1}/\|\mathbf{y}_{k+1}\|$<br>**end for** |

収束判定 (*) は，たとえば $|\gamma_{k+1} - \gamma_k| \leq \varepsilon_{\rm rtol}|\gamma_k| + \varepsilon_{\rm atol}$ を満足するかどうかをチェックするようにするとよい．

このアルゴリズムに従うと，$\gamma_k$ が $\lambda_1(A)$ へ，$\mathbf{x}_k$ はそれに属する固有ベクトルへと収束する．収束判定は，固有値の近似値 $\gamma_k$，あるいは固有ベクトルの近似値 $\mathbf{x}_k$ を見て判断する．

◆── べき乗法の計算例

実対称行列 $A$ を,

$$A = \begin{bmatrix} 10 & 9 & 8 & 7 & 6 & 5 & 4 & 3 & 2 & 1 \\ 9 & 9 & 8 & 7 & 6 & 5 & 4 & 3 & 2 & 1 \\ 8 & 8 & 8 & 7 & 6 & 5 & 4 & 3 & 2 & 1 \\ 7 & 7 & 7 & 7 & 6 & 5 & 4 & 3 & 2 & 1 \\ 6 & 6 & 6 & 6 & 6 & 5 & 4 & 3 & 2 & 1 \\ 5 & 5 & 5 & 5 & 5 & 5 & 4 & 3 & 2 & 1 \\ 4 & 4 & 4 & 4 & 4 & 4 & 4 & 3 & 2 & 1 \\ 3 & 3 & 3 & 3 & 3 & 3 & 3 & 3 & 2 & 1 \\ 2 & 2 & 2 & 2 & 2 & 2 & 2 & 2 & 2 & 1 \\ 1 & 1 & 1 & 1 & 1 & 1 & 1 & 1 & 1 & 1 \end{bmatrix} \tag{7.14}$$

とする．初期ベクトルは $\mathbf{x}_0 := (1/\sqrt{n})[1\ 1\ \cdots\ 1]^T$ とした．このとき，倍精度で計算すると，べき乗法の場合，17 回反復して以下のような結果が得られる．

$\lambda_1(A)$ の近似値が,

```
max_eig : 4.47660686527150347e+01
```

になっているときの固有ベクトルの近似値 $\mathbf{x}$（2 列目），および $A\mathbf{x}$ の各要素の $\mathbf{x}$ との比（3 列目）をそれぞれ出力すると,

```
i          x                      A * x / x
0 4.35215417512395231e-01 4.47660686527150347e+01
1 4.25493424256996877e-01 4.47660686527150347e+01
2 4.06266611010415446e-01 4.47660686527150560e+01
3 3.77964473009227253e-01 4.47660686527150347e+01
4 3.41219233248503506e-01 4.47660686527150418e+01
5 2.96851719664817881e-01 4.47660686527150418e+01
6 2.45853029196520662e-01 4.47660686527150489e+01
7 1.89362388315874514e-01 4.47660686527150489e+01
8 1.28641704592178996e-01 4.47660686527150418e+01
9 6.50473777619119953e-02 4.47660686527150418e+01
```

となり，3 列目の各成分を見比べると，だいたい 10 進 15 桁程度の有効桁数が得られていることがわかる．一般に，べき乗法で得られる固有値・固有ベクトルの精度は，あまり悪化することはない．

### 7.7.2 ── 逆べき乗法

逆べき乗法は，$A$ の代わりに $A^{-1}$ を用いることで，$A$ の絶対値最小の固有値と，そ

れに対応する固有ベクトルを求める方法である．正則行列 $A$ の固有値と対応する固有ベクトルが $\lambda_i, \mathbf{v}_i$ であるとき，

$$A\mathbf{v}_i = \lambda_i \mathbf{v}_i \to A^{-1}\mathbf{v}_i = \frac{1}{\lambda_i}\mathbf{v}_i$$

であることから，$A^{-1}$ の固有値は $A$ の固有値の逆数 $1/\lambda_i$ であることがわかる．また，固有ベクトルは変化しない．

実際に計算する際には $A^{-1}$ を直接求めるのではなく，$A = LU$ と LU 分解しておき，$\mathbf{z}_{k+1}$ を未知数とする連立 1 次方程式

$$(LU)\mathbf{z}_{k+1} = \mathbf{z}_k$$

を前進代入・後退代入で求める．精度が悪化するのはこの部分で，一般には，$A$ の条件数だけ精度が悪化するものと考えてよい．固有ベクトルの精度が悪化すれば，それに応じて固有値の精度も悪化する．

### ◆── 逆べき乗法の計算例

べき乗法の例で用いた実対称行列（式 (7.14)）に対して逆べき乗法を適用してみよう．べき乗法と同じ初期ベクトル $\mathbf{x}_0$ を使用すると，倍精度計算では 435 回反復して得られる絶対値最小固有値の近似値は

```
min_eig : 2.55679562796427506e-01
```

となり，真の値は $0.25567956279643594\cdots$ であるから，10 進有効桁数 13 桁あることがわかる．したがって，対応する固有ベクトル $\mathbf{x}$ の精度も同等の有効桁数が得られていると予想される．実際，$A\mathbf{x}$ と $\mathbf{x}$ との各成分の比をとると

```
i           x                      A * x / x
0 -6.50473777618795074e-02 2.55679562796429061e-01
1  1.89362388315789304e-01 2.55679562796426341e-01
2 -2.96851719664710634e-01 2.55679562796429893e-01
3  3.77964473009134105e-01 2.55679562796431892e-01
4 -4.25493424256948971e-01 2.55679562796433502e-01
5  4.35215417512410274e-01 2.55679562796436055e-01
6 -4.06266611010489276e-01 2.55679562796439219e-01
7  3.41219233248609921e-01 2.55679562796442161e-01
8 -2.45853029196622025e-01 2.55679562796443105e-01
9  1.28641704592240114e-01 2.55679562796444493e-01
```

となり，3 列目の $A\mathbf{x}$ と $\mathbf{x}$ の比を各成分で見比べてみると，前から 13 桁目まで一致していることがわかる．

**問題 7.4**

次の順に多倍長逆べき乗法のプログラムを実装し，実対称行列（式 (7.14)）に対して，10 進 15 桁程度の有効桁数の絶対値最小固有値と対応する固有ベクトルを得るために要する時間を計測せよ．

(1) べき乗法のアルゴリズムを `template_linear.h` の行列積，内積計算を使って実装する．

(2) 行列積の部分を LU 分解と前進・後退代入に置き換える．また，収束判定も適切なものに修正する．

## 章末問題

7.1　$100 \times 100$ の Hilbert 行列 $H_{100}$（式 (7.8)）に対し，次の問いに答えよ．

(1) 10 進 10 桁以上の有効桁数をもつ $H_{100}$ の絶対値最大固有値 $\lambda_1(H_{100})$ を求めよ．また，その計算に必要となる最小の計算桁数と計算時間も答えよ．

(2) 10 進 10 桁以上の有効桁数をもつ絶対値最小固有値 $\lambda_{100}(H_{100})$ を求めよ．また，その計算に必要となる最小の計算桁数と計算時間も答えよ．

（ヒント：逆べき乗法を使用し，$\mathbf{y}_{k+1} := H_{100}^{-1}\mathbf{x}_k \to \mathbf{x}_{k+1} := \mathbf{y}_{k+1}/\|\mathbf{y}_{k+1}\|$ を繰り返し計算して，絶対値最小固有値の近似値を求めればよい．ここで，$H_{100}^{-1}\mathbf{x}_k$ は，連立 1 次方程式 $H_{100}\mathbf{y}_{k+1} = \mathbf{x}_k$ を繰り返し解くことを意味する．当然だが，MPFR/GMP を使用して計算桁数を多めにとる必要がある）

7.2　**［発展］** 正方行列 $A_n = [a_{ij}]_{i,j=1,2,\ldots,n}^{n}$ の逆行列を求める **Gauss-Jordan 法**のアルゴリズム（**アルゴリズム 7.3**）を用いて，次の (1)〜(4) の行列について，$n = 5, 10, 100$ のときの逆行列を求め，そのノルム相対誤差も合わせて求めよ．

**アルゴリズム 7.3　Gauss-Jordan 法**

**for** $i = 1, 2, \cdots n$ **do**
　**if** $a_{ii}^{(i-1)} = 0$ **then**
　　終了
　**end if**
　$a_{ii}^{(i-1)} := 1/a_{ii}^{(i-1)}$
　**for** $j = 1, 2, \ldots, i-1, i+1, \ldots, n$ **do**
　　$a_{ji}^{(i-1)} := a_{ji}^{(i-1)} \cdot a_{ii}^{(i-1)}$
　**end for**
　**for** $j = 1, 2, \ldots, i-1, i+1, \ldots, n$ **do**
　　**for** $k = 1, 2, \ldots, i-1, i+1, \ldots, n$ **do**
　　　$a_{jk}^{(k-1)} := a_{jk}^{(k-2)} - a_{ji}^{(i-1)} \cdot a_{ik}^{(k-2)}$
　　**end for**
　**end for**
　**for** $j = 1, 2, \ldots, i-1, i+1, \ldots, n$ **do**

```
      a_{ji}^{(i-1)} := -a_{ji}^{(i-1)} · a_{ii}^{(i-1)}
   end for
end for
```

(1) Frank 行列 $F_n$

(2) Hilbert 行列 $H_n$

(3) Lotkin 行列 $L_n$

$$L_n = \begin{bmatrix} 1 & 1 & \cdots & 1 \\ 1/2 & 1/3 & \cdots & 1/(n+1) \\ \vdots & \vdots & \ddots & \vdots \\ 1/n & 1/(n+1) & \cdots & 1/(2n-1) \end{bmatrix}$$

(4) Pascal 行列 $P_n(k) = [p_{ij}(k)]_{i,j=1,2,\ldots,n}^{n}$

$$p_{ij}(k) = k\frac{(i+j-2)!}{(i-1)!(j-1)!} = k\ {}_{i+j-2}C_{i-1}$$

なお，$k = 1/3$ とする．

# 8 混合精度反復改良法

科学技術計算において，連立 1 次方程式の求解は，基盤的に重要なパーツである．混合精度反復改良法は，この求解過程に要する時間を短縮する技法として近年提案されたものであるが，その起源は古く，Newton 法までさかのぼる．本章では，まず方程式の汎用的な求解法である Newton 法について述べ，連立 1 次方程式向けにどのような「改良」が施せるかを解説する．最後に，比較的条件のよい問題に対して，倍精度，DD 精度，QD 精度，MPFR を混合して使用する反復改良法の実装例と，そのパフォーマンスについて示す．

## 8.1 多倍長計算と Newton 法

未知変数 $\mathbf{x} = [x_1\ x_2\ ...\ x_n]^T \in \mathbb{R}^n$ を含む関数 $\mathbf{f}(\mathbf{x}) \in \mathbb{R}^n$ が与えられているとき，次の等式

$$\mathbf{f}(\mathbf{x}) = \mathbf{0} \tag{8.1}$$

を満足する $\mathbf{x}^*$ を求めたい．このようなタイプの問題に対して，$\mathbf{f}$ が微分可能であるときに汎用的に用いられる反復解法が，Newton 法である．

まず，解に近いであろうと期待できる初期値 $\mathbf{x}_0 \in \mathbb{R}^n$（$\mathbb{C}^n$ でも利用できる）を設定する．このとき，次の近似値 $\mathbf{x}_1$ との差を $\mathbf{h}_0$ とし，すべての成分がすべての変数 $\mathbf{x} = [x_1\ x_2\ \cdots\ x_n]^T$ に対して 1 階微分可能であるとき，$\mathbf{f}(\mathbf{x}_1) = \mathbf{f}(\mathbf{x}_0 + \mathbf{h}_0)$ の周りで Taylor 展開すると，

$$\mathbf{f}(\mathbf{x}_1) = \mathbf{f}(\mathbf{x}_0 + \mathbf{h}_0) = \mathbf{f}(\mathbf{x}_0) + \underline{\left[\frac{\partial \mathbf{f}}{\partial \mathbf{x}}(\mathbf{x}_0)\right]}\mathbf{h}_0 + \cdots$$

となる．ここで，下線部は Jacobi 行列 (Jacobian matrix) であり，これを成分ごとに書くと，

$$\left[\frac{\partial \mathbf{f}}{\partial \mathbf{x}}\right] = \begin{bmatrix} \frac{\partial f_1}{\partial x_1} & \frac{\partial f_1}{\partial x_2} & \cdots & \frac{\partial f_1}{\partial x_n} \\ \frac{\partial f_2}{\partial x_1} & \frac{\partial f_2}{\partial x_2} & \cdots & \frac{\partial f_2}{\partial x_n} \\ \vdots & \vdots & \ddots & \vdots \\ \frac{\partial f_n}{\partial x_1} & \frac{\partial f_n}{\partial x_2} & \cdots & \frac{\partial f_n}{\partial x_n} \end{bmatrix} = \left[\frac{\partial f_i}{\partial x_j}\right]$$

となる．

$\mathbf{h}_0$ の 1 次項まで 0 になるような $\mathbf{h}_0$ は，

$$\mathbf{f}(\mathbf{x}_0) + \left[\frac{\partial \mathbf{f}}{\partial \mathbf{x}}(\mathbf{x}_0)\right] \mathbf{h_0} = 0 \iff \mathbf{h}_0 = -\left[\frac{\partial \mathbf{f}}{\partial \mathbf{x}}(\mathbf{x}_0)\right]^{-1} \mathbf{f}(\mathbf{x}_0)$$

となる．よって，$n$ 次元 $n$ 変数方程式に対する Newton 法のアルゴリズムは，**アルゴリズム 8.1** のようになる．

**アルゴリズム 8.1　Newton 法**

初期値 $\mathbf{x}_0 \in \mathbb{R}^n$ を設定
　**for** $k = 0, 1, 2, ...$
　　$\mathbf{x}_{k+1} := \mathbf{x}_k - \left[\frac{\partial \mathbf{f}(\mathbf{x}_k)}{\partial \mathbf{x}}\right]^{-1} \mathbf{f}(\mathbf{x}_k)$
　　収束判定
　**end for**

解に収束していくことが期待される近似値の数列 $\mathbf{x}_0, \mathbf{x}_1, ..., \mathbf{x}_k, \mathbf{x}_{k+1}, ...$ を得るための漸化式は，1 次元方程式の場合は，

$$x_{k+1} := x_k - \frac{f(x_k)}{f'(x_k)} \tag{8.2}$$

となる．

収束判定方法としては，相対許容値 $\varepsilon_{\mathrm{rtol}}(> 0)$ と絶対許容値 $\varepsilon_{\mathrm{atol}}(\in [0, \varepsilon_{\mathrm{rtol}}))$ を設定し，これを基準として，近似解 $\mathbf{x}_k$ の値がある一定値に近づいてきたときに停止する方法，すなわち，

$$\|\mathbf{x}_{k+1} - \mathbf{x}_k\| \leq \varepsilon_{\mathrm{rtol}}\|\mathbf{x}\| + \varepsilon_{\mathrm{atol}} \tag{8.3}$$

を満足したら停止して $\mathbf{x}_{k+1} \approx \mathbf{x}^*$ として採用する方法と，元の方程式 (8.1) を満足しているかどうかをチェックする方法，すなわち，

$$\|\mathbf{f}(\mathbf{x}_{k+1})\| \leq \varepsilon_{\mathrm{rtol}}\|\mathbf{f}(\mathbf{x}_0)\| + \varepsilon_{\mathrm{atol}} \tag{8.4}$$

を満足しているかどうかを確認する方法がある．解に収束することがあらかじめわかっている場合は式 (8.3) を使い，そうでないなら式 (8.4) を使って収束性について調査しながら，解として採用できる近似値かどうかを確認すべきであろう．

Newton 法はさまざまな場面で活用されるアルゴリズムである．以下，多倍長計算で頻出する利用方法を 2 つ示す．

### ◆—— 逆数を求める Newton 法

多倍長計算では，実数 $a$ の逆数 $a^{-1} = 1/a$ の導出で Newton 法が利用されている．この場合は式 (8.1) が

$$\frac{1}{x} - a = 0 \tag{8.5}$$

となる．これに対する Newton 法の漸化式 (8.2) は，

$$x_{k+1} := x_k(2 - ax_k) \tag{8.6}$$

となる．したがって，四則演算のうち，加算，減算，乗算が利用できるなら，式 (8.6) の右辺は乗算 2 回，整数値との減算 1 回で実行することができる．逆数 $a^{-1}$ を求めることができれば，除算は $b/a = ba^{-1}$ として，乗算を 1 回余計に行うことで求めることができる．

一般に，多倍長計算では，除算の処理がほかの 3 つの四則演算よりも重くなる．Newton 法を上記のように使えば，少なくとも乗算の 3 倍以上の時間がかかることが予想できる．

**問題 8.1**

(1) 逆数を求める Newton 法の漸化式が，式 (8.6) となることを説明せよ．

(2) $a = 7$ の逆数を Newton 法で求め，適切な初期値 $x_0$ を定め，10 進 30 桁の有効桁数を得るための反復回数を調べよ．

### ◆—— 平方根を求める Newton 法

正の実数 $a$ の平方根 $\sqrt{a}$ を求めるための方程式は，

$$x^2 - a = 0 \tag{8.7}$$

となる．この解は $\pm\sqrt{a}$ であるが，初期値を正の解 $\sqrt{a}$ に近いところに置くことで，平方根に収束させることができる．Newton 法の漸化式は，

$$x_{k+1} := \frac{1}{2}\left(x_k + \frac{a}{x_k}\right) \tag{8.8}$$

となる．

**問題 8.2**

(1) 正の平方根を求める Newton 法の漸化式が，式 (8.8) となることを説明せよ．

(2) $a = 3$ の平方根 $\sqrt{3} = 1.7320508\cdots$ を Newton 法で求めたい．初期値としては $x_0 := 3$ とし，10 進 30 桁の有効桁数を得るための反復回数を調べよ．

## 8.2 連立 1 次方程式向けの Newton 法：反復改良法

**反復改良法** (iterative refinement method) は，1967 年に Moler が提案したものである．$A \in \mathbb{R}^{n\times n}$, $\mathbf{b} \in \mathbb{R}^n$ が与えられるときに，式 (8.1) が線形方程式

$$\mathbf{f}(\mathbf{x}) = A\mathbf{x} - \mathbf{b}$$

であれば，Jacobi 行列は係数行列 $A$ となるので，次のようなアルゴリズムで反復を進めることになる．

$$\mathbf{r}_k := \mathbf{b} - A\mathbf{x}_k \tag{8.9}$$

$$A\mathbf{z}_k = \mathbf{r}_k \text{を } \mathbf{z}_k \text{について解く} \tag{8.10}$$

$$\mathbf{x}_{k+1} := \mathbf{x}_k + \mathbf{z}_k \tag{8.11}$$

これが連立 1 次方程式向けの反復改良法である．理論的には反復する必要はないが，現実に有限桁の浮動小数点演算を使用すると，丸め誤差の影響で残差 $\mathbf{r}_k$ がゼロにならないため，これを最小化するように複数回の反復が行われる．そのため，近似解 $\mathbf{x}_k$ の精度を上げるためには，残差の計算は高精度で行う必要がある．

Buttari らは，$A$ の条件数 $\mathrm{cond}(A) = \|A\|\|A^{-1}\|$ が，使用する浮動小数点数の精度に比してあまり大きくない場合，式 (8.9) の残差計算の精度より式 (8.10) の計算精度を低くしても，収束するための十分条件が成立する（縮小写像になる）ことを示し，式 (8.9) と式 (8.11) を倍精度計算，式 (8.10) を単精度計算することで，すべて倍精度計算で実行したときよりも計算効率が上がることをベンチマークテストで示した[1, 17]．ただし，この計算効率の向上は，単精度計算が倍精度計算よりも格段に高速に実行できる環境でなければなしえないものである．

## 8.3 混合精度反復改良法の収束条件

解くべき $n$ 次元連立 1 次方程式 (7.6) における $A$, $\mathbf{b}$ の全成分は，任意の精度をもつように設定できるものとする．

Buttari らは，**混合精度反復改良法** (mixed precision iterative refinement method)

とよばれる手法によって，後述する収束条件を満足すれば，通常の連立1次方程式の解法をすべて $L$ 桁で計算したときに得られる近似解の精度と同程度の精度が得られるとしている．このとき，計算の効率を上げるために，式 (8.10) の計算は $L$ より短い $S$ 桁で実行する必要がある．この部分で使用する解法は，安定しているアルゴリズムが望ましいとしており，具体的には GMRES 法や直接法を挙げている．今回は，部分ピボット選択を用いた LU 分解による直接法を使用する．このとき，式 (8.10) は，あらかじめ $A$ を LU 分解しておくと，

$$(PLU)\mathbf{z}_k = \mathbf{r}_k$$

となる．当然，反復の前に $A = PLU$ として分解しておき（$P$ は部分ピボット選択による行の入れ替えを表現する行列），反復過程では前進・後退代入のみ行う．

以上をアルゴリズムの形でまとめると，式 (8.9)〜(8.11) は以下のようになる．ここで，$A^{[S]}$, $\mathbf{b}^{[L]}$ はそれぞれ $S$ 桁，$L$ 桁の浮動小数点数で表現した行列・ベクトルを意味し，$\|A\|_F$ は Frobenius ノルム（式 (3.2)）を意味する（**アルゴリズム 8.2**）．

**アルゴリズム 8.2 LU 分解を用いた混合精度反復改良法**

$A^{[L]} := A$, $A^{[S]} := A^{[L]}$, $\mathbf{b}^{[L]} := \mathbf{b}$, $\mathbf{b}^{[S]} := \mathbf{b}^{[L]}$
$A^{[S]} := P^{[S]}L^{[S]}U^{[S]}$
$(P^{[S]}L^{[S]}U^{[S]})\mathbf{x}_0^{[S]} = \mathbf{b}^{[S]}$ を解いて $\mathbf{x}_0^{[S]}$ を得る
$\mathbf{x}_0^{[L]} := \mathbf{x}_0^{[S]}$
**for** $k = 0, 1, 2, \ldots$ **do**
  $\mathbf{r}_k^{[L]} := \mathbf{b}^{[L]} - A\mathbf{x}_k^{[L]}$
  $\mathbf{r}_k^{[S]} := \mathbf{r}_k^{[L]}$
  $(P^{[S]}L^{[S]}U^{[S]})\mathbf{z}_k^{[S]} = \mathbf{r}_k^{[S]}$ を解いて $\mathbf{z}_k^{[S]}$ を得る
  $\mathbf{z}_k^{[L]} := \mathbf{z}_k^{[S]}$
  $\mathbf{x}_{k+1}^{[L]} := \mathbf{x}_k^{[L]} + \mathbf{z}_k^{[L]}$
  収束判定：$\|\mathbf{r}_k^{[L]}\|_2 \le \sqrt{n}\,\varepsilon_R\,\|A\|_F\|\mathbf{x}_k^{[L]}\|_2 + \varepsilon_A$
**end for**

この $S$-$L$ 桁混合精度反復改良法が収束するための条件は，次のようになる．

$S, L$ 桁計算時のマシンイプシロンをそれぞれ $\varepsilon_S, \varepsilon_L$ と表現し，$\varphi_1(n), \varphi_2(n), \phi(n), \rho_F(n)$ を $O(n)$ の関数，$\alpha_F, \beta_F$ を定数，$\mathrm{cond}(A)$ を $A$ の条件数 $(= \|A\|\|A^{-1}\|)$ とする．まず，$L$ 桁計算する式 (8.9) は

$$\mathbf{r}_k = \mathbf{b} - A\mathbf{x}_k + \mathbf{e}_k \quad \text{ここで} \quad \|\mathbf{e}_k\| \le \varphi_1(n)\varepsilon_L\left(\|A\| \cdot \|\mathbf{x}_k\| + \|\mathbf{b}\|\right) \tag{8.12}$$

と誤差 $\mathbf{e}_k$ を含めて表現でき，同様に，式 (8.11) は

$$\mathbf{x}_k = \mathbf{x}_k + \mathbf{z}_k + \mathbf{f}_k \quad \text{ここで } \|\mathbf{f}_k\| \le \varphi_2(n)\varepsilon_L \left(\|\mathbf{x}_k\| + \|\mathbf{z}_k\|\right) \tag{8.13}$$

と表現できる．さらに，式 (8.10) も

$$(A + H_k)\mathbf{z}_k = \mathbf{r}_k \quad \text{ここで } \|H_k\| \le \phi(n)\varepsilon_S\|A\| \tag{8.14}$$

と表現できる[10]．

このとき，$\alpha_F, \beta_F \in \mathbb{R}$ を

$$\begin{aligned}\alpha_F &= \frac{\phi(n)\mathrm{cond}(A)\varepsilon_S}{1 - \phi(n)\mathrm{cond}(A)\varepsilon_S} + 2\varphi_1(n)\kappa(A)\varepsilon_L + \varphi_2(n)\varepsilon_L \\ &\quad + 2(\varphi_1(n)\varepsilon_L)\varphi_2(n)\mathrm{cond}(A)\varepsilon_L = \psi_F(n)\mathrm{cond}(A)\varepsilon_S \end{aligned} \tag{8.15}$$

$$\begin{aligned}\beta_F &= 4\varphi_1(n)\mathrm{cond}(A)\varepsilon_L + \varphi_2(n)\varepsilon_L + 4(1 + \varphi_1(n)\varepsilon_L)\varphi_2(n)\mathrm{cond}(A)\varepsilon_L \\ &= \rho_F(n)\mathrm{cond}(A)\varepsilon_L \end{aligned} \tag{8.16}$$

とおく．もし

$$\frac{\rho_F(n)\mathrm{cond}(A)\varepsilon_S}{1 - \psi_F(n)\mathrm{cond}(A)\varepsilon_S} < 1 \quad \text{かつ} \quad \alpha_F < 1 \tag{8.17}$$

であれば，

$$\lim_{k\to\infty} \|\mathbf{x} - \mathbf{x}_k\| \le \frac{\beta_F}{1 - \alpha_F}\|x\| \tag{8.18}$$

となり，ノルム相対誤差が $\beta_F/(1 - \alpha_F)$ 程度まで小さくなることが期待できる[1]．

以上の収束条件より，$S$-$L$ 桁混合精度反復改良法が収束するためには，

$$\mathrm{cond}(A)\varepsilon_S \ll 1 \tag{8.19}$$

でなければならないことがわかる．つまり，条件数 cond$(A)$ が大きければ，それに応じて $S$ を大きくとればよいことになるが，計算速度の向上は見込めなくなる．条件数

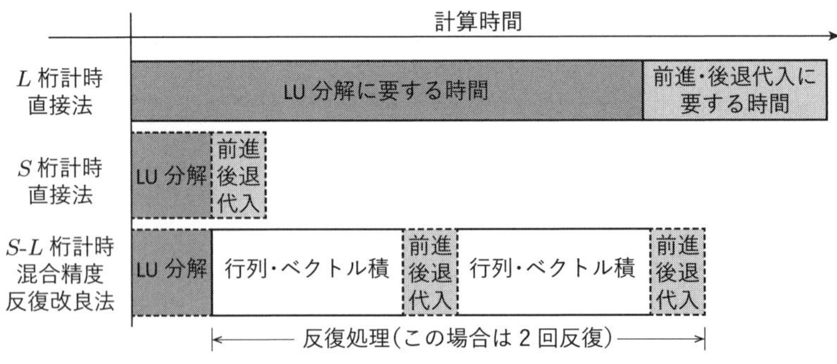


図 8.1　混合精度反復法の計算時間の構成

が小さければ相応に$S$を小さくすることもできるが，そもそも$L$桁も必要な計算なのかという疑問が湧いてくる．したがって，$S$-$L$桁混合精度反復改良法が有効なのは，

- $L$桁の精度が必要で，$\varepsilon_S^{-1} > \mathrm{cond}(A)$であるとき
- $S$, $L$が固定されており，$S$桁計算が十分に$L$桁計算より高速である環境にあるとき

に限られることがわかる（図8.1）．

## 8.4 多倍長計算を用いた混合精度反復改良法の実装

混合精度反復改良法には，すでにさまざまなライブラリや応用例がある．代表的なものとして，単精度と倍精度の混合精度反復改良法はLAPACKにDSGESV関数として実装されており，とくに単精度計算が高速なGPU環境下での高速性が実証されている．詳細は拙著[13]をご覧いただきたい．

多倍長計算向けの応用例としては，陰的Runge-Kutta法への適用事例[30]がある．もともと，低い$S$桁精度でも十分解ける連立1次方程式に対して，より高精度な近似解解を求めるための計算コスト節約を目的とした技法であるため，$\log_{10}$(条件数）より大きな有効桁数をもつ近似解が必要なケースには有効である．

実装例として，複数の精度桁を組み合わせる必要があることから，C++テンプレートを活用したものを示す．テンプレートを用いれば，アルゴリズムと寸分たがわぬ，見通しのよいプログラムを作ることができる．

### 8.4.1 —— C++テンプレートライブラリを利用した実装

長い精度桁$L$に対応するデータ型の名前を$L$，短い精度桁$S$に対応するデータ型の名前を$S$とし，混合精度反復改良法のアルゴリズムをそのまま適用して実装したC++テンプレート関数`iterative_ref`をリスト8.1に示す．MPFRは倍精度やDD精度，QD精度とは指数部の長さが異なるため，残差ベクトル$\mathbf{r}_k$を正規化したものを使って$S$桁の$\mathbf{z}_k$を計算するようにしている．こうすることで，$S$桁計算におけるアンダーフローの発生を防ぐことができる．

$L$桁 $\Leftrightarrow$ $S$桁のベクトルや行列の変換が必要不可欠であることから，この実装にあたっては，C++テンプレートライブラリである`template_linear.h`に記述した配列の型変換関数`set_array(変換先，変換元)`を使用している．代入演算子のオーバーロードがすべてのデータ型の組み合わせで実現できているならば不要な関数で

あるが，mpreal.h, qd_real.h とも，互いのデータ型に対するサポートがないため，template_linear.h に組み込んである．

### ◆── C++プログラム例：iterative_ref 関数

リスト 8.1 テンプレートを用いた混合精度反復改良法の C++プログラム：iterative_ref.cpp

```
// 混合精度反復改良法
template <typename L, typename S> int iterative_refinement(L x[], L a[],
 L b[], L rtol, L atol, int dim, int maxtimes)
{
  int i, itimes;
  int *af_ch;
  S *af;
  S *bf, *xf, *resf, *zf;
  L *res, *z;
  L tmp, norm_a, norm_x, norm_res, normalization_coef;

  // 一時変数の初期化
  af = new S[dim * dim];
  bf = new S[dim];
  xf = new S[dim];

  res = new L[dim];

  resf = new S[dim];
  z = new L[dim];
  zf = new S[dim];
  af_ch = new int[dim];

  // norm_a := ||A||_F
  norm_a = mynorm2<L>(a, dim * dim);

  // A, bは短い桁数(S桁)の値としてセット
  set_array(af, a, dim * dim);
  set_array(bf, b, dim);

  // S桁でLU分解を行う
  LU<S>(af, dim, af_ch);

  // S桁で前進代入と後退代入を行う
  solve_LU_linear_eq<S>(xf, af, bf, dim, af_ch);

  // 得られた近似解を長い桁数にしていく
  set_array(x, xf, dim);

  // 反復改良過程
  for(itimes = 0; itimes < maxtimes; itimes++)
  {
    // 残差ベクトルをL桁(長い桁数)で求める
    // res = b - a * x
    mymv<L>(z, a, x, dim);
    myaxpy<L>(res, (L)(-1), z, b, dim);

    // ||r_i||_2 < sqrt(n) * reps * ||A||_F * ||x_i||_2 を満足するまで反復
```

```
    norm_x = mynorm2<L>(x, dim);
    norm_res = mynorm2<L>(res, dim);

    if(norm_res < sqrt((L)dim) * rtol * norm_a * norm_x + atol)
      break;

    // 正規化 res := coef * res
    normalization_coef = (L)1 / norm_res;
    myscal<L>(res, normalization_coef, res, dim);

    // 残差をS桁にセット
    set_array(resf, res, dim);

    // 短い桁数で前進代入・後退代入
    solve_LU_linear_eq<S>(zf, af, resf, dim, af_ch);

    // 短い桁数の一時ベクトルを長い桁数に変換
    set_array(z, zf, dim);

    // 正規化したベクトルを元の大きさに戻す
    myscal<L>(z, norm_res, z, dim);

    // L桁計算した値に戻す
    myaxpy<L>(x, (L)1, x, z, dim);

    // 確認用
    // std::cout << itimes << "," << setprecision(10) << norm_res << endl;
  }

  // 規定回数以内で終了しなければ失敗→L桁で直接法
  if(itimes >= maxtimes)
  {
    LU<L>(a, dim, af_ch);
    solve_LU_linear_eq<L>(x, a, b, dim, af_ch);
  }

  // 変数の消去
  delete_array<S>(af, dim);
  delete_array<S>(bf, dim);
  delete_array<S>(xf, dim);
  delete_array<S>(resf, dim);
  delete_array<L>(res, dim);
  delete_array<S>(zf, dim);
  delete_array<L>(z, dim);
  delete[] af_ch;

  return itimes;
}
```

### ◆── 利用方法

C++テンプレート版の混合精度反復改良法関数 `iterative_refinement` を利用する際には，近似解 $\mathbf{x}$，係数行列 $A$，定数ベクトル $\mathbf{b}$，収束判定に使用する相対許容値 $\varepsilon_{\mathrm{rtol}}$，絶対許容値 $\varepsilon_{\mathrm{atol}}$，次元数 $n$，最大反復回数を次のように指定する．

反復回数 = iterative_refinement<$L$ 精度型指定, $S$ 精度型指定>(
　　$\mathbf{x}$, $A$, $\mathbf{b}$,
　　$\varepsilon_{\mathrm{rtol}}$, $\varepsilon_{\mathrm{rtol}}$,
　　$n$, 最大反復回数
);

たとえば，$S$ として倍精度を，$L$ として MPFR 精度を指定する場合は

```
// 倍精度-MPFR
itimes = iterative_refinement<mpreal, double>(x, matrix, b, rtol, atol,
 dimension, dimension * 10);
```

と指定する．同様に，$S$ として DD 精度，QD 精度を指定する場合は

```
// DD精度-MPFR
itimes = iterative_refinement<mpreal, dd_real>(x, matrix, b, rtol, atol,
 dimension, dimension * 10);
. . .
// QD精度-MPFR
itimes = iterative_refinement<mpreal, qd_real>(x, matrix, b, rtol, atol,
 dimension, dimension * 10);
```

のように指定すればよい．

### 8.4.2 ── 数値実験

CG 法の例で使用した係数行列 (7.7) と真の解 $\mathbf{x} = [1\ 2\ \cdots\ n]^T$ から生成した定数ベクトル $\mathbf{b} := A\mathbf{x}$ を用いて，混合精度反復改良法のパフォーマンスを調べることにする．使用した計算機環境は Xeon (p.125) である．MPFR の仮数部を 1024 ビットとし，MPFR の直接法，倍精度-MPFR 混合精度，DD-MPFR 混合精度，QD-MPFR 混合精度の 4 種類の計算を行った．次元数は $n = 100, 200, 500, 1000$ とし，混合精度反復改良法の収束判定では $\varepsilon_{\mathrm{rtol}} := 10^{-300}$, $\varepsilon_{\mathrm{atol}} := 0$ を使用した．

条件数が小さいことから，倍精度でも十分な精度の近似解を求めることができる問題であるため，収束状態は良好である．残差ベクトルの Euclid ノルムの推移 (**図 8.2**) が示すとおり，当然，倍精度より DD 精度のほうが，DD 精度より QD 精度のほうが収束性がよくなる．

ただし，$S$ 桁計算が高精度になるにつれ，反復 1 回あたりの計算時間が大きくなることから，収束性がよいことが，必ずしも全体の計算時間の短縮にはつながらない．実際，**表 8.1** に示すとおり，QD-MPFR より倍精度-MPFR や DD-MPFR のほうが，全体の計算時間が短くなる．

連立 1 次方程式の係数行列の条件数と，要求精度における最適な混合精度の組み合

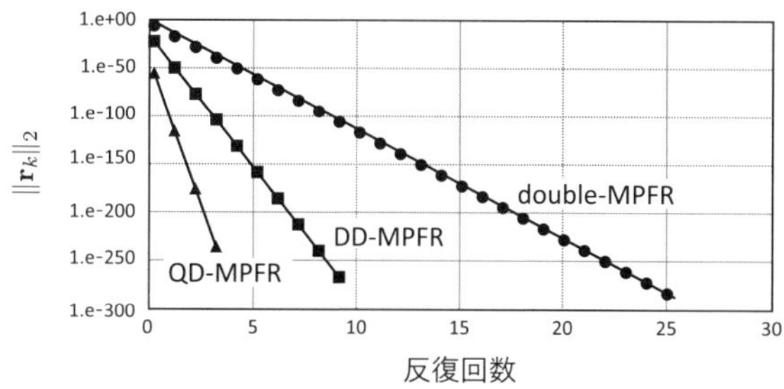


図 8.2　混合精度反復改良法の残差ベクトルの Euclid ノルムの推移

表 8.1　混合精度反復改良法の計算時間と到達相対誤差

| | MPFR | 倍精度-MPFR | DD 精度-MPFR | QD 精度-MPFR |
|---|---|---|---|---|
| $n$ | 計算時間［秒］と反復回数 ($k$) | | | |
| 100 | 0.19 | 0.08 (22) | 0.05 (10) | 0.09 (4) |
| 200 | 1.46 | 0.29 (23) | 0.21 (10) | 0.57 (4) |
| 500 | 22.8 | 1.93 (25) | 1.71 (10) | 7.39 (4) |
| 1000 | 181.6 | 8.23 (26) | 9.34 (10) | 55.3 (4) |
| $n$ | $rE_2(\|\mathbf{x}_k\|_2)$ | | | |
| 100 | 2.2e-305 | 1.1e-300 | 2.9e-305 | 3.4e-305 |
| 200 | 1.1e-304 | 1.0e-298 | 1.1e-304 | 1.3e-304 |
| 500 | 1.2e-303 | 1.0e-303 | 1.1e-303 | 4.0e-303 |
| 1000 | 6.8e-303 | 1.8e-299 | 5.3e-299 | 2.8e-300 |

＊ 下線部は，当該次元数における最小計算時間を示す．

わせは，計算環境や使用ライブラリにも依存して変わってくる．数学理論とは別の，高性能計算 (HPC) 的な探求が必要な課題といえる．

## 章末問題

**8.1**　倍精度で求めた値を初期値として使用し，逆数と平方根を任意精度で求める C プログラムを作れ．

**8.2**　1 次元非線形方程式 $x^3 - \exp(x) = 0$ を，Newton 法を用いて任意の精度で求める C プログラムを作れ．

**8.3**　第 7 章の基本線形計算の機能 (`template_linear.h`) を用いて，次の (1)〜(3) のタイプの混合精度反復改良法プログラムを C++で実装せよ．また，各プログラムの実行速度を比較せよ．

(1) 倍精度-DD 混合精度反復改良法　　(2) 倍精度-QD 混合精度反復改良法

(3) DD-QD 混合精度反復改良法

**8.4** **［発展］** CG 法に基づく混合精度反復改良法を実装せよ．

# 9 多倍長計算の高速化技法拾遺

すでに何度か述べてきたように，整数演算ベースの多数桁方式であれ，浮動小数点数演算ベースのマルチコンポーネント方式であれ，多倍長浮動小数点数演算単位の高速化はほぼ限界に達しており，アーキテクチャの刷新がない限り大幅な性能向上は期待できない．そのため，基本線形計算や，より複雑なアルゴリズム単位での高速化が必要不可欠である．その例として，多倍長行列乗算の高速化技法と，無誤差変換技法を用いた多重精度計算の考え方とその応用例を，本書の最後に示す．

## 9.1 多倍長行列乗算の高速化

第 3 章で示したように，行列乗算の計算は，行列のサイズが大きくなるにつれて，単純行列乗算よりブロック化アルゴリズムが高速になり，演算量を減らすことができる Strassen のアルゴリズム（3.4 節），Winograd のアルゴリズム（章末問題 3.5）が高速になる．この傾向は多倍長精度演算でも同様で，MPFR/GMP を用いた場合はとくにその傾向が顕著となる．これらの 2 つのアルゴリズムは，キャッシュ最適化を図ったブロック化アルゴリズムと比較しても，演算量の低減によって計算時間の短縮に成功している[33]．

さらなる高速化のため，ブロック化アルゴリズムや，Strassen および Winograd のアルゴリズムも，**図 9.1** に示すように，並列化可能な部分を `omp section` で分割，セクション単位で並列化している．

これにより，MPFR/GMP はもとより，DD 精度および QD 精度でも，ブロック化，Strassen, Winograd のアルゴリズム全てに対して並列化効率を向上させることが可能となったので，3 重ループを使った単純行列乗算 (Simple)，ブロック化アルゴリズムによる行列積（Block（ブロックサイズ）），Strassen のアルゴリズム（Strassen（再帰呼び出しを行わない最大行列サイズ）），Winograd のアルゴリズム（Winograd（最大行列サイズ））の 4 つのアルゴリズムを C および C++プログラムとして実装し，以下の計算機環境で数値実験を行った．

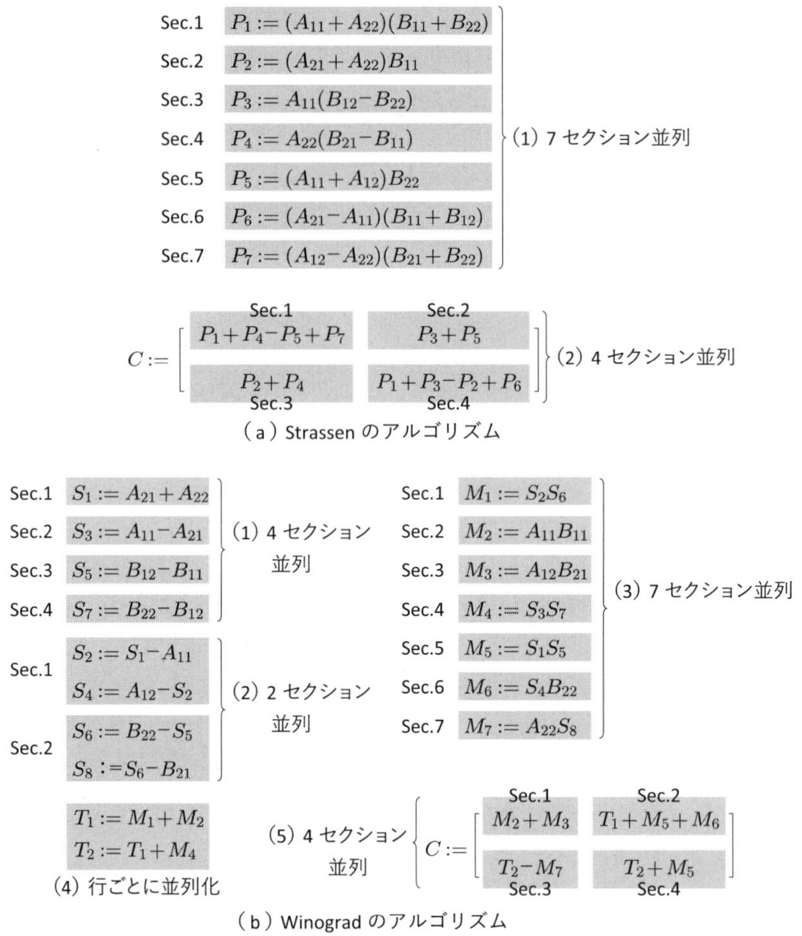

Sec.1 $P_1 := (A_{11}+A_{22})(B_{11}+B_{22})$
Sec.2 $P_2 := (A_{21}+A_{22})B_{11}$
Sec.3 $P_3 := A_{11}(B_{12}-B_{22})$
Sec.4 $P_4 := A_{22}(B_{21}-B_{11})$
Sec.5 $P_5 := (A_{11}+A_{12})B_{22}$
Sec.6 $P_6 := (A_{21}-A_{11})(B_{11}+B_{12})$
Sec.7 $P_7 := (A_{12}-A_{22})(B_{21}+B_{22})$
(1) 7 セクション並列

$$C := \begin{bmatrix} P_1+P_4-P_5+P_7 \ (\text{Sec.1}) & P_3+P_5 \ (\text{Sec.2}) \\ P_2+P_4 \ (\text{Sec.3}) & P_1+P_3-P_2+P_6 \ (\text{Sec.4}) \end{bmatrix}$$
(2) 4 セクション並列

（a）Strassen のアルゴリズム

Sec.1 $S_1 := A_{21}+A_{22}$
Sec.2 $S_3 := A_{11}-A_{21}$
Sec.3 $S_5 := B_{12}-B_{11}$
Sec.4 $S_7 := B_{22}-B_{12}$
(1) 4 セクション並列

Sec.1 $S_2 := S_1-A_{11}$, $S_4 := A_{12}-S_2$
Sec.2 $S_6 := B_{22}-S_5$, $S_8 := S_6-B_{21}$
(2) 2 セクション並列

Sec.1 $M_1 := S_2S_6$
Sec.2 $M_2 := A_{11}B_{11}$
Sec.3 $M_3 := A_{12}B_{21}$
Sec.4 $M_4 := S_3S_7$
Sec.5 $M_5 := S_1S_5$
Sec.6 $M_6 := S_4B_{22}$
Sec.7 $M_7 := A_{22}S_8$
(3) 7 セクション並列

$T_1 := M_1+M_2$
$T_2 := T_1+M_4$
(4) 行ごとに並列化

(5) 4 セクション並列
$$C := \begin{bmatrix} M_2+M_3 \ (\text{Sec.1}) & T_1+M_5+M_6 \ (\text{Sec.2}) \\ T_2-M_7 \ (\text{Sec.3}) & T_2+M_5 \ (\text{Sec.4}) \end{bmatrix}$$

（b）Winograd のアルゴリズム

**図 9.1**　並列化した Strassen と Winograd のアルゴリズム

ハードウェア：Intel Xeon E5-2620 v2 (2.10 GHz), 32 GB RAM

ソフトウェア：CentOS 6.5 x86_64, Intel C/C++ 13.1.3, MPFR 3.1.2[22] / GMP 6.0.0a[27] + BNCpack 0.8[14], QD 2.3.15[3]

この環境下では，DD 精度演算は MPFR/GMP より 3～5 倍高速であり，QD 精度演算は MPFR/GMP よりやや低速である．

なお，使用した実正方行列 $A$, $B$ は次のとおりである．

$$A = \left[\sqrt{5}\,(i+j-1)\right]_{i,j=1}^{n}, \quad B = \left[\sqrt{3}\,(n-i)\right]_{i,j=1}^{n}$$

**表 9.1** に DD 精度正方行列乗算の，**表 9.2** に QD 精度正方行列乗算の計算時間を示

表 9.1 DD 精度計算時間

| 1 スレッド | DD (C++) [秒] | | |
|---|---|---|---|
| $n$ | Simple | B(32) | S(32) |
| 1023 | 32.3 | 20.8 | 11.7 |
| 1024 | 49.6 | 20.3 | 11.7 |
| 1025 | 32.6 | 22.3 | 11.7 |
| **8 スレッド** | **DD (C++) [秒]** | | |
| $n$ | Simple | B(32) | S(32) |
| 1023 | 68.3 | 3.2 | 3.2 |
| 1024 | 69.7 | 3.2 | 3.1 |
| 1025 | 68.3 | 4.1 | 3.2 |

B(32)：Block(32), S(32)：Strassen(32)

表 9.2 QD 精度と MPFR（212 ビット）との計算時間の比較

| 1 スレッド | QD (C++) [秒] | | MPFR [秒] | |
|---|---|---|---|---|
| $n$ | B(32) | S(32) | B(32) | S(32) |
| 1023 | 249.0 | 134.5 | 160.5 | 76.0 |
| 1024 | 247.6 | 134.3 | 163.2 | 75.1 |
| 1025 | 272.4 | 135.0 | 161.1 | 76.7 |
| **8 スレッド** | **QD (C++) [秒]** | | **MPFR [秒]** | |
| $n$ | B(32) | S(32) | B(32) | S(32) |
| 1023 | 32.5 | 17.8 | 23.5 | 21.9 |
| 1024 | 32.6 | 17.2 | 23.5 | 21.2 |
| 1025 | 42.8 | 18.9 | 28.0 | 22.7 |

B(32)：Block(32), S(32)：Strassen(32)

す．DD 精度では，単純行列乗算の並列化効率はまったく上がらず，むしろ悪化する．それに対して，キャッシュヒット率向上を図ったブロック化アルゴリズムでは，ほぼスレッド数に比例して性能向上を図ることができている．Strassen のアルゴリズムは，OpenMP による実装の非効率性が足を引っ張り，8 スレッドを使用しても 4 倍程度しか性能向上を果たしていない（図 9.2）．

それに対して QD 精度では，Strassen のアルゴリズムでもほぼスレッド数に比例し

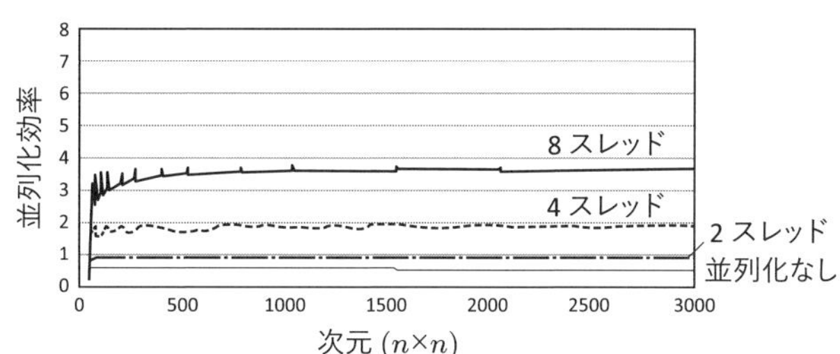


図 9.2 Strassen アルゴリズムの並列化効率：DD 精度

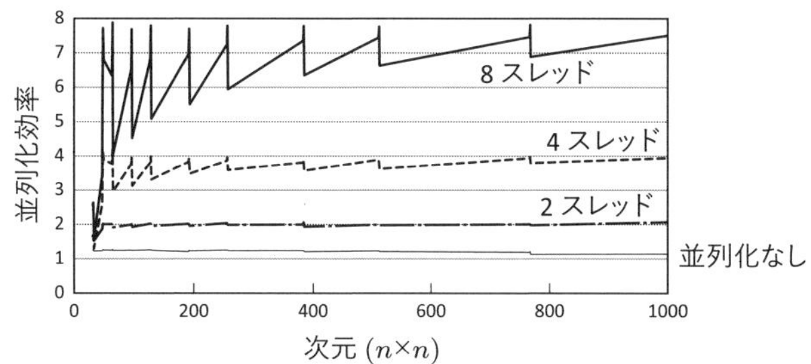


図 9.3 Strassen アルゴリズムの並列化効率：QD 精度

た性能向上を図ることができており（**図 9.3**），表 9.2 に示すとおり，結果として性能向上比に劣る MPFR 実装よりも，8 スレッド使用時にはわずかながらも高速になっていることがわかる．

以上の数値実験結果から，DD 精度，QD 精度計算において，並列化することで性能向上を図ることができ，ブロック化アルゴリズムより高速に実行できることが判明した．

## 9.2　2 重精度計算の考え方

DD 精度，QD 精度演算は，必ず最後に正規化の手続きが入る．多少なりとも誤差が増えてもよいので，正規化プロセスを省略して，もっと計算量を減らすことができないだろうか？

ロジスティック写像（式 (1.2)）を，通常の浮動小数点数演算 $\otimes, \ominus$ で表現すると，

$$x_{i+1} := 4x_i \otimes (1 \ominus x_i) \tag{9.1}$$

となる．扱う浮動小数点数 $x_i$ が 2 進表現であれば，$4x_i$ の演算では指数部が $+2$ されるだけなので，この計算では丸め誤差は混入しない．

初期値 $x_0$ を浮動小数点数で表現した結果，丸め誤差 $e_0$ が混入したとする．そうすると，次の $x_1$ に含まれる誤差 $e_1$ は，右辺の $\otimes$ と $\ominus$ のところで発生した丸め誤差 $e_{0,\otimes}$ と $e_{0,\ominus}$ を加えて

$$\begin{aligned} x_1 + e_1 &:= 4(x_0 + e_0)\{(1 - (x_0 + e_0)) + e_{0,\ominus}\} + e_{0,\otimes} \\ &= 4x_0(1 - x_0) + 4x_0 e_{0,\ominus} + e_{0,\otimes} - 4x_0 e_0 + 4(1 - x_0)e_0 \end{aligned} \tag{9.2}$$

となる．したがって，$x_i$ とその誤差 $e_i$ から，次の $x_{i+1}$ とその誤差 $e_{i+1}$ を得ると

$$\begin{aligned} x_{i+1} &:= 4x_i(1 - x_i), \\ e_{i+1} &:= 4x_i e_{i,\ominus} + e_{i,\otimes} - 4x_i e_i + 4(1 - x_i)e_i \end{aligned} \tag{9.3}$$

となる．

このような誤差を含む計算を実装するには，無誤差変換技法が不可欠である．この場合は，$e_{i,\ominus}$ の導出に TwoDiff を，$e_{i,\otimes}$ の導出に TwoProd を使用して，

$$\begin{aligned} &(s_i, e_{i,\ominus}) := \mathrm{TwoDiff}(1, x_i), \\ &(x_{i+1}, e_{i,\otimes}) := \mathrm{TwoProd}(4x_i, s_i), \\ &e_{i+1} := 4x_i \otimes e_{i,\ominus} \oplus e_{i,\otimes} \ominus 4x_i \otimes e_i \oplus 4s_i \otimes e_i \end{aligned} \tag{9.4}$$

のように計算を行う.

この誤差評価付き計算方法を，**2重精度 (2-fold precision) 計算**とよぶ．実質的にはDD演算とよく似ており，近似値 $x_i$ とその誤差評価 $e_i$ をそれぞれ $(x_i^{\text{high}}, x_i^{\text{low}}) := (x_i, e_i)$ と置きなおせば，DDdiff（Sloppy加算を用いた減算）とDDmul（DD乗算）を用いて計算した結果に近いものとなる．実際，

$$(s_i^{\text{high}}, s_i^{\text{low}}) := \text{DDdiff}(1, 0, x_i^{\text{high}}, x_i^{\text{low}}),$$
$$(x_i^{\text{high}}, x_i^{\text{low}}) := \text{DDmul}(4x_i^{\text{high}}, 4x_i^{\text{low}}, s_i^{\text{high}}, s_i^{\text{low}})$$

で表されるDDdiffとDDmulの計算結果は，

$$\begin{aligned}
&u_i^{\text{low}} := 0 \ominus x_i^{\text{low}}, \\
&(v_i^{\text{high}}, v_i^{\text{low}}) := \text{TwoDiff}(1, x_i^{\text{high}}), \\
&v_i^{\text{low}} := u_i^{\text{low}} \oplus v_i^{\text{low}}, \\
&(s_i^{\text{high}}, s_i^{\text{low}}) := \text{QuickTwoSum}(v_i^{\text{high}}, v_i^{\text{low}}), \\
&(w_i^{\text{high}}, w_i^{\text{low}}) := \text{TwoProd}(4x_i^{\text{high}}, s_i^{\text{high}}), \\
&w_i^{\text{low}} := w_i^{\text{low}} \oplus 4x_i^{\text{low}} \otimes s_i^{\text{high}} \oplus 4x_i^{\text{high}} \otimes s_i^{\text{low}}, \\
&(x_{i+1}^{\text{high}}, x_{i+1}^{\text{low}}) := \text{QuickTwoSum}(w_i^{\text{high}}, w_i^{\text{low}})
\end{aligned} \tag{9.5}$$

となる.

2重精度計算による計算式 (9.4) と，DD精度演算による計算式 (9.5) を比べてみると，前者はQuickTwoSumが2回分減っている．また，通常演算も少なくなっていることがわかる．つまり，マルチコンポーネント方式における正規化のプロセスを省くことで，DD精度演算を軽くしているのである．どんなケースでもこれが適用できるわけではなく，少なくとも誤差を含むlow項の絶対値が，high項の絶対値を下回っていることが保証できなければならない．ロジスティック写像の計算はこのケースにあたる.

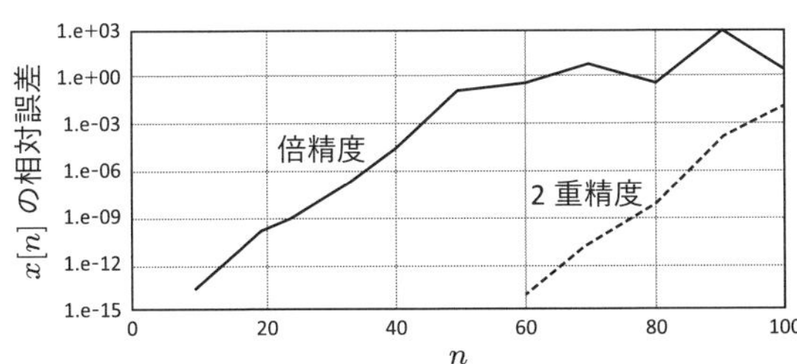


**図 9.4** 2重精度計算によるロジスティック写像の相対誤差

倍精度で求めたロジスティック写像の相対誤差と，2 重精度演算 (9.4) を用いて求めた値の相対誤差のグラフを**図 9.4** に示す．図を見ると，2 重精度演算によって，倍精度演算に比べて精度が向上していることがわかる．

**問題 9.1**
DD 精度演算を用いてロジスティック写像を求め，相対誤差と演算時間を，倍精度，2 重精度，DD 精度の 3 者でそれぞれ比較せよ．

## 9.3 BLAS1 の 2 重精度演算

無誤差変換技法を基本線形計算単位で適用し，とくに次元数の大きな線形計算を高速化する研究が進められている．詳細については参考文献[34] に譲るとして，ここでは BLAS (Basic Linear Algebra Subprogram)，とくに BLAS1（ベクトル演算）の 2 重精度演算の実装方法と性能について述べる．

### 9.3.1 ── BLAS1 の性能評価

単精度・倍精度の線形計算は，LAPACK (Linear Algebra PACKage) というライブラリを用いて行われる．この LAPACK を下支えする基本的なベクトルや行列演算の機能を提供するライブラリが BLAS であり，機能別に各種関数がレベル 1 (BLAS1, ベクトル演算)，レベル 2 (BLAS2，行列・ベクトル演算)，レベル 3 (BLAS3，行列演算）というカテゴリに分類されている．たとえば，ベクトルの内積計算は BLAS1，行列・ベクトル積は BLAS2，行列積は BLAS3 の関数になる．これらの BLAS 関数は，さまざまな高速化技法が施されたものが提供されており，代表的なものとしては CPU 向けとして Intel Math Kernel Library (MKL) や OpenBLAS，GPU 向けとしては cuBLAS, MAGMA といったものが挙げられる．詳細は参考文献[13] に譲るが，マルチコア CPU やメニーコア GPU といったハードウェアの性能を最大限活用できているのは BLAS3 の関数群で，次いで BLAS2 の関数群である．**図 9.5**(a) には，BLAS1 を用いた AXPY 関数 (MKL_DAXPY) の計算速度を示した．これを見るとわかるように，BLAS1 はかなり大次元のベクトルにならないと性能向上が見込めない†1．

図 9.5(a) のうち，8000 次元までを拡大したものが図 (b) である．比較のため，単純なループを用いて実装した自作 AXPY 関数 (My_DAXPY) の計算速度 (GFLOPS) も掲載してある．

---

†1 計算機環境は Intel Xeon E5-2620 v2 (2.1 GHz, 12 コア)，Intel C コンパイラ 13.1.3，MKL 11.0.5，CentOS 6.5 である．

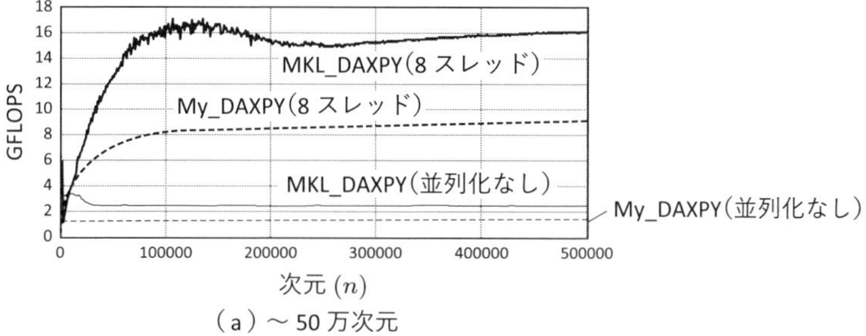


（a）～ 50 万次元

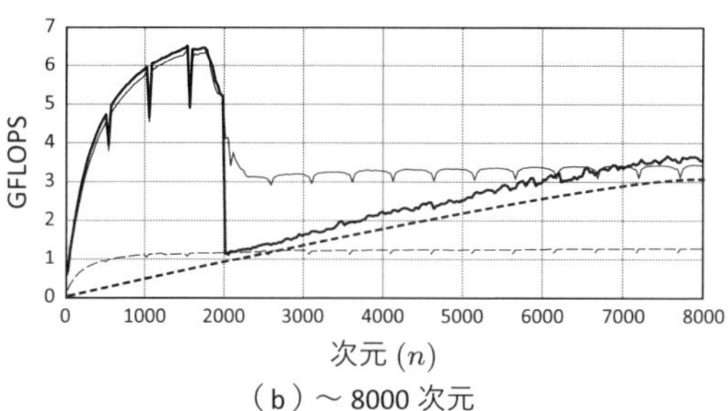


（b）～ 8000 次元

図 9.5　DAXPY(BLAS1) の性能評価

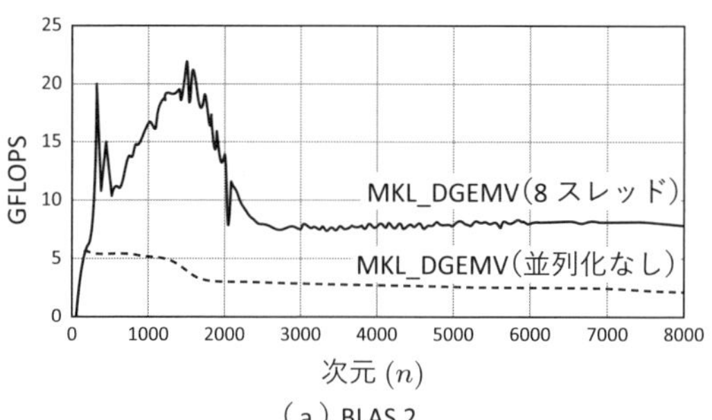


（a）BLAS 2

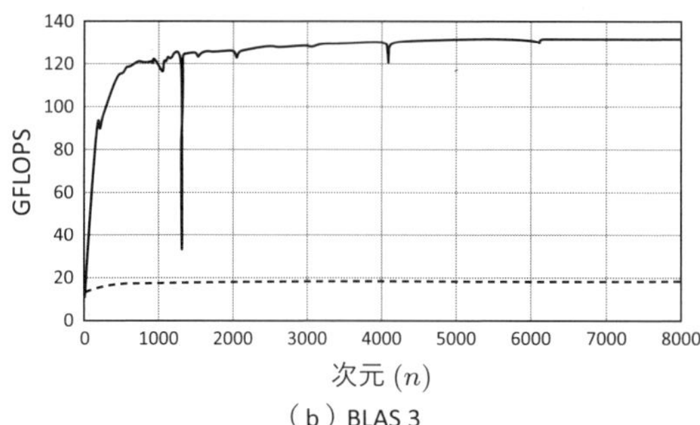


（b）BLAS 3

図 9.6　DGEMV (BLAS2) と DGEMM (BLAS3) の性能評価

これを見る限り，MKL ライブラリの性能をもってしても 2000 次元まではマルチコアを生かした並列化がまったく効いておらず，スレッド数にかかわらず，ほぼ同じ計算速度にとどまっていることがわかる．自作 AXPY 関数についても同様で，むしろ 2000 次元まではシングルスレッド実行のほうが高速である．MKL の AXPY 関数の複数スレッド並列化が効いてくるのは 7000 次元以上である．

参考までに，BLAS2 の行列・ベクトル積 (DGEMV) と BLAS3 の行列積 (DGEMM) の 8000 次元までのベンチマークテストを図 9.6 に示す．

これを見ると，BLAS1 とは異なり，複数スレッドを用いた並列化による効果が明確に示されている．尾崎らは DGEMM を用いた 2 重精度計算手法を提案し，倍精度計算では精度が悪化する悪条件行列積を，高精度かつ DD 精度演算を使用するより高速に実行できることを示している[34]．図 9.6(b) に示されるように，MKL が提供する高性能な DGEMM 関数を利用することで実現できた成果といえる．

### 9.3.2 ── 無誤差変換機能を用いた誤差評価付き BLAS1 の実装

BLAS1 については，次元数の少ないベクトルに対してはあまり性能がよくないため，誤差評価付きの BLAS1 関数を実装するには，既存の倍精度 BLAS1 関数を利用する方法に加えて，要素ごとに無誤差変換技法を適用する実装方法も考慮する必要がある．

以下，1 つの提案として，後者の実装方法を，BLAS1 関数の SCAL（ベクトルのスカラー倍）と AXPY について具体的に示す．

ここで利用するのは，S.Boldo と J.-M. Muller らによって提案された[35]，無誤差変換技法を拡張して実現できる無誤差変換 FMA 演算である．

入力値 $a$, $x$, $y$ は誤差のない浮動小数点数とし，$ax + y$ の近似値を $s$, その誤差を $e_1, e_2$ として返すのが FMAerror である（アルゴリズム 9.1）．

**アルゴリズム 9.1　FMAerror 演算**

$(s, e_1, e_2) :=$ FMAerror$(a, x, y)$
　$s := \mathrm{FMA}(a, x, y) = ax + y$
　$(u_1, u_2) := \mathrm{TwoProd}(a, x)$
　$(\alpha_1, \alpha_2) := \mathrm{TwoSum}(y, u_2)$
　$(\beta_1, \beta_2) := \mathrm{TwoSum}(u_1, \alpha_1)$
　$\gamma := \beta_1 \ominus s \oplus \beta_2$
　$(e_1, e_2) := \mathrm{QuickTwoSum}(\gamma, \alpha_2)$
　**return** $(s, e_1, e_2)$

ここで，

$$s + e_1 + e_2 = ax + y \quad \text{ここで } s = a \otimes x \oplus y,$$
$$|e_1 + e_2| = \frac{1}{2}u|s|,$$
$$|e_2| = \frac{1}{2}u|e_1|$$

である．

これに対し，FMAerror よりもさらに演算量を減らし，誤差項を 1 つにまとめた FMAerrorApprox も提案されている（**アルゴリズム 9.2**）．

**アルゴリズム 9.2 FMAerrorApprox 演算**

$(s, e) :=$ FMAerrorApprox$(a, x, y)$
  $s :=$ FMA$(a, x, y)$
  $(u_1, u_2) :=$ TwoProd$(a, x)$
  $(\alpha_1, \alpha_2) :=$ TwoSum$(y, u_1)$
  $\gamma := \alpha_1 \ominus s$
  $e := (u_2 \oplus \alpha_2) \oplus \gamma$
  **return** $(s, e)$

倍精度演算が使用された場合，FMAerrorApprox の誤差項 $e$ の上限値は

$$|(s + e) - (ax + b)| \leq 7 \cdot 2^{-105}|s|$$

として与えられる．

FMAerror や FMAerrorApprox と同様の演算は，Sloppy DD 加算と DD 乗算を組み合わせる事で実現できる．その演算量を比較した表を**表 9.3** に示す．

表 9.3 FMAerror と DD Sloppy 加算と DD 乗算の演算量

| 演　算 | $\oplus, \ominus$ | $\otimes$ | FMA |
|---|---|---|---|
| FMAerror | 17 | 1 | 2 |
| FMAerrorApprox | 9 | 1 | 2 |
| Sloppy DD 加算と DD 乗算 | 16 | 3 | 1 |

FMAerror の演算量は Sloppy DD 加算と DD 乗算を組み合わせた場合と同じだが，FMAerrorApprox は加減算の回数が少なくなる．

以上の演算を用いると，BLAS1，とくに以下の AXPY 演算（**アルゴリズム 9.3**）と SCAL 演算（**アルゴリズム 9.4**）は，無誤差変換アルゴリズム化できることがわかる．

**アルゴリズム 9.3 AXPY 演算**

$\mathbf{y} :=$ AXPY$(\alpha, \mathbf{x}, \mathbf{y})$
  $\mathbf{y} := \alpha \otimes \mathbf{x} \oplus \mathbf{y}$
  **return y**

**アルゴリズム 9.4　SCAL 演算**

$\mathbf{x} := \mathrm{SCAL}(\alpha, \mathbf{x})$
　$\mathbf{x} := \alpha \otimes \mathbf{x}$
　**return** $\mathbf{x}$

以下では，倍精度四則演算，QuickTwoSum, TwoSum, TwoDiff, TwoProd, FMAerror はベクトルの要素ごとに実行するものとする．また，常識的な数値計算では初期誤差が必ず含まれていると考えるので，入力ベクトル $\mathbf{x}$ に含まれている誤差は $\mathbf{e_x}$ と表現する．

そうすると，SCAL は SCALerror（アルゴリズム 9.5）に，AXPY は AXPYerror（アルゴリズム 9.6，FMAerror 使用）と AXPYerrorA（アルゴリズム 9.7，FMAerrorApprox 使用）に，それぞれ無誤差変換技法を用いたアルゴリズムとして拡張することができる．

**アルゴリズム 9.5　SCALerror 演算**

$(\mathbf{x}, \mathbf{e_x}) := \mathrm{SCALerror}(\alpha, e_\alpha, \mathbf{x}, \mathbf{e_x})$
　$(\mathbf{w}_1, \mathbf{w}_2) := \mathrm{TwoProd}(\alpha, \mathbf{x})$
　$\mathbf{w}_2 := \alpha \otimes \mathbf{e_x} \oplus e_\alpha \otimes (\mathbf{x} \oplus \mathbf{e_x}) \oplus \mathbf{w}_2$
　$(\mathbf{x}, \mathbf{e_x}) := \mathrm{QuickTwoSum}(\mathbf{w}_1, \mathbf{w}_2)$
　**return** $(\mathbf{x}, \mathbf{e_x})$

**アルゴリズム 9.6　AXPYerror 演算**

$(\mathbf{y}, \mathbf{e_y}) := \mathrm{AXPYerror}(\alpha, e_\alpha, \mathbf{x}, \mathbf{e_x}, \mathbf{y}, \mathbf{e_y})$
　$(\mathbf{y}, \mathbf{e}_1, \mathbf{e}_2) := \mathrm{FMAerror}(\alpha, \mathbf{x}, \mathbf{y})$
　$\mathbf{e_y} := \mathbf{e}_1 \oplus \mathbf{e}_2 \oplus \alpha \otimes \mathbf{e_x} \oplus e_\alpha \otimes \mathbf{x} \oplus \mathbf{e_y}$
　**return** $(\mathbf{y}, \mathbf{e_y})$

**アルゴリズム 9.7　AXPYerrorA 演算**

$(\mathbf{y}, \mathbf{e_y}) := \mathrm{AXPYerrorA}(\alpha, e_\alpha, \mathbf{x}, \mathbf{e_x}, \mathbf{y}, \mathbf{e_y})$
　$(\mathbf{y}, \mathbf{e}) := \mathrm{FMAerrorApprox}(\alpha, \mathbf{x}, \mathbf{y})$
　$\mathbf{e_y} := \mathbf{e} \oplus \alpha \otimes \mathbf{e_x} \oplus e_\alpha \otimes \mathbf{x} \oplus \mathbf{e_y}$
　**return** $(\mathbf{y}, \mathbf{e_y})$

## 9.4　2重精度演算の応用：補外法による常微分方程式の初期値問題の近似解計算

BLAS1 を無誤差技法を用いて拡張した SCALerror と AXPYerror,AXPYerrorA を，常微分方程式の数値解法に適用し，その効果を確認してみる．

今回解くべき $n$ 次元常微分方程式の初期値問題を，以下のように表記する．

$$\begin{cases} \dfrac{d\mathbf{y}}{dt} = \mathbf{f}(t, \mathbf{y}) \\ \mathbf{y}(t_{\text{start}}) = \mathbf{y}_{\text{start}} \end{cases} \tag{9.6}$$

ここで $\mathbf{y}, \mathbf{f}(t, \mathbf{y}) \in \mathbb{R}^n$，積分区間は $[t_{\text{start}}, t_{\text{end}}]$ とする．この積分区間を離散化し，各 $t_{\text{next}} \in [t_{\text{start}}, t_{\text{end}}]$ において，$\mathbf{y}_{\text{old}} \approx \mathbf{y}(t_{\text{old}})$ から $\mathbf{y}_{\text{next}} \approx \mathbf{y}(t_{\text{next}})$ を求める 1 ステップを，陽的補外法を用いて計算するものとする．以下，そのアルゴリズムと，Hairer による補外過程における丸め誤差の拡大率について述べる．

### 9.4.1 ── 陽的補外法のアルゴリズム

まず，最大段数 $L$，相対許容値 $\varepsilon_{\text{rtol}}$，絶対許容値 $\varepsilon_{\text{atol}}$，補助数列 $\{w_i\}_{i=1}^{L}$ を与える．ここでは補助数列として，次の Romberg 数列 $(w_i := 2^i)$ と調和数列 $(w_i := 2(i+1)$ を使用する．

補外法では，適切な離散解法を用いて初期系列 $\mathbf{T}_{i1} (i = 1, 2, ..., L)$ を求める．離散解法として陽的 Euler 法と陽的中点法を採用する．

$$h := (t_{\text{next}} - t_{\text{old}})/w_i \to t_k := t_{\text{old}} + kh \in [t_{\text{old}}, t_{\text{next}}] \tag{9.7}$$

$$t_0 := t_{\text{old}},\ \mathbf{y}_0 \approx y(t_{\mathbf{old}}) \tag{9.8}$$

$$\text{陽的 Euler 法：}\mathbf{y}_1 := \mathbf{y}_0 + h\mathbf{f}(t_0, \mathbf{y}_0) = \mathbf{y}_0 + h\mathbf{f}_0 \tag{9.9}$$

$$\begin{aligned} \text{陽的中点法：}\mathbf{y}_{k+1} &:= \mathbf{y}_{k-1} + 2h\mathbf{f}(t_k, \mathbf{y}_k) \\ &= \mathbf{y}_{k-1} + 2h\mathbf{f}_k \quad (k = 1, 2, ..., w_i - 1) \end{aligned} \tag{9.10}$$

$$\mathbf{T}_{i1} := \mathbf{y}_{w_i} \tag{9.11}$$

次に，次数をあげるための補外過程で，$\mathbf{T}_{i-1,1}$ と $\mathbf{T}_{i1}$ から $\mathbf{T}_{i2} (j = 2, ..., L)$ を求める．

$$\begin{aligned} c_{ij} &:= \left( \left( \frac{w_i}{w_{i-j+1}} \right)^2 - 1 \right)^{-1}, \\ \mathbf{R}_{ij} &:= c_{ij}(\mathbf{T}_{i,j-1} - \mathbf{T}_{i-1,j-1}), \\ \mathbf{T}_{ij} &:= \mathbf{T}_{i,j-1} + \mathbf{R}_{ij} \end{aligned} \tag{9.12}$$

この際，収束チェックを

$$\|\mathbf{R}_{ij}\| \le \varepsilon_{\text{rtol}} \|\mathbf{T}_{i,j-1}\| + \varepsilon_{\text{atol}} \tag{9.13}$$

で行う．この条件を満足すれば，$\to \mathbf{y}_{\text{next}} := \mathbf{T}_{ij}$ とし，満足しなければ，初期系列

$\mathbf{T}_{i+1,1}$ を求め，補外過程 (9.12) を繰り返す．収束条件を満足しなくても，補外過程は必ず最大段数 $L$ で停止する．室伏・永坂[36] では，$\varepsilon_{\rm rtol} = \varepsilon_{\rm atol} = 0$ とすることで，理論誤差と丸め誤差が同程度の大きさになる最適な近似解が得られるとしている．

以上の陽的補外法は，BLAS1 関数である AXPY と SCAL（図 9.5）のみで計算できる．

### 9.4.2 —— 補助数列ごとの誤差の拡大率

Hairer & Wanner[37] において，補外法，とくに補外過程における誤差解析が行われている．前提として，

- 初期系列 $T_{i1}$ に含まれる丸め誤差は $O(\varepsilon)$ と仮定し，$\varepsilon_{i1} = (-1)^{i-1}\varepsilon$ とする
- 隣接する初期系列どうしの差によって打ち消されないものとする

とすると，$\mathbf{T}_{i2}$ に含まれる丸め誤差 $\varepsilon_{i2}$ は

$$\varepsilon_{ij} = \varepsilon_{i,j-1} + \frac{\varepsilon_{i,j-1} - \varepsilon_{i-1,j-1}}{(w_i/w_{i-j+1})^2 - 1} = r_{ij}\varepsilon$$

と記述できる．この $\varepsilon_{ij} = r_{ij}\varepsilon$ における係数 $r_{ij}$ は，初期系列の丸め誤差の拡大率を表す．$L = 20$ としたときの**図 9.7** に示すように，Romberg 数列は 2 倍以内で抑えられるのに対し，調和数列では $10^6$ 程度まで増えることがわかる．

室伏・永坂は，丸め誤差の拡大がほとんど起こらない Romberg 数列の使用を推奨している．一方，調和数列を用いることで，刻み数の増加量が緩やかとなり，初期系列の計算量が減らせることから，多倍長計算向きといえる．

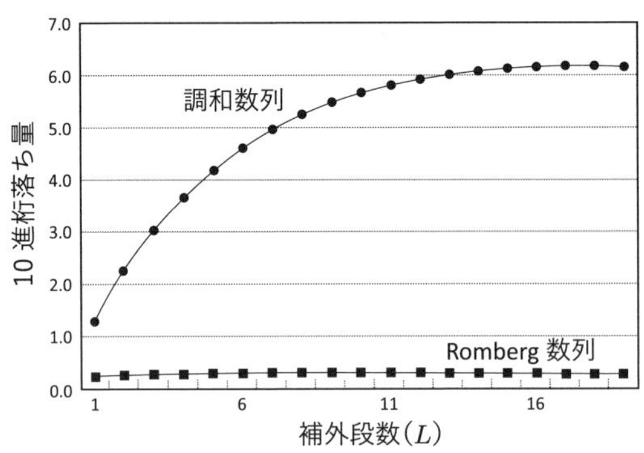


図 9.7　各補助数列に対応する $\log_{10}|r_{20,i}|$

### 9.4.3 ── 無誤差変換 BLAS1 を用いた陽的補外法のアルゴリズム

すでに見てきたように，陽的補外法は SCAL と AXPY のみで計算できる．ここでは，この 2 つの BLAS1 計算を，無誤差変換を応用して誤差評価付きのものとし，高精度な近似解を得ることのできる誤差評価付き陽的補外法のアルゴリズムを示す．

誤差評価付き BLAS1 関数を用いた陽的補外法のアルゴリズムは次のようになる．

まず関数 $\mathbf{f}(t,\mathbf{y})$ を誤差付きの入出力ができるようにする．$\mathbf{f}(t_k,\mathbf{y}_k)=\mathbf{f}_k$ とすると，誤差付きの入力値 $(t_k,\mathbf{e}_{t_k})$, $(\mathbf{y}_k,\mathbf{e}_{\mathbf{y}_k})$ を受け取り，$\mathbf{f}(t_k,\mathbf{e}_{t_k},\mathbf{y}_k,\mathbf{e}_{\mathbf{y}_k})=(\mathbf{f}_k,\mathbf{e}_{\mathbf{f}_k})$ のように，誤差付きの出力ができるように書き換える．

陽的 Euler 法：

$$
\begin{aligned}
&(\mathbf{y}_1,\mathbf{e}_{\mathbf{y}_1}) := (\mathbf{y}_0,\mathbf{e}_{\mathbf{y}_0}),\\
&(\mathbf{y}_1,\mathbf{e}_{\mathbf{y}_1}) := \mathrm{AXPYerror}(h,e_h,\mathbf{f}_0,\mathbf{e}_{\mathbf{f}_0},\mathbf{y}_1,\mathbf{e}_{\mathbf{y}_1})
\end{aligned}
\tag{9.14}
$$

陽的中点法：

$$
\begin{aligned}
&(\mathbf{y}_{k+1},\mathbf{e}_{\mathbf{y}_{k+1}}) := (\mathbf{y}_{k-1},\mathbf{e}_{\mathbf{y}_{k-1}}),\\
&(\mathbf{y}_{k+1},\mathbf{e}_{\mathbf{y}_{k+1}})\\
&:= \mathrm{AXPYerror}(2\otimes h,2\otimes e_h,\mathbf{f}_k,\mathbf{e}_{\mathbf{f}_k},\mathbf{y}_{k+1},\mathbf{e}_{\mathbf{y}_{k+1}})\quad (k=1,2,...,w_i-1)
\end{aligned}
\tag{9.15}
$$

補外過程：

準備（DD 計算）：$(c_{ij},e_{c_{ij}}) := \dfrac{1}{(w_i/w_{i-j+1})^2-1}$

$$
\begin{aligned}
&(\mathbf{T}_{ij},\mathbf{e}_{\mathbf{T}_{ij}}) := (\mathbf{T}_{i,j-1},\mathbf{e}_{\mathbf{T}_{i,j-1}}),\\
&(\mathbf{R}_{ij},\mathbf{e}_{\mathbf{R}_{ij}}) := (\mathbf{T}_{i,j-1},\mathbf{e}_{\mathbf{T}_{i,j-1}}),\\
&(\mathbf{R}_{ij},\mathbf{e}_{\mathbf{R_{ij}}}) := \mathrm{AXPYerror}(-1,0,\mathbf{T}_{i-1,j-1},\mathbf{e}_{\mathbf{T}_{i-1,j-1}},\mathbf{R}_{ij},\mathbf{e}_{\mathbf{R}_{ij}}),\\
&(\mathbf{R}_{ij},\mathbf{e}_{\mathbf{R}_{ij}}) := \mathrm{SCALerror}(c_{ij},e_{c_{ij}},\mathbf{R}_{ij},\mathbf{e}_{\mathbf{R}_{ij}}),\\
&(\mathbf{T}_{ij},\mathbf{e}_{\mathbf{T}_{ij}}) := \mathrm{AXPYerror}(1,0,\mathbf{R}_{ij},\mathbf{e}_{\mathbf{R}_{ij}},\mathbf{T}_{ij},\mathbf{e}_{\mathbf{T}_{ij}})
\end{aligned}
\tag{9.16}
$$

### 9.4.4 ── Møller 法

Møller 法とは，常微分方程式の初期値問題において，小さい値を足し込む際の情報落ちを救う（= 丸め誤差の蓄積を抑える）アルゴリズムとして，古くから使われてきた手法である．具体的には，$S_i := S_{i-1}+z_{i-1}$ という加算に対して，

$$
\begin{aligned}
&s_i := z_{i-1}\ominus R_{i-1}\quad (R_0=0),\quad S_i := S_{i-1}\oplus s_i,\\
&r_i := S_i\ominus S_{i-1},\quad R_i := r_i\ominus s_i
\end{aligned}
$$

という演算を行う．これは，$R'_i=-R_i$ とすると，以下のように QuickTwoSum を用

いて表記できる．

$$s_i := z_{i-1} \oplus R'_{i-1} \ (R'_0 = 0),$$
$$(S_i, R'_i) := \text{QuickTwoSum}(S_{i-1}, s_i) \tag{9.17}$$

$\text{QuickTwoSum}(S_{i-1}, s_i)$ は，$|S_{i-1}| \geq |s_i|$ であるときにのみ，正確な誤差を返すことができる．初期系列の陽的 Euler 法，陽的中点法の計算や補外過程の計算では，打ち切り誤差が丸め誤差より小さくなったときに丸め誤差の補正ができればよいので，実用的には QuickTwoSum の適用条件を満足していることが多いと思われるが，効果が見えないことも多い．今回はこの形式で，Møller 法を初期系列，補外過程に使用した．

### 9.4.5 ── 斉次線形常微分方程式のベンチマークテスト

数値実験により，誤差評価付き BLAS1 を用いた陽的補外法の性能評価と誤差評価を行う．使用した計算環境は次の通りである．

**Ryzen**：AMD Ryzen 1700 (2.7 GHz), Ubuntu 16.04.5, GCC 5.4.0, QD 2.3.18[3], LAPACK 3.8.0

**Corei7**：Intel Core i7-9700K (3.6 GHz), Ubuntu 18.04.2, GCC 7.3.0, QD 2.3.20, LAPACK 3.8.0

使用した補助数列は Romberg 数列と調和数列，使用した計算精度・アルゴリズムは以下のとおりである．

**DD**：DD 精度計算

**DEFT**：倍精度 SCALerror, AXPYerror, $\mathbf{f} + \mathbf{e_f}$

**DEFTA**：倍精度 SCALerror, AXPYerrorA, $\mathbf{f} + \mathbf{e_f}$

**Double**：倍精度計算

**DMøller**：倍精度 Møller 法

DEFTA は，DEFT のうち AXPYerror を，AXPYerrorA で置き換えただけのものである．DEFT や DD 演算では，DD 精度の $\mathbf{f}$ を用いて計算を行った．また，とくに断らない限り，$\varepsilon_{\text{rtol}} = \varepsilon_{\text{atol}} = 0$ として収束判定を行う[36]．

次元数の大きい問題として，BLAS1 のみを用いて計算できる，次式の斉次線形常微分方程式の初期値問題を解いてみる．今回は 2048 次元 ($n = 2048$) とした．

$$\frac{d}{dt}\begin{bmatrix} y_1 \\ \vdots \\ y_n \end{bmatrix} = \begin{bmatrix} -y_1 \\ \vdots \\ -ny_n \end{bmatrix} \left( = \begin{bmatrix} f_1 \\ \vdots \\ f_n \end{bmatrix} \right)$$

$$\mathbf{y}(0) = [1 \ \cdots \ 1]^T, \quad t \in [0, 1/4]$$

解析解は $\mathbf{y}(t) = [\exp(-x) \ \cdots \ \exp(-nx)]^T$ である．

**表 9.4** に，Romberg 数列を用いた $L = 4$ の陽的補外法の計算時間 (上段) と，近似解の各要素の相対誤差の最大値を示す．ステップ数 512, 1024（表中の下線部）では打切り誤差がすべての精度桁で優越しており，最大相対誤差が同一になる．

**表 9.4** 線形常微分方程式：Romberg 数列，$L = 4$

| $L = 4$ | Ryzen の計算時間［秒］ | | | | |
|---|---|---|---|---|---|
| ステップ数 | DD | DEFT | DEFTA | Double | DMøller |
| 512 | 1.79 | 1.41 | 0.99 | 0.2 | 0.33 |
| 1024 | 3.59 | 2.81 | 1.95 | 0.41 | 0.67 |
| 2048 | 7.18 | 5.64 | 3.82 | 0.81 | 1.33 |
| 4096 | 14.4 | 11.3 | 7.58 | 1.62 | 2.66 |
| 8192 | 28.8 | 22 | 14.9 | 3.17 | 5.33 |
| ステップ数 | Corei7 の計算時間［秒］ | | | | |
| 512 | 1.17 | 0.86 | 0.73 | 0.1 | 0.26 |
| 1024 | 2.33 | 1.69 | 1.47 | 0.21 | 0.52 |
| 2048 | 4.64 | 3.39 | 2.92 | 0.41 | 1.04 |
| 4096 | 9.34 | 6.75 | 5.87 | 0.82 | 2.07 |
| 8192 | 18.7 | 13.3 | 11.5 | 1.64 | 4.13 |
| ステップ数 | 最大相対誤差 | | | | |
| 512 | 1.8e-07 | 1.8e-07 | 1.8e-07 | 1.8e-07 | 1.8e-07 |
| 1024 | 1.2e-10 | 1.2e-10 | 1.2e-10 | 1.2e-10 | 1.2e-10 |
| 2048 | 9.3e-14 | 9.3e-14 | 9.3e-14 | 1.5e-13 | 9.4e-14 |
| 4096 | 8.2e-17 | 4.6e-16 | 4.6e-16 | 2.3e-13 | 4.3e-14 |
| 8192 | 7.6e-20 | 3.3e-16 | 3.3e-16 | 3.9e-13 | 1.7e-13 |

この結果，次のことが判明した．

- 相対誤差が同じ大きさ，つまり，丸め誤差より打ち切り誤差が大きいときには，DEFTA は，だいたい DD 精度演算より 1.6 倍高速，DEFT より 1.2 倍高速である．
- 2048 ステップを超えると，DD 精度演算以外で見ると，DEFT と DEFTA の相対誤差が最も小さく，この両者の差は見られない．Møller 法は倍精度の結果と比べて 10 進 1 桁程度精度を向上させている．

**表 9.5** に，調和数列を用いた $L = 6$ の陽的補外法の計算時間 (上段) と，近似解の各要素の相対誤差の最大値を示す．この場合，ステップ数 512（表中の下線部）では打切り誤差がすべての精度桁で優越し，最大相対誤差が同一となる．

表 9.5　線形常微分方程式：調和数列, $L = 6$

| $L = 6$ ステップ数 | Ryzen の計算時間［秒］ | | | | |
|---|---|---|---|---|---|
| | DD | DEFT | DEFTA | Double | DMøller |
| 512 | <u>1.87</u> | <u>1.76</u> | <u>1.42</u> | <u>0.28</u> | <u>0.4</u> |
| 1024 | 3.74 | 3.53 | 2.84 | 0.55 | 0.81 |
| 2048 | 7.48 | 6.93 | 5.58 | 1.11 | 1.62 |
| 4096 | 14.9 | 10.4 | 8.38 | 2.22 | 3.24 |
| 8192 | 29.9 | 15.4 | 12.4 | 4.43 | 6.49 |
| **ステップ数** | **Corei7 の計算時間［秒］** | | | | |
| 512 | <u>1.4</u> | <u>1.04</u> | <u>0.89</u> | <u>0.1</u> | <u>0.26</u> |
| 1024 | 2.8 | 2.07 | 1.78 | 0.21 | 0.52 |
| 2048 | 5.6 | 4.11 | 3.5 | 0.41 | 1.04 |
| 4096 | 11.2 | 6.17 | 5.27 | 0.82 | 2.07 |
| 8192 | 22.5 | 9.2 | 7.86 | 1.64 | 4.13 |
| **ステップ数** | **最大相対誤差** | | | | |
| 512 | <u>4.3e-10</u> | <u>4.3e-10</u> | <u>4.3e-10</u> | <u>4.3e-10</u> | <u>4.3e-10</u> |
| 1024 | 1.7e-14 | 2.7e-14 | 2.7e-14 | 7.1e-13 | 6.6e-13 |
| 2048 | 8.4e-19 | 1.3e-14 | 1.3e-14 | 9.2e-13 | 7.2e-13 |
| 4096 | 4.6e-23 | 5.5e-15 | 5.5e-15 | 1.0e-12 | 7.6e-13 |
| 8192 | 2.7e-27 | 2.2e-15 | 2.2e-15 | 1.5e-12 | 8.6e-13 |

この結果，次の事がわかる．

- すべての相対誤差が同じ程度のステップ数で見る限り，DEFT の計算時間は DD 精度より 6〜7%向上している．DEFTA の計算時間はさらに少ない．
- DD 精度以外では，DEFT と DEFTA の相対誤差が最小となる．

## 章末問題

9.1　**［発展］** 古典的陽的 Runge-Kutta 法は 4 次精度の近似公式で，1 ステップの計算は以下のように実行する．

$$\begin{cases} \mathbf{k}_1 = \mathbf{f}(x_{\mathrm{old}}, \mathbf{y}_{\mathrm{old}}) \\ \mathbf{k}_2 = \mathbf{f}\left(x_{\mathrm{old}} + \dfrac{1}{2}h, \mathbf{y}_{\mathrm{old}} + \dfrac{1}{2}h\mathbf{k}_1\right) \\ \mathbf{k}_3 = \mathbf{f}\left(x_{\mathrm{old}} + \dfrac{1}{2}h, \mathbf{y}_{\mathrm{old}} + \dfrac{1}{2}h\mathbf{k}_2\right) \\ \mathbf{k}_4 = \mathbf{f}(x_{\mathrm{old}} + h, \mathbf{y}_{\mathrm{old}} + h\mathbf{k}_3) \end{cases} \tag{9.18}$$

$$\mathbf{y}_{\mathrm{new}} := \mathbf{y}_{\mathrm{old}} + \frac{1}{6}h(\mathbf{k}_1 + 2\mathbf{k}_2 + 2\mathbf{k}_3 + \mathbf{k}_4) \tag{9.19}$$

これに対して，単精度，倍精度，DD 精度，無誤差変換技法を用いて実装し，近似解の最大相対誤差と計算時間を比較せよ．

# A 問題・章末問題略解

付録 A で参照しているプログラムは，`https://github.com/tkouya/mpna/` に掲載しているので，適宜参照されたい．

## ◆── 第 1 章

### 章末問題

**1.1**　$100! = 93326215\cdots 091686400000000000000000000000$, $1000! = 4023872600\cdots$. Windows10 標準アクセサリの電卓（関数電卓）で計算可能．GMP のプログラム例は `mpz_factorial.c` を参照．

**1.2**　任意精度の設定ができる `logistic_mpreal.cpp`（C++プログラム）や `logistic_mpfr.c`（C プログラム）を使って調べよ．

**1.3**　以下に MATLAB（の数式処理機能 MuPAD）と Python（gmpy2 を使用）の例を示す．

MATLAB（MuPAD スクリプト）：

```
DIGITS := 100;

x[0] := 0.7501:
for i from 0 to 100 step 1 do
  x[i + 1] := 4 * x[i] * (1 - x[i]):
end_for:
for i from 0 to 100 step 10 do
  print(i, x[i]);
end_for;
```

Python：

```
import gmpy2
from gmpy2 import mpfr as mf;

gmpy2.get_context().precision = 256

x = [mf('0.7501')]

for i in range(0, 100):
  x.append(4 * x[i] * (1 - x[i]))

for i in range(0, 101):
```

```
print(i,',', x[i])
```

◆—— 第 2 章

**問題 2.1**　$12.3 = (1100.0\dot{1}00\dot{1})_2 = (\mathrm{C}.4\dot{\mathrm{C}})_{16}$

**問題 2.2**　$36 = (00100100)_2 \to -36 = (11011100)_2$

**問題 2.3**　$1/3 \approx 3.3333 \times 10^{-1} \to E_{\mathrm{rel}}(3.3333) \approx 1.11 \times 10^{-6} \to 10$ 進有効桁数は 5.

**問題 2.4**　次のような結果が得られる．$x_{20}$ で 1 桁程度の有効桁数しかない．

| i | RM | RN | RP |
|---|---|---|---|
| 0, | 7.5010002e-01 | 7.5010002e-01 | 7.5010002e-01 |
| 10, | 8.4451348e-01 | 8.4451681e-01 | 8.4449655e-01 |
| 20, | 1.2610383e-01 | 1.2290392e-01 | 1.4227618e-01 |
| 30, | 7.4164075e-01 | 4.9778005e-01 | 4.2725600e-02 |
| 40, | 3.5835084e-01 | 5.7825547e-01 | 1.7286229e-01 |
| 50, | 3.1159574e-01 | 8.7997538e-01 | 4.6064019e-01 |
| 60, | 1.2042288e-02 | 6.9623333e-01 | 2.2535935e-01 |
| 70, | 2.2944739e-01 | 5.6387091e-01 | 4.3607539e-01 |
| 80, | 2.8965032e-01 | 1.4486660e-01 | 1.0813350e-01 |
| 90, | 4.4908887e-01 | 5.6300414e-01 | 3.9492986e-01 |
| 100, | 8.5733098e-01 | 9.2065656e-01 | 9.9978036e-01 |

**問題 2.5**　絶対値の小さい解 $(0.00571\cdots)$ は，10 進 2 桁ほど桁落ちする．

**問題 2.6**　実は，Hilbert 行列の 1 行目とその逆行列の要素の積になっている．

**問題 2.7**　Maclaurin 展開を用いた $\exp(x)$ の近似計算プログラムは `mpfr_exp.c` 参照．これを使って近似値を求めると，$x = 3.8$ の場合，28 項の近似式を使って $1.9 \times 10^{-16}$ の相対誤差となる近似値が得られるのに対し，$x = 0.8$ の場合は 15 項で $6.3 \times 10^{-16}$ の相対誤差になる．

**章末問題**

**2.1**　ビットを超える値になったところで予測不能となる．`mpz_factorial.c` 内の `ul_factorial` 関数を実行して確認せよ．

**2.2**　10 進 5 桁は $\pi + e \approx 3.1416 + 2.7183 = 5.8599$，10 進 10 桁は $3.141592654 + 2.718281828 = 5.859874482$ となる．どちらも，$\pi$, $e$ の丸めの際に誤差が混入するが，加算は正確に実行できる．

**2.3**　`quadratic_eq.c` 参照．

**2.4**　略

◆—— 第 3 章

**問題 3.1**　(1) $n$ 次正方行列の積の演算回数は，乗算 $n^3$，加減算 $n^2(n-1)$．
(2) 計算時間を (1) の演算回数 $\times 1024^3$ で割って求める．

**問題 3.2**　略

**問題 3.3**　(1) `matmul_block.cpp` 参照．この中の `mul_dmatrix_block` 関数でゼロパディ

ングを行っている.　(2) GFLOPS 値も表示しているので参照されたい.

**問題 3.4**　(1) `matmul_block.cpp` 参照. この中の `mul_dmatrix_strassen` 関数で Strassen のアルゴリズムを使用している.　(2) 略

**問題 3.5**　`matmul_block.cpp` 参照. `mul_dmatrix_block` 関数は OpenMP で並列化しており, 実行してみると, 2000 次元ぐらいで単純行列乗算 (`mul_dmatrix` 関数) の半分程度の計算時間になる.

**章末問題**

**3.1**　次の表のようになる.

| Simple | $n$ | | | |
|---|---|---|---|---|
| | 2 | 4 | 8 | 16 |
| $A(n)$ | 4 | 48 | 448 | 3840 |
| $M(n)$ | 8 | 64 | 512 | 4096 |

**3.2**　次の表のようになる.

| Strassen | $n$ | | |
|---|---|---|---|
| | 4 | 8 | 16 |
| $A(n)$ | 48 | 448 | 3136 |
| $M(n)$ | 64 | 408 | 3144 |

**3.3**　サンプルプログラム `matmul_simple.cpp` (単純行列乗算), `matmul_block.cpp` (ブロック化アルゴリズムと Strassen アルゴリズム) をコンパイルして実行し, 計算時間を計ってみること.

**3.4**　次の表のとおり.

| $n$ | 128 | 256 | 512 | 1024 |
|---|---|---|---|---|
| $\|C\|_F$ | 22868 | 91694 | $3.672... \times 10^5$ | $1.470... \times 10^6$ |

**3.5**　式 (3.6) の加減算回数の係数が 15 になる. 実装例としてはサンプルプログラム `matmul_winograd.cpp` があるので, コンパイルして実行してみよ.

## ◆―― 第 4 章

**問題 4.1**　(1) $A + B = 99999999$　(2) $AB = 1082152022374638$
(3) $q = 7, r = 1234575$. プログラムは `mpn_sample_full.c` 参照.

**問題 4.2**　`mpz_input.c` 参照. たとえば, 文字列 `str_a` を 10 進整数として受け取り, *mpz_t* 型変数 `a` に代入するには, 次のように記述すればよい.

```
unsigned char str_a[1024];
```

```
printf("a␣=␣"); scanf("%s", str_a);
printf("str_a␣=␣%s\n", str_a);

mpz_init(a);
mpz_set_str(a, str_a, 10);
gmp_printf("a␣=␣%Zd\n", a);
```

**問題 4.3**　(1) 問題 4.2 と mpz_input_gcd_lcm.c 参照.

(2) mpz_prime_factorization.c 参照. 最小の素数 2 から出発し，その素数で割り切れるうちは，分解したい整数を割っては商を代入していく. 割り切れなくなったら次の素数を mpz_nextprime 関数で探索する. たとえば，246857968 の素因数分解の結果は次のようになる.

```
$ ./mpz_prime_factorization
a = 246857968
str_a = 246857968
a = 246857968
246857968 = 2 * 2 * 2 * 2 * 7 * 73 * 109 * 277
```

**問題 4.4**　問題 4.2 と mpq_input.c 参照.

**問題 4.5**　$49^5 \bmod 65 = 4$ が署名になり，これを用いて $4^{35} \bmod 65 = 49$ を得ることができる.

**問題 4.6**　略

## 章末問題

**4.1**　mpz_input.c 参照.

**4.2**　mpz_input.c 参照.

**4.3**　プログラムは mpz_binomial.c を参照. 二項係数を求める mpz_bin_uiui 関数を使っている. ${}_{200}C_{100} = 90548514656103281165404177077484163874504589675413336841320$ である.

**4.4**　mpq_input_convert.c 参照.

**4.5**　(C プログラム) mpz_mersenne.c, (C++プログラム) mpz_mersenne.cpp を実際にコンパイルして実行して確認せよ.

**4.6**　略

## ◆── 第 5 章

**問題 5.1**　mpf_relerr.c 参照. 128 ビット精度と 256 ビット精度のときは，次のように相対誤差を表示できる.

```
$ ./mpf_relerr
Input default prec in bits: 128
relerr(a) = 1.695e-40
relerr(b) = 3.231e-40
relerr(a + b) = 2.527e-40
```

```
relerr(a - b) = 1.161e-39
relerr(a * b) = 4.926e-40
relerr(a / b) = 1.536e-40
$ ./mpf_relerr
Input default prec in bits: 256
relerr(a) = 1.189e-78
relerr(b) = 9.991e-79
relerr(a + b) = 1.086e-78
relerr(a - b) = 3.751e-80
relerr(a * b) = 2.188e-78
relerr(a / b) = 1.899e-79
```

**問題 5.2**　mpf_relerr.cpp 参照．128, 256 ビット計算の結果は問題 5.1 と同じ．512 ビット計算のときは，次のようになる．

```
$ ./mpf_relerr
Input default prec in bits: 512
relerr(a) = 2.929e-155
relerr(b) = 1.520e-155
relerr(a + b) = 2.166e-155
relerr(a - b) = 6.173e-155
relerr(a * b) = 4.449e-155
relerr(a / b) = 1.409e-155
```

**問題 5.3**

- $\sqrt{2}$ の表示結果は

  mpf：1.4142135623730950488016887242096980785690000e+00

  mpfr：1.4142135623730950488016887242096980785689961e+00

  となっているが，これは gmp_printf と mpfr_printf との出力の相違であり，相対丸め誤差はどちらもほぼ同じである．
- 精度ビット数がリムビット長の倍数であれば丸め処理の違い程度の差しかないが，mpf 関数はリム単位で計算を行うため，リムビット長の倍数でない精度ビット数のときは mpf のほうが精度がよい．

**問題 5.4**　mpfr_relerr.cpp 参照．実行結果は C プログラムとほとんど同じなので省略する．

**問題 5.5**　(1) complex_mpreal.cpp 参照．次のようにデフォルト精度（ビット数）を取得して，10 進精度桁数を求めて出力桁数を指定すればよい．

```
dprec = (unsigned int)ceil(mpreal::get_default_prec() * log10(2.0));
. . .
cout << "a␣+␣b␣=␣" << setprecision(dprec) << a + b << endl;
```

(2) 複素係数 $a, b, c$ の 2 次方程式 $ax^2 + bx + c = 0$ の解を，任意精度で求めるプログラムを作ればよい．解の公式は実数係数の場合と同じである．

**問題 5.6**　212 ビット計算すると，相対誤差が $10^{-3}$ の大きさになる．logistic_mpfi.c を使って確認せよ．

**問題 5.7**　`logistic_arb.c` を使って確認せよ.

(1) `0.078817988887334712 +/- 8.8976e+68922913641` となってしまい，精度保証ができなくなる.

(2) 212 ビット計算で `0.078817989371509907 +/- 0.00032556` という結果が得られる.

**章末問題**

**5.1**　*mpfr_t* 型の C プログラムは `mpfr_relerr.c`，*mpreal* 型の C++プログラムは `mpfr_relerr.cpp` を参照.

**5.2**　章末問題 5.1 と同様.

## ◆── 第 6 章

**問題 6.1**　以下のようなプログラムを作って実行せよ.

```
dd_real dd_a;

dd_a = sqrt((dd_real)2) * 2;
printf("dd_a[0]␣=␣%25.17e\n", dd_a.x[0]);
```

たとえば，

```
dd_a[0] =    2.82842712474619029e+00
dd_a[1] =   -1.93345866269058318e-16
```

という結果が得られる.

**問題 6.2**　たとえば，次のように書けばよい.

```
void qd_relerr(qd_real &relerr, qd_real approx, mpfr::mpreal true_val)
{
  mpfr::mpreal tmp_approx, tmp_relerr;

  mpfr_set_qd(tmp_approx.mpfr_ptr(), approx.x, MPFR_RNDN);

  if(true_val != 0)
    tmp_relerr = abs((tmp_approx - true_val) / true_val);
  else
    tmp_relerr = abs(tmp_approx - true_val);

  mpfr_get_qd(relerr.x, tmp_relerr.mpfr_ptr(), MPFR_RNDN);
}
```

**章末問題**

**6.1**　`dd_relerr.cpp` 参照.

**6.2**　`logisitc_dd.cpp` および `logistic_qd.cpp`（簡易版），`logistic_mpreal_dd_qd.cpp`（相対誤差計測版）を参照.

6.3　mpfr_dd_qd.c 参照.

### ◆—— 第 7 章

**問題 7.1**　linear_c.h の d_mynorm1, d_mynormi, mpfr_mynorm1,mpfr_mynormi を参照.

**問題 7.2**　倍精度用：template_lu.cpp, DD 精度用：template_lu_dd.cpp, QD 精度用：template_lu_qd.cpp, 任意精度用：template_lu_mpreal.cpp のプログラムを使用して確認せよ.

**問題 7.3**　倍精度用：cg_double.cpp, DD 精度用：cg_dd.cpp, QD 精度用：cg_qd.cpp, 任意精度用：cg_mpreal.cpp のプログラムを使用して確認せよ.

**問題 7.4**　略

#### 章末問題

7.1　power_mpreal_hilbert.cpp を動かして確認せよ.

7.2　inverse_mat.c を動かして確認せよ.

### ◆—— 第 8 章

**問題 8.1**　(1) $f'(x) = -x^{-2}$ より, $x - f(x)/f'(x) = x + (x - ax^2) = x(2 - ax)$ となる.
(2) mpfr_newton_inverse.c を使って調べてみよ. $x_0 = 7/2$ とすると発散する. $x_0$ として倍精度計算した 1/7 を与えると, 2 回目で 30 桁を超える有効桁数が得られる.

**問題 8.2**　(1) $f'(x) = 2x$ より, $x - f(x)/f'(x) = x - (x/2 - a/2x) = 1/2(x + a/x)$.
(2) mpfr_newton_sqrt.c を使って調べてみよ. $x_0 = 3$ とすると, 7 回反復で 30 桁以上の有効桁数が得られる.

#### 章末問題

8.1　汎用 Newton 法の C プログラム mpfr_newton.c 参照.

8.2　章末問題 8.1 と同様.

8.3　すべて template_linear.h の iterative_refinement 関数を使うことで実装できる. それぞれ次のプログラム参照.

(1) test_iterative_ref.cpp　　(2) test_iterative_ref_qd.cpp

(3) test_iterative_ref_qd.cpp

8.4　略

### ◆—— 第 9 章

**問題 9.1**　略

#### 章末問題

9.1　略

# B GNU MP簡易リファレンス

GNU MP 6.1.2 でサポートされている，`gmp.h` で定義されている C 言語用の変数や関数の抜粋を示す．ここに記載されていない関数や詳細については，マニュアル[26]（日本語訳[6]）を参照されたい．

## B.1 変数型

- *mp_limb_t*：リム．符号なし整数（*unsigned int*, *unsigned long* もしくは *unsigned long long*）．1 リムのビット長は定数 `mp_bits_per_limb` に定義されている
- *mp_size_t*：リム数を記憶するデータ型．符号付き整数（*int* もしくは *long*）
- *mp_bitcnt_t*：ビット長を記憶するデータ型．符号なし整数 (*unsigned long*)
- *gmp_randstate_t*：乱数の状態変数用
- *mp_exp_t*：指数部．符号付き整数
- *mpz_t*：多倍長整数型．型定義は *__mpz_struct* という構造体で行われる．内部構造は次のとおり．

  `typedef struct`{

  *int* `_mp_alloc`：`_mp_d` ポインタが指すメモリ領域のリム数

  *int* `_mp_size`：整数の符号部．|`_mp_size`| は最新の確保済みリム数

  *mp_limb_t* `*_mp_d`：整数データを保持するリム領域へのポインタ

  } *__mpz_struct*
- *mpq_t*：多倍長有理数型．型定義は *__mpq_struct* という構造体で行われる．内部構造は次のとおり．

  `typedef struct`{

  *__mpz_struct* `_mp_num`：分子

  *__mpz_struct* `_mp_den`：分母

  } *__mpq_struct*
- *mpf_t*：多倍長浮動小数点数型．型定義は *__mpf_struct* という構造体で行われる．内部構造は次のとおり．

  `typedef struct`{

  *int* `_mp_prec`：リム数換算の精度．`_mp_prec` + 1 が `_mp_d` ポインタが指すメモリ領域のリム数

  *int* `_mp_size`：符号部．|`_mp_size`| は最新の確保済みリム数

  *mp_exp_t* `_mp_exp`：指数部

  *mp_limb_t* `*_mp_d`：仮数部データを保持するリム領域へのポインタ

} __*mpf_struct*

- *mpz_ptr*：*mpz_t* 型変数へのポインタ
- *mpq_ptr*：*mpq_t* 型変数へのポインタ
- *mpf_ptr*：*mpf_t* 型変数へのポインタ

## B.2 書式指定入出力：gmp_scanf 関数と gmp_printf 関数

gmp_scanf 関数と gmp_printf 関数は，C の標準入出力関数である scanf 関数と printf 関数との上位互換性をもった入出力関数である．次のような書式指定を，%から始まる文字列として与えることができる．

[gmp_scanf ] "%[フラグ][幅][データ型] 入力形式"

[gmp_printf] "%[フラグ][幅][.[表示桁数]][データ型] 出力形式"

幅，表示桁数は 10 進表記の整数で記述する．gmp_scanf, gmp_printf 関数がサポートするフラグ，データ型，出力形式は以下のとおり．

### ◆── フラグ

標準入出力関数の指定と同じ．

- 0：ゼロ詰め
- #：基数表示（8 進, 16 進指定時）
- +：必ず符号を表示
- 　：スペースか - を表示

### ◆── データ型

標準データ型に加えて，GMP 定義のデータ型をサポートしている．

- h：*short* 型
- hh：*char* 型
- j：*intmax_t* 型，*uintmax_t* 型
- l：*long* 型，*wchar_t* 型
- ll：*long long* 型（サポートしている場合のみ）
- L：*long double* 型
- t：*ptrdiff_t* 型
- z：*size_t* 型
- Z：*mpz_t* 型
- Q：*mpq_t* 型
- F：*mpf_t* 型
- M：*mp_limb_t* 型（gmp_printf 関数のみ）
- N：*mp_limb_t* 型の配列（gmp_printf 関数のみ）

### ◆── 入出力形式

標準入出力形式をそのまま GMP 定義のデータ型にも適用できる．

- a, A：C11 形式の 16 進浮動小数点形式
- c：1 文字

- d：10 進整数
- e, E：浮動小数点数形式（「仮数部 E 指数部」）
- f：固定小数点形式
- g, G：絶対値に応じて固定小数点形式か浮動小数点形式を自動選択
- i：gmp_printf 関数に対しては d と同義．gmp_scanf 関数に対しては基数指定付き整数
- n：gmp_scanf 関数に対しては文字列．gmp_printf 関数に対しては書き込み済み文字数
- o：8 進整数
- x, X：16 進整数
- u：標準データ型に対しては符号なし整数．GMP データ型では符号も含めて整数として解釈される．
- s：区切り文字なし文字列
- p：ポインタ
- [：ひとまとまりの文字列（gmp_scanf のみ）

### ◆── 入出力関数

使用方法は標準入出力関数 (*scanf, *printf) と同じ．

- *int* gmp_scanf(*const char* *template, ...)：標準入力 (stdin) から入力
- *int* gmp_fscanf(*FILE* *stream, *const char* *template, ...)：指定先 (stream) から入力
- *int* gmp_sscanf(*char* *buf, *const char* *template, ...)：文字列 (buf) から入力
- *int* gmp_printf(*const char* *template, ...)：標準出力 (stdout) へ出力.
- *int* gmp_fprintf(*FILE* *stream, *const char* *template, ...)：指定先 (stream) へ出力
- *int* gmp_sprintf(*char* *buf, *const char* *template, ...)：文字列 (buf) へ出力

## B.3 乱数関数

GMP の乱数は，グローバル変数ではなく，*gmp_randstate_t* 型の変数 state に乱数生成状態を格納する．これを利用する関数は必ず最初に gmp_randinit_default 関数で変数を初期化し，不要になったら gmp_randclear 関数で state のメモリ領域を解放する．

- *void* gmp_randinit_default(*gmp_randstate_t* state)：state を初期化し，デフォルトの乱数生成アルゴリズム（Mersenne ツイスター）を選択する
- *void* gmp_randclear(*gmp_randstate_t* state)：state のメモリ領域を解放する
- *void* gmp_randseed(*gmp_randstate_t* state, *const mpz_t* seed)：乱数の種 (seed) を state に設定．*unsigned long* 型の seed を与える gmp_randseed_ui 関数もある
- *unsugned long* gmp_urandomb_ui(*gmp_randstate_t* state, *unsigned long* n)：n ビットの 0 以上 $2^{\mathtt{n}}-1$ 以下の一様乱数を返す
- *unsugned long* gmp_urandomm_ui(*gmp_randstate_t* state, *unsigned long* n)：0 以上 $\mathtt{n}-1$ 以下の一様乱数を返す

## B.4 整数演算：mpz_*

### ◆── 初期化と消去

多倍長整数型変数は使用前に必ず初期化を行う．初期化後の変数に演算結果が収まらない場合は，自動的に長さを広げる．

- *void* mpz_init(*mpz_t* x)：x を初期化し，ゼロを代入する
- *void* mpz_init2(*mpz_t* x, *mp_bitcnt_t* n)：x に n ビット長の領域を確保して初期化し，ゼロを代入する
- *void* mpz_inits(*mpz_t* x, *mpz_t* y, ..., *mpz_t* z, (mpz_ptr)NULL)：x, y, ..., z までの変数をまとめて初期化してゼロを代入する
- *void* mpz_clear(*mpz_t* x)：x の使用領域を解放する
- *void* mpz_clears(*mpz_t* x, *mpz_t* y, ..., *mpz_t* z, (mpz_ptr)NULL)：x, y, ..., z までの変数をまとめて領域開放する

### ◆── 代　入

mpz_set*関数は代入 rop := op を実行．mpz_init_set*関数は rop の初期化と代入をまとめて行う．

- *void* mpz_set(*mpz_t* rop, *const mpz_t* op)
- *void* mpz_set_ui(*mpz_t* rop, *unsigned long* op)
- *void* mpz_set_si(*mpz_t* rop, *long* op)
- *void* mpz_set_d(*mpz_t* rop, *double* op)
- *void* mpz_set_q(*mpz_t* rop, *const mpq_t* op)
- *void* mpz_set_f(*mpz_t* rop, *const mpf_t* op)
- *int* mpz_set_str(*mpz_t* rop, *const char* *str, *int* base)：base 進表現の文字列 str を rop に代入．文字列が正しく解釈できれば 0 を，エラーがあれば $-1$ を返す．
- *void* mpz_swap(*mpz_t* rop1, *mpz_t* rop2)：rop1 と rop2 を高速に交換する
- *void* mpz_init_set(*mpz_t* rop, *const mpz_t* op)
- *void* mpz_init_set_ui(*mpz_t* rop, *unsigned long* op)
- *void* mpz_init_set_si(*mpz_t* rop, *long* op)
- *void* mpz_init_set_d(*mpz_t* rop, *double* op)
- *int* mpz_init_set_str(*mpz_t* rop, *const char* *str, *int* base)：機能, 返り値は mpz_set_str 関数と同じ

### ◆── 変　換

op を指定されたデータ型に変換して返す．

- *unsigned long* mpz_get_ui(*const mpz_t* op)
- *long* mpz_get_si(*const mpz_t* op)
- *double* mpz_get_d(*const mpz_t* op)：op を切り捨てて *double* 型に変換
- *double* mpz_get_d_2exp(*long* *exp, *const mpz_t* op)：op の指数部を exp に，仮数部は絶対値が 0.5 以上 1 未満になるように切り捨てて返す
- *char* *mpz_get_str(*char* *str, *int* base, *const mpz_t* op)：base 進表現の文字列に変換して str（NULL ポインタの場合は新たに確保したあと）に格納する

### ◆── 基本演算

mpz_add*は加算 rop := op1 + op2，mpz_sub*は減算 rop := op1 − op2，mpz_mul*は乗算 rop := op1 × op2 を行う．

- *void* mpz_add(*mpz_t* rop, *const mpz_t* op1, *const mpz_t* op2)
- *void* mpz_add_ui(*mpz_t* rop, *const mpz_t* op1, *const unsigned long* op2)
- *void* mpz_sub(*mpz_t* rop, *const mpz_t* op1, *const mpz_t* op2)
- *void* mpz_sub_ui(*mpz_t* rop, *const mpz_t* op1, *const unsigned long* op2)
- *void* mpz_ui_sub(*mpz_t* rop, *const unsigned long* op1, *const mpz_t* op2)
- *void* mpz_mul(*mpz_t* rop, *const mpz_t* op1, *const mpz_t* op2)
- *void* mpz_mul_si(*mpz_t* rop, *const mpz_t* op1, *const long* op2)
- *void* mpz_mul_ui(*mpz_t* rop, *const mpz_t* op1, *const unsigned long* op2)
- *void* mpz_neg(*mpz_t* rop, *const mpz_t* op)：rop := −op
- *void* mpz_abs(*mpz_t* rop, *const mpz_t* op)：rop := |op|

### ◆── 除算関数

n を d で割り，商 q と剰余 r を返す．以下の 3 種類を基本とする．

- *void* mpz_cdiv_qr(*mpz_t* q, *mpz_t* r, *const mpz_t* n, *const mpz_t* d)：商 q を $+\infty$ 方向に丸め，r は d と逆符号になるように決める
- *void* mpz_fdiv_qr(*mpz_t* q, *mpz_t* r, *const mpz_t* n, *const mpz_t* d)：商 q を $-\infty$ 方向に丸め，r は d と逆符号になるように決める
- *void* mpz_tdiv_qr(*mpz_t* q, *mpz_t* r, *const mpz_t* n, *const mpz_t* d)：商 q を 0 方向に丸め（切り捨て），r は n と同符号になるように決める

さらに，次のバリエーションがある．

1. 商と剰余 (*_qr) のほか，商のみ (*_q)，剰余のみ (*_r) を返すもの
2. 4 番目の引数として *unsigned long* 型を使用するもの (*_ui) と 2 のべき乗 ($d = 2^b$) を与えるもの (*_2exp)

合わせて 27 種類の整数除算関数が用意されている．

### ◆── その他

その他，本書で使用した整数関数を列挙する．

- *void* mpz_powm(*mpz_t* rop, *const mpz_t* base, *mpz_t* exp, *const mpz_t* mod)：rop := base^exp^ mod mod を実行する．*unsigned long* 型の exp を指定する mpz_powm_ui 関数もある
- *int* mpz_probab_prime_p(*const mpz_t* n, *int* reps)：n が素数かどうかを判定する．返り値が 2 のときは素数，1 のときは素数である可能性がある，0 のときは非素数．判定を誤る率は $4^{\text{reps}}$ なので，reps としては 15 から 50 を推奨
- *void* mpz_nextprime(*mpz_t* rop, *const mpz_t* op)：op の次に大きい素数を rop に格納する
- *void* mpz_gcd(*mpz_t* rop, *const mpz_t* op1, *const mpz_t* op2)：op1 と op2 の最大公約数 (GCD) を rop ($\geq 0$) に格納する
- *void* mpz_lcm(*mpz_t* rop, *const mpz_t* op1, *const mpz_t* op2)：op1 と op2 の最小公倍数 (LCM) を rop ($\geq 0$) に格納する
- *void* mpz_gcdext(*mpz_t* g, *mpz_t* s, *mpz_t* t, *const mpz_t* a, *const mpz_t* b)：a と b の最大公約数を g に格納し，as + bt = g を満足する整数 s と t を求める
- *void* mpz_fac_ui(*mpz_t* rop, *unsigned long* n)：n の階乗を求めて rop に格納する

- *void* mpz_bin_uiui(*mpz_t* rop, *unsigned long* n, *unsigned long* k)：二項係数 ${}_{\mathtt{n}}C_{\mathtt{k}} = \binom{\mathtt{n}}{\mathtt{k}}$ を求めて rop に格納する
- *int* mpz_cmp(*const mpz_t* op1, *const mpz_t* op2)：op1 > op2 のとき正数，op1 = op2 のときはゼロ，op1 < op2 のときは負数を返す
- *int* mpz_cmpabs(*const mpz_t* op1, *const mpz_t* op2)：|op1| と |op2| を比較する．返り値は mpz_cmp と同じ

## B.5 有理数演算：mpq_*

有理数を文字列として表現するときには「分子 / 分母」という形式になる．既存の有理数を既約分数に変換するときには，次の mpq_canonicalize 関数を使用する．

- *void* mpq_canonicalize(*mpq_t* op)：op を既約分数に変換し，分母は必ず正数にする

### ◆── 初期化と代入

- *void* mpq_init(*mpq_t* x)：x を初期化し，ゼロを代入する
- *void* mpq_inits(*mpq_t* x, *mpq_t* y, ..., *mpq_t* z, (mpq_ptr)NULL)：x, y, ..., z までの変数をまとめて初期化してゼロを代入する
- *void* mpq_clear(*mpq_t* x)：x の使用領域を解放する
- *void* mpq_clears(*mpq_t* x, *mpq_t* y, ..., *mpq_t* z, (mpq_ptr)NULL)：x, y, ..., z までの変数をまとめて領域開放する
- *void* mpq_set(*mpq_t* rop, *const mpq_t* op)：rop := op を実行する
- *void* mpq_set_d(*mpq_t* rop, *double* op)：rop := op を実行する
- *void* mpq_set_f(*mpq_t* rop, *const mpf_t* op)：rop := op を実行する
- *void* mpq_set_ui(*mpq_t* rop, *unsigned long* op1, *unsigned long* op2)：rop := op1/op2 を実行する
- *void* mpq_set_si(*mpq_t* rop, *long* op1, *unsigned long* op2)：rop := op1/op2 を実行する
- *int* mpq_set_str(*mpq_t* rop, *const char* *str, *int* base)：base 進表現の文字列 str を rop に代入する．文字列が正しく解釈できれば 0 を，エラーがあれば −1 を返す
- *void* mpq_swap(*mpq_t* rop1, *mpq_t* rop2)：rop1 と rop2 を高速に交換する

### ◆── 変　換

- *double* mpq_get_d(*const mpq_t* op)：op を切り捨てて *double* 型に変換する
- *char* *mpq_get_str(*char* *str, *int* base, *const mpq't* op)：base 進表現の文字列に変換して str（NULL ポインタの場合は新たに確保したあと）に格納する

### ◆── 演　算

- *void* mpq_add(*mpq_t* rop, *const mpq_t* op1, *const mpq_t* op2)：rop := op1 + op2
- *void* mpq_sub(*mpq_t* rop, *const mpq_t* op1, *const mpq_t* op2)：rop := op1 − op2
- *void* mpq_mul(*mpq_t* rop, *const mpq_t* op1, *const mpq_t* op2)：rop := op1 × op2
- *void* mpq_div(*mpq_t* rop, *const mpq_t* op1, *const mpq_t* op2)：rop := op1/op2
- *void* mpq_neg(*mpq_t* rop, *const mpq_t* op)：rop := −op
- *void* mpq_abs(*mpq_t* rop, *const mpq_t* op)：rop := |op|

### その他

- *int* mpq_cmp(*const mpq_t* op1, *const mpq_t* op2)：op1 > op2 のときは正数，op1 = op2 のときはゼロ，op1 < op2 のときは負数を返す
- *mpz_t* mpq_numref(*const mpq_t op* )：op の分子を返す
- *mpz_t* mpq_denref(*const mpq_t op* )：op の分母を返す

## B.6 浮動小数点数演算：mpf_*

GMP の多倍長浮動小数点演算関数については，丸め処理は切り捨てのみ，非数・無限大・初等関数・特殊関数も実装されていないので，GMP のマニュアルでは，多倍長浮動小数点数演算についてはMPFR の使用を勧めている．

### 初期化

- *void* mpf_set_default_prec(*mp_bitcnt_t* prec)：prec ビット以上の仮数部のデフォルト精度桁（実際にはリム単位）を設定する
- *mp_bitcnt_t* mpf_get_default_prec(*void*)：デフォルト精度桁数を返す
- *void* mpf_init(*mpf_t* x)：x をデフォルト精度桁の仮数部を確保して初期化し，ゼロを代入する
- *void* mpf_init2(*mpf_t* x, *mp_bitcnt_t* prec)：x を prec ビット以上の精度桁の仮数を確保して初期化し，ゼロを代入する
- *void* mpf_inits(*mpf_t* x, *mpf_t* y, ..., *mpf_t* z, (mpf_ptr)NULL)：x, y, ..., z までの変数をまとめてデフォルト精度型の仮数を確保して初期化し，ゼロを代入する
- *void* mpf_clear(*mpf_t* x)：x の使用領域を解放する
- *void* mpf_clears(*mpf_t* x, *mpf_t* y, ..., *mpf_t* z, (mpf_ptr)NULL)：x, y, ..., z までの変数をまとめて領域開放する
- *mp_bitcnt_t* mpf_get_prec(*const mpf_t* op)：op の精度桁数を返す
- *void* mpf_set_prec(*mpf_t* rop, *mp_bitcnt_t* prec)：op の精度桁数を prec ビット以上に設定する

### 代　入

mpf_set*関数は代入 rop := op を実行．mpf_init_set*関数は rop の初期化と代入をまとめて行う．

- *void* mpf_set(*mpf_t* rop, *const mpf_t* op)
- *void* mpf_set_ui(*mpf_t* rop, *unsigned long* op)
- *void* mpf_set_si(*mpf_t* rop, *long* op)
- *void* mpf_set_d(*mpf_t* rop, *double* op)
- *void* mpf_set_z(*mpf_t* rop, *const mpz_t* op)
- *void* mpf_set_q(*mpf_t* rop, *const mpq_t* op)
- *int* mpf_set_str(*mpf_t* rop, *const char* *str, *int* base)：base 進表現の文字列 str を rop に代入．文字列が正しく解釈できれば 0 を，エラーがあれば $-1$ を返す．
- *void* mpf_swap(*mpf_t* rop1, *mpf_t* rop2)：rop1 と rop2 を高速に交換する
- *void* mpf_init_set(*mpf_t* rop, *const mpf_t* op)
- *void* mpf_init_set_ui(*mpf_t* rop, *unsigned long* op)

- *void* mpf_init_set_si(*mpf_t* rop, *long* op)
- *void* mpf_init_set_d(*mpf_t* rop, *double* op)
- *int* mpf_init_set_str(*mpf_t* rop, *const char* *str, *int* base)：機能, 返り値は mpf_set_str 関数と同じ

### ◆── 変　換

- *double* mpf_get_d(*const mpf_t* op)：op を切り捨てて *double* 型に変換する
- *char* *mpf_get_str(*char* *str, *int* base, *const mpf_t* op)：base 進表現の文字列に変換して str（NULL ポインタの場合は新たに確保したあと）に格納する

### ◆── 基本演算

mpf_add*は加算 rop := op1 + op2, mpf_sub*は減算 rop := op1 − op2, mpf_mul*は乗算 rop := op1 × op2, mpf_div*は除算 rop := op1/op2 を行う.

- *void* mpf_add(*mpf_t* rop, *const mpf_t* op1, *const mpf_t* op2)
- *void* mpf_add_ui(*mpf_t* rop, *const mpf_t* op1, *const unsigned long* op2)
- *void* mpf_sub(*mpf_t* rop, *const mpf_t* op1, *const mpf_t* op2)
- *void* mpf_sub_ui(*mpf_t* rop, *const mpf_t* op1, *const unsigned long* op2)
- *void* mpf_ui_sub(*mpf_t* rop, *const unsigned long* op1, *const mpf_t* op2)
- *void* mpf_mul(*mpf_t* rop, *const mpf_t* op1, *const mpf_t* op2)
- *void* mpf_mul_ui(*mpf_t* rop, *const mpf_t* op1, *const unsigned long* op2)
- *void* mpf_div(*mpf_t* rop, *const mpf_t* op1, *const mpf_t* op2)
- *void* mpf_div_ui(*mpf_t* rop, *const mpf_t* op1, *const unsigned long* op2)
- *void* mpf_ui_div(*mpf_t* rop, *const unsigned long* op1, *const mpf_t* op2)
- *void* mpf_sqrt(*mpf_t* rop, *const mpf_t* op)：rop := $\sqrt{\mathtt{op}}$
- *void* mpf_neg(*mpf_t* rop, *const mpf_t* op)：rop := −op
- *void* mpf_abs(*mpf_t* rop, *const mpf_t* op)：rop := |op|

### ◆── 比　較

- *int* mpf_cmp(*const mpf_t* op1, *const mpf_t* op2)：op1 > op2 のときは正数, op1 = op2 のときはゼロ, op1 < op2 のときは負数を返す
- *int* mpf_cmp_z(*const mpf_t* op1, *const mpz_t* op2)：返り値は mpf_cmp と同じ
- *int* mpf_cmp_ui(*const mpf_t* op1, *const unsigned long* op2)：返り値は mpf_cmp と同じ
- *int* mpf_cmp_si(*const mpf_t* op1, *const long* op2)：返り値は mpf_cmp と同じ
- *int* mpf_cmp_d(*const mpf_t* op1, *const double* op2)：返り値は mpf_cmp と同じ
- *void* mpf_reldiff(*mpf_t* rop, *const mpf_t* op1, *const mpz_t* op2)：rop := |op1−op2|/op1 を実行する

# C MPFRリファレンス

ここではGNU MPFR 4.0.2でサポートしている変数型と全関数のリストと簡略した解説を示す．詳細説明はMPFRのマニュアル[7]（日本語訳[23]）を参照されたい．すべて`mpfr.h`で定義されているC言語用の関数(API)である．MPFRはGNU MP (GMP)の機能，とくにmpnカーネル関数に依存して構築されたライブラリなので，`gmp.h`に定義されているマクロ，定数，データ型，関数も組み込まれている．GMPの機能については付録Bやマニュアル[26]（日本語訳[6]）を参照されたい．

## C.1 変数型

- *mpfr_prec_t*：*mpfr_t*型変数の仮数部ビット長を表現するデータ型（整数）
- *mpfr_sign_t*：*mpfr_t*型変数の符号部型（整数）
- *mpfr_exp_t*：*mpfr_t*型変数の指数部型（整数）
- *mpfr_t*：MPFR浮動小数点数型．型定義は*__mpfr_struct*という構造体で行われる．内部構造は下記のとおり．

```
typedef struct{
  mpfr_prec_t _mpfr_prec ・・・ビット単位の仮数部の精度桁数
  mpfr_sign_t _mpfr_sign ・・・符号部
  mpfr_exp_t _mpfr_exp ・・・指数部
  mp_limb_t *_mpfr_d ・・・仮数部データを保持するリム領域へのポインタ．使
                           用リム数は⌈_mpfr_prec/mp_bits_per_limb⌉で算
                           出できる．
} __mpfr_struct
```

- *mpfr_ptr*：MPFR浮動小数点数型(*mpfr_t*)へのポインタ型
- *mpfr_flags_t*：下記の例外フラグを表現する型
  - `MPFR_FLAGS_UNDERFLOW`：アンダーフロー
  - `MPFR_FLAGS_OVERFLOW`：オーバーフロー
  - `MPFR_FLAGS_DIVBY0`：ゼロ除算
  - `MPFR_FLAGS_NAN`：非数(NaN, Not a Number)
  - `MPFR_FLAGS_INEXACT`：不正確例外（丸め誤差発生時）
  - `MPFR_FLAGS_ERANGE`：範囲エラー
- *mpfr_rnd_t*：丸め方式を指定するデータ型．丸め方式は下記の6種類を定数として規定する
  - `MPFR_RNDN`：最近接値への丸め

MPFR_RNDZ：ゼロ方向への丸め（切り捨て）
MPFR_RNDU：$+\infty$ 方向への丸め
MPFR_RNDD：$-\infty$ 方向への丸め
MPFR_RNDA：ゼロから遠ざかる方向への丸め（切り上げ）
MPFR_RNDF：忠実 (faithful) 丸め（試験的実装）

- *mpfr_free_cache_t*：mpfr_free_cache2 の引数に使用するフラグ型

## C.2 書式指定出力：mpfr_printf

MPFR には書式指定出力関数 mpfr_printf は存在しているが，入力関数は実装されていないので，入力に際しては後述する mpfr_inp_str 関数を使用するか，C++環境下では mpreal.h 提供の標準入力機能を使用する．

mpfr_printf 関数は，gmp_printf 関数（付録 B.2）の機能をすべて使用できる．加えて，MPFR データの出力が可能なように拡張されている．書式指定形式は文字列 (template) として，

"%[フラグ][幅][.[表示桁数]][データ型][丸め方式] 出力形式"

と指定する．出力に際しても指定進数での丸め方式が指定できる．フラグ，幅，表示桁数の指定は gmp_printf 関数と同一である．データ型，丸め方式，出力形式については，以下のような指定が mpfr_printf 関数では可能である．

### ◆── データ形式

標準データ形式 (h, hh, j, l, ll, L, t, z)，GMP データ形式 (Z Q, F, M, N) に加えて，次の 2 つの MPFR データ形式が使用できる．

- R：*mpfr_t* 型，浮動小数点形式
- P：*mpfr_prec_t* 型，整数形式

### ◆── 丸め方式

下記 5 種類の丸め方式をサポートしている．

- N：（デフォルト）最近接値への丸め：MPFR_RNDN
- U：$+\infty$ 方向への丸め：MPFR_RNDU
- D：$-\infty$ 方向への丸め：MPFR_RNDD
- Y：0 から遠ざかる方向への丸め：MPFR_RNDA
- Z：0 方向への丸め：MPFR_RNDZ
- *：*mpfr_rnd_t* 型データ指定による丸め

### ◆── データ型

標準出力形式（a, A（16 進浮動小数点表記），e, E（浮動小数点表記），f, F（固定小数点表記），g, G（数値に応じた自動表記選択））に加えて，2 進表示が可能となっている．

- b：2 進浮動小数点表記．*mpfr_t* 型変数に対してのみ適用可能

### ◆── 書式指定出力関数

以下の書式指定出力関数の template に上記の書式指定が使用できる．それ以外の使用方法は，標

準出力関数 (`*printf`) と同じ.

- *void* `mpfr_printf(`*const char* `*template, ...)`
- *void* `mpfr_vprintf(`*const char* `*template,` *va_list* `ap)`
- *void* `mpfr_fprintf(`*FILE* `*stream,` *const char* `*template, ...)`
- *void* `mpfr_vfprintf(`*FILE* `*stream,` *const char* `*template,` *va_list* `ap)`
- *void* `mpfr_sprintf(`*char* `*buf,` *const char* `*template, ...)`
- *void* `mpfr_vsprintf(`*char* `*buf,` *const char* `*template,` *va_list* `ap)`
- *void* `mpfr_snprintf(`*char* `*buf,` *size_tn*`,` *const char* `*template, ...)`
- *void* `mpfr_vsnprintf(`*char* `*buf,` *size_tn*`,` *const char* `*template,` *va_list* `ap)`
- *void* `mpfr_asprintf(`*char* `**str,` *const char* `*template, ...)`
- *void* `mpfr_vasprintf(`*char* `**str,` *const char* `*template,` *va_list* `ap)`

## C.3 MPFR 変数の初期化と消去

- *void* `mpfr_init2(`*mpfr_t* `x,` *mpfr_prec_t* `prec)`：変数 `x` を `prec` ビットの MPFR 浮動小数点数として初期化する
- *void* `mpfr_inits2(`*mpfr_prec_t* `prec,` *mpfr_t* `x, ...)`：変数リスト `x` 以下の MPFR 変数をまとめて `prec` ビットの MPFR 小数点数として初期化する
- *void* `mpfr_clear(`*mpfr_t* `x)`：`x` を消去する
- *void* `mpfr_clears(`*mpfr_t* `x, ...)`：変数リスト `x` 以下の MPFR 変数をまとめて消去する
- *void* `mpfr_init(`*mpfr_t* `x)`：`x` をデフォルト精度で初期化する
- *void* `mpfr_inits(`*mpfr_t* `x, ...)`：変数リスト `x` 以下の MPFR 変数をまとめてデフォルト精度で初期化する
- *void* `mpfr_set_default_prec(`*mpfr_prec_t* `prec)`：MPFR 変数のデフォルト精度を `prec` ビットに設定する
- *mpfr_prec_t* `mpfr_get_default_prec(`*void*`)`：MPFR 変数のデフォルト精度を返す
- *void* `mpfr_set_prec(`*mpfr_t* `x,` *mpfr_prec_t* `prec)`：`x` の精度桁を `prec` ビットに変更する
- *mpfr_prec_t* `mpfr_get_prec(`*mpfr_t* `x)`：`x` の精度桁（ビット数）を返す

## C.4 代 入

### ◆── 数データの代入

以下の関数は，*mpfr_t* `rop` に対して，`rop := op` という代入操作を，`rnd` 方式で丸めて行う．*__float128*（GCC の 4 倍精度浮動小数点数型）や *_Decimal64*（64 ビット 10 進浮動小数点数）は，サポートされている環境下でのみ使用可能である．

- *int* `mpfr_set(`*mpfr_t* `rop,` *mpfr_t* `op,` *mpfr_rnd_t* `rnd)`
- *int* `mpfr_set_ui(`*mpfr_t* `rop,` *unsigned long* `op,` *mpfr_rnd_t* `rnd)`
- *int* `mpfr_set_si(`*mpfr_t* `rop,` *long* `op,` *mpfr_rnd_t* `rnd)`
- *int* `mpfr_set_uj(`*mpfr_t* `rop,` *uintmax_t* `op,` *mpfr_rnd_t* `rnd)`
- *int* `mpfr_set_sj(`*mpfr_t* `rop,` *intmax_t* `op,` *mpfr_rnd_t* `rnd)`

- *int* mpfr_set_flt(*mpfr_t* rop, *float* op, *mpfr_rnd_t* rnd)
- *int* mpfr_set_d(*mpfr_t* rop, *double* op, *mpfr_rnd_t* rnd)
- *int* mpfr_set_ld(*mpfr_t* rop, *long double* op, *mpfr_rnd_t* rnd)
- *int* mpfr_set_float128(*mpfr_t* rop, *__float128* op, *mpfr_rnd_t* rnd)
- *int* mpfr_set_decimal64(*mpfr_t* rop, *_Decimal64* op, *mpfr_rnd_t* rnd)
- *int* mpfr_set_z(*mpfr_t* rop, *mpz_t* op, *mpfr_rnd_t* rnd)
- *int* mpfr_set_q(*mpfr_t* rop, *mpq_t* op, *mpfr_rnd_t* rnd)
- *int* mpfr_set_f(*mpfr_t* rop, *mpf_t* op, *mpfr_rnd_t* rnd)

#### ◆── 2 のべき乗倍を伴う代入

以下の関数は，*mpfr_t* rop に対して $\mathtt{rop} := \mathtt{op} \times 2^{\mathtt{e}}$ を代入する．

- *int* mpfr_set_ui_2exp(*mpfr_t* rop, *unsigned long* op, *mpfr_exp_t* e, *mpfr_rnd_t* rnd)
- *int* mpfr_set_si_2exp(*mpfr_t* rop, *long* op, *mpfr_exp_t* e, *mpfr_rnd_t* rnd)
- *int* mpfr_set_uj_2exp(*mpfr_t* rop, *uintmax_t* op, *mpfr_exp_t* e, *mpfr_rnd_t* rnd)
- *int* mpfr_set_sj_2exp(*mpfr_t* rop, *intmax_t* op, *mpfr_exp_t* e, *mpfr_rnd_t* rnd)
- *int* mpfr_set_z_2exp(*mpfr_t* rop, *mpz_t* op, *mpfr_exp_t* e, *mpfr_rnd_t* rnd)

#### ◆── その他

- *int* mpfr_set_str(*mpfr_t* rop, *const char* *s, *int* base, *mpfr_rnd_t* rnd)：文字列 s を base 進数として解釈し，rnd 方式で丸めて rop に代入する
- *int* mpfr_strtofr(*mpfr_t* rop, *const char* *nptr, *char* **endptr, *int* base, *mpfr_rnd_t* rnd)：nptr から始まり，endptr で終了する文字列を base 進数として解釈し，rnd 方式で丸めて rop に代入する
- *void* mpfr_set_nan(*mpfr_t* x)・・・x に NaN を代入する
- *void* mpfr_set_inf(*mpfr_t* x, *int* sign)・・・x に $\pm\infty$ を代入する
- *void* mpfr_set_zero(*mpfr_t* x, *int* sign)・・・x に $\pm 0$ を代入する
- *void* mpfr_swap(*mpfr_t* x, *mpfr_t* x)・・・x と y を交換する．丸めは発生しない

## C.5 初期化代入関数

以下の関数は，x をデフォルト精度の MPFR 変数として初期化し，rnd 方式による丸めで $\mathtt{rop} := \mathtt{op}$ という代入処理をまとめて行う．

- *int* mpfr_init_set(*mpfr_t* rop, *mpfr_t* op, *mpfr_rnd_t* rnd)
- *int* mpfr_init_set_ui(*mpfr_t* rop, *unsigned long* op, *mpfr_rnd_t* rnd)
- *int* mpfr_init_set_si(*mpfr_t* rop, *long* op, *mpfr_rnd_t* rnd)
- *int* mpfr_init_set_d(*mpfr_t* rop, *double* op, *mpfr_rnd_t* rnd)
- *int* mpfr_init_set_ld(*mpfr_t* rop, *long double* op, *mpfr_rnd_t* rnd)
- *int* mpfr_init_set_z(*mpfr_t* rop, *mpz_t* op, *mpfr_rnd_t* rnd)
- *int* mpfr_init_set_q(*mpfr_t* rop, *mpq_t* op, *mpfr_rnd_t* rnd)
- *int* mpfr_init_set_f(*mpfr_t* rop, *mpf_t* op, *mpfr_rnd_t* rnd)

次の関数は，文字列 s を base 進数として解釈し，rnd 方式で丸めて rop に代入する．

- *int* mpfr_init_set_str(*mpfr_t* rop, *const char* *s, *int* base, *mpfr_rnd_t* rnd)

# C.6 データ型変換関数

### ◆── 指定データ型への変換

以下の関数は，op を指定のデータ型に rnd 方式で丸めて返す．

- *float* mpfr_get_flt(*mpfr_t* op, *mpfr_rnd_t* rnd)
- *double* mpfr_get_d(*mpfr_t* op, *mpfr_rnd_t* rnd)
- *long double* mpfr_get_ld(*mpfr_t* op, *mpfr_rnd_t* rnd)
- *__float128* mpfr_get_float128(*mpfr_t* op, *mpfr_rnd_t* rnd)
- *_Decimal64* mpfr_get_decimal64(*mpfr_t* op, *mpfr_rnd_t* rnd)
- *long* mpfr_get_si(*mpfr_t* op, *mpfr_rnd_t* rnd)
- *unsigned long* mpfr_get_ui(*mpfr_t* op, *mpfr_rnd_t* rnd)
- *intmax_t* mpfr_get_sj(*mpfr_t* op, *mpfr_rnd_t* rnd)
- *uintmax_t* mpfr_get_uj(*mpfr_t* op, *mpfr_rnd_t* rnd)

以下の関数は，op を rop のデータ型に，必要ならば rnd 方式で丸めて変換し，rop に代入する．

- *int* mpfr_get_z(*mpz_t* rop, *mpfr_t* op, *mpfr_rnd_t* rnd)
- *void* mpfr_get_q(*mpq_t* rop, *mpfr_t* op)
- *int* mpfr_get_f(*mpz_t* rop, *mpfr_t* op, *mpfr_rnd_t* rnd)

### ◆── 文字列への変換

mpfr_get_str 関数は，op を rnd 方式で丸めて，基数 |b| の文字列として str に n 桁出力する．str には文字列格納に必要な領域が自動的に割り当てられる．これを解放するためには mpfr_free_str 関数を使用する．

- *char* *mpfr_get_str(*char* *str, *mpfr˙exp˙t* *expptr, *int* b, *size˙t* n, *mpfr˙t* op, *mpfr˙rnd˙t* rnd)
- *void* mpfr_free_str(*char* *str)

### ◆── 指数部と仮数部への変換

以下の関数は, op を rnd 方式で丸め, 指数部を exp に代入し, 仮数部を返す．結果として $1/2 \leq |\mathtt{d}| < 1$ かつ，$\mathtt{d} \times 2^{\mathtt{exp}} \approx \mathtt{op}$ となる．

- *double* mpfr_get_d_2exp(*long* *exp, *mpfr_t* op, *mpfr_rnd_t* rnd)
- *long* mpfr_get_ld_2exp(*long* *exp, *mpfr_t* op, *mpfr_rnd_t* rnd)

### ◆── 正確に変換可能かを調べる

以下の関数は，op を rnd 方式で丸めたとき，それぞれ *unsigned long* (ulong), *long* (slong), *unsigned int* (uint), *int* (sint), *unsigned short* (ushort), *short* (sshort), *unsigned intmax_t* (uintmax), *intmax_t* (intmax) で正確に表現できるかどうか，返り値で（非ゼロを返す）確認できる．

- *int* mpfr_fits_ulong_p(*mpfr_t* op, *mpfr_rnd_t* rnd)
- *int* mpfr_fits_slong_p(*mpfr_t* op, *mpfr_rnd_t* rnd)
- *int* mpfr_fits_uint_p(*mpfr_t* op, *mpfr_rnd_t* rnd)
- *int* mpfr_fits_sint_p(*mpfr_t* op, *mpfr_rnd_t* rnd)
- *int* mpfr_fits_ushort_p(*mpfr_t* op, *mpfr_rnd_t* rnd)
- *int* mpfr_fits_sshort_p(*mpfr_t* op, *mpfr_rnd_t* rnd)

- *int* mpfr_fits_uintmax_p(*mpfr_t* op, *mpfr_rnd_t* rnd)
- *int* mpfr_fits_intmax_p(*mpfr_t* op, *mpfr_rnd_t* rnd)

### ◆── その他

- *int* mpfr_frexp(*mpfr_exp_t* *exp, *mpfr_t* x, *mpfr_t* y, *mpfr_rnd_t* rnd)：x を rnd 方式で丸め，$1/2 \leq |\mathtt{y}| < 1$ かつ $\mathtt{y} \times 2^{\mathtt{exp}} \approx \mathtt{x}$ となるように，y と exp に値を格納する
- *mpfr_exp_t* mpfr_get_z_2exp(*char* *str, *mpfr_exp_t* *expptr, *int* b, *size_t* n, *mpfr_t* op, *mpfr_rnd_t* rnd)：$\mathtt{rop} \times 2^{\mathtt{exp}} = \mathtt{op}$ となるよう，op の仮数部を多倍長整数に変換して rop に代入し，指数部 (exp) を返す

## C.7 演算関数

### ◆── 基本演算

mpfr_add*は加算 $\mathtt{rop} := \mathtt{op1} + \mathtt{op2}$，mpfr_*sub*は減算 $\mathtt{rop} := \mathtt{op1} - \mathtt{op2}$，mpfr_mul*は乗算 $\mathtt{rop} := \mathtt{op1} \times \mathtt{op2}$，mpfr_*div*は除算 $\mathtt{rop} := \mathtt{op1}/\mathtt{op2}$ を行う．

- *int* mpfr_add(*mpfr_t* rop, *mpfr_t* op1, *mpfr_t* op2, *mpfr_rnd_t* rnd)
- *int* mpfr_add_ui(*mpfr_t* rop, *mpfr_t* op1, *unsigned long* op2, *mpfr_rnd_t* rnd)
- *int* mpfr_add_si(*mpfr_t* rop, *mpfr_t* op1, *long* op2, *mpfr_rnd_t* rnd)
- *int* mpfr_add_d(*mpfr_t* rop, *mpfr_t* op1, *double* op2, *mpfr_rnd_t* rnd)
- *int* mpfr_add_z(*mpfr_t* rop, *mpfr_t* op1, *mpz_t* op2, *mpfr_rnd_t* rnd)
- *int* mpfr_add_q(*mpfr_t* rop, *mpfr_t* op1, *mpq_t* op2, *mpfr_rnd_t* rnd)
- *int* mpfr_sub(*mpfr_t* rop, *mpfr_t* op1, *mpfr_t* op2, *mpfr_rnd_t* rnd)
- *int* mpfr_ui_sub(*mpfr_t* rop, *unsigned long* op1, *mpfr_t* op2, *mpfr_rnd_t* rnd)
- *int* mpfr_sub_ui(*mpfr_t* rop, *mpfr_t* op1, *unsigned long* op2, *mpfr_rnd_t* rnd)
- *int* mpfr_si_sub(*mpfr_t* rop, *long* op1, *mpfr_t* op2, *mpfr_rnd_t* rnd)
- *int* mpfr_sub_si(*mpfr_t* rop, *mpfr_t* op1, *long* op2, *mpfr_rnd_t* rnd)
- *int* mpfr_d_sub(*mpfr_t* rop, *double* op1, *mpfr_t* op2, *mpfr_rnd_t* rnd)
- *int* mpfr_sub_d(*mpfr_t* rop, *mpfr_t* op1, *double* op2, *mpfr_rnd_t* rnd)
- *int* mpfr_z_sub(*mpfr_t* rop, *mpz_t* op1, *mpfr_t* op2, *mpfr_rnd_t* rnd)
- *int* mpfr_sub_z(*mpfr_t* rop, *mpfr_t* op1, *mpq_t* op2, *mpfr_rnd_t* rnd)
- *int* mpfr_sub_q(*mpfr_t* rop, *mpfr_t* op1, *mpq_t* op2, *mpfr_rnd_t* rnd)
- *int* mpfr_mul(*mpfr_t* rop, *mpfr_t* op1, *mpfr_t* op2, *mpfr_rnd_t* rnd)
- *int* mpfr_mul_ui(*mpfr_t* rop, *mpfr_t* op1, *unsigned long* op2, *mpfr_rnd_t* rnd)
- *int* mpfr_mul_si(*mpfr_t* rop, *mpfr_t* op1, *long* op2, *mpfr_rnd_t* rnd)
- *int* mpfr_mul_d(*mpfr_t* rop, *mpfr_t* op1, *double* op2, *mpfr_rnd_t* rnd)
- *int* mpfr_mul_z(*mpfr_t* rop, *mpfr_t* op1, *mpz_t* op2, *mpfr_rnd_t* rnd)
- *int* mpfr_mul_q(*mpfr_t* rop, *mpfr_t* op1, *mpq_t* op2, *mpfr_rnd_t* rnd)
- *int* mpfr_div(*mpfr_t* rop, *mpfr_t* op1, *mpfr_t* op2, *mpfr_rnd_t* rnd)
- *int* mpfr_ui_div(*mpfr_t* rop, *unsigned long* op1, *mpfr_t* op2, *mpfr_rnd_t* rnd)
- *int* mpfr_div_ui(*mpfr_t* rop, *mpfr_t* op1, *unsigned long* op2, *mpfr_rnd_t* rnd)
- *int* mpfr_si_div(*mpfr_t* rop, *long* op1, *mpfr_t* op2, *mpfr_rnd_t* rnd)
- *int* mpfr_div_si(*mpfr_t* rop, *mpfr_t* op1, *long* op2, *mpfr_rnd_t* rnd)

- *int* mpfr_d_div(*mpfr_t* rop, *double* op1, *mpfr_t* op2, *mpfr_rnd_t* rnd)
- *int* mpfr_div_d(*mpfr_t* rop, *mpfr_t* op1, *double* op2, *mpfr_rnd_t* rnd)
- *int* mpfr_div_z(*mpfr_t* rop, *mpfr_t* op1, *mpz_t* op2, *mpfr_rnd_t* rnd)
- *int* mpfr_div_q(*mpfr_t* rop, *mpfr_t* op1, *mpq_t* op2, *mpfr_rnd_t* rnd)

### ◆── その他の演算

- *int* mpfr_sqr(*mpfr_t* rop, *mpfr_t* op, *mpfr_rnd_t* rnd)：$\mathtt{rop} := \mathtt{op}^2$
- *int* mpfr_sqrt(*mpfr_t* rop, *mpfr_t* op, *mpfr_rnd_t* rnd)：$\mathtt{rop} := \sqrt{\mathtt{op}}$
- *int* mpfr_sqrt_ui(*mpfr_t* rop, *unsigned long* op, *mpfr_rnd_t* rnd)：$\mathtt{rop} := \sqrt{\mathtt{op}}$
- *int* mpfr_rec_sqrt(*mpfr_t* rop, *mpfr_t* op, *mpfr_rnd_t* rnd)：$\mathtt{rop} := 1/\sqrt{\mathtt{op}}$
- *int* mpfr_cbrt(*mpfr_t* rop, *mpfr_t* op, *mpfr_rnd_t* rnd)：$\mathtt{rop} := \sqrt[3]{\mathtt{op}}$
- *int* mpfr_rootn_ui(*mpfr_t* rop, *mpfr_t* op, *unsigned long* k, *mpfr_rnd_t* rnd)：$\mathtt{rop} := \mathtt{op}^{\mathtt{k}}$
- *int* mpfr_root(*mpfr_t* rop, *mpfr_t* op, *unsigned long* k, *mpfr_rnd_t* rnd)：$\mathtt{rop} := \mathtt{op}^{\mathtt{k}}$
- *int* mpfr_pow(*mpfr_t* rop, *mpfr_t* op1, *mpfr_t* op2, *mpfr_rnd_t* rnd)：$\mathtt{rop} := \mathtt{op1}^{\mathtt{op2}}$
- *int* mpfr_pow_ui(*mpfr_t* rop, *mpfr_t* op1, *unsigned long* op2, *mpfr_rnd_t* rnd)：$\mathtt{rop} := \mathtt{op1}^{\mathtt{op2}}$
- *int* mpfr_pow_si(*mpfr_t* rop, *mpfr_t* op1, *long* op2, *mpfr_rnd_t* rnd)：$\mathtt{rop} := \mathtt{op1}^{\mathtt{op2}}$
- *int* mpfr_pow_z(*mpfr_t* rop, *mpfr_t* op1, *mpz_t* op2, *mpfr_rnd_t* rnd)：$\mathtt{rop} := \mathtt{op1}^{\mathtt{op2}}$
- *int* mpfr_ui_pow_ui(*mpfr_t* rop, *unsigned long* op1, *unsigned long* op2, *mpfr_rnd_t* rnd)
- *int* mpfr_ui_pow(*mpfr_t* rop, *unsigned long* op1, *mpfr_t* op2, *mpfr_rnd_t* rnd)：$\mathtt{rop} := \mathtt{op1}^{\mathtt{op2}}$
- *int* mpfr_neg(*mpfr_t* rop, *mpfr_t* op, *mpfr_rnd_t* rnd)：$\mathtt{rop} := -\mathtt{op}$
- *int* mpfr_abs(*mpfr_t* rop, *mpfr_t* op, *mpfr_rnd_t* rnd)：$\mathtt{rop} := |\mathtt{op}|$
- *int* mpfr_dim(*mpfr_t* rop, *mpfr_t* op1, *mpfr_t* op2, *mpfr_rnd_t* rnd)：$\mathtt{op1} > \mathtt{op2}$ のときは $\mathtt{rop} := \mathtt{op1} - \mathtt{op2}$，それ以外のときは $\mathtt{rop} := +0$ を返す

mpfr_mul_2*関数は $\mathtt{rop} := \mathtt{op1} \times 2^{\mathtt{op2}}$ を，mpfr_div_2*関数は $\mathtt{rop} := \mathtt{op1}/2^{\mathtt{op2}}$ を求める．

- *int* mpfr_mul_2ui(*mpfr_t* rop, *mpfr_t* op1, *unsigned long* op2, *mpfr_rnd_t* rnd)
- *int* mpfr_mul_2si(*mpfr_t* rop, *mpfr_t* op1, *long* op2, *mpfr_rnd_t* rnd)
- *int* mpfr_div_2ui(*mpfr_t* rop, *mpfr_t* op1, *unsigned long* op2, *mpfr_rnd_t* rnd)
- *int* mpfr_div_2si(*mpfr_t* rop, *mpfr_t* op1, *long* op2, *mpfr_rnd_t* rnd)

## C.8 比較関数

### ◆── 単純比較

$\mathtt{op1} > \mathtt{op2}$ のときは正数を，$\mathtt{op1} = \mathtt{op2}$ のときはゼロを，$\mathtt{op1} < \mathtt{op2}$ のときには負数を返す．

- *int* mpfr_cmp(*mpfr_t* op1, *mpfr_t* op2)
- *int* mpfr_cmp_ui(*mpfr_t* op1, *unsigned long* op2)
- *int* mpfr_cmp_si(*mpfr_t* op1, *long* op2)
- *int* mpfr_cmp_d(*mpfr_t* op1, *double* op2)
- *int* mpfr_cmp_ld(*mpfr_t* op1, *long double* op2)
- *int* mpfr_cmp_z(*mpfr_t* op1, *mpz_t* op2)
- *int* mpfr_cmp_q(*mpfr_t* op1, *mpq_t* op2)

- *int* `mpfr_cmp_f`(*mpfr_t* `op1`, *mpf_t* `op2`)

次の 2 関数は op1 と op2 × $2^{\text{exp}}$ を比較する．返り値は上記の関数と同じ．

- *int* `mpfr_cmp_ui_2exp`(*mpfr_t* `op1`, *mpfr_t* `op2`, *mpfr_exp_t* `exp`)
- *int* `mpfr_cmp_si_2exp`(*mpfr_t* `op1`, *mpfr_t* `op2`, *mpfr_exp_t* `exp`)

次の関数は |op1| と |op2| を比較する．返り値は上記の関数と同じ．

- *int* `mpfr_cmpabs`(*mpfr_t* `op1`, *mpfr_t* `op2`)

### ◆── その他

- *int* `mpfr_nan_p`(*mpfr_t* `op`)：op が NaN のときはゼロを，それ以外のときは非ゼロを返す
- *int* `mpfr_inf_p`(*mpfr_t* `op`)：op が Inf のときはゼロを，それ以外のときは非ゼロを返す
- *int* `mpfr_number_p`(*mpfr_t* `op`)：op が正常な浮動小数点数のときはゼロを，それ以外のときは非ゼロを返す
- *int* `mpfr_zero_p`(*mpfr_t* `op`)：op がゼロのときはゼロを，それ以外のときは非ゼロを返す
- *int* `mpfr_regular_p`(*mpfr_t* `op`)：op がゼロ以外の正常な浮動小数点数 N のときはゼロを，それ以外のときは非ゼロを返す
- *int* `mpfr_sgn`(*mpfr_t* `op`)：sign(op) を返す
- *int* `mpfr_greater_p`(*mpfr_t* `op1`, *mpfr_t* `op2`)：op1 $>$ op2 のときは非ゼロを，それ以外のときはゼロを返す
- *int* `mpfr_greaterequal_p`(*mpfr_t* `op1`, *mpfr_t* `op2`)：op1 $\geq$ op2 のときは非ゼロを，それ以外のときはゼロを返す
- *int* `mpfr_less_p`(*mpfr_t* `op1`, *mpfr_t* `op2`)：op1 $<$ op2 のときは非ゼロを，それ以外のときはゼロを返す
- *int* `mpfr_lessequal_p`(*mpfr_t* `op1`, *mpfr_t* `op2`)：op1 $\leq$ op2 のときは非ゼロを，それ以外のときはゼロを返す
- *int* `mpfr_equal_p`(*mpfr_t* `op1`, *mpfr_t* `op2`)：op1 $=$ op2 のときは非ゼロを，それ以外のときはゼロを返す
- *int* `mpfr_lessgreater_p`(*mpfr_t* `op1`, *mpfr_t* `op2`)：op1 $>$ op2 または op1 $<$ op2 のときは非ゼロを，それ以外のときはゼロを返す
- *int* `mpfr_unordered_p`(*mpfr_t* `op1`, *mpfr_t* `op2`)：op1 か op2 のどちらかが NaN であれば非ゼロを，それ以外のときはゼロを返す

## C.9 初等関数・特殊関数

- *void* `mpfr_log`(*mpfr_t* `rop`, *mpfr_t* `op`, *mpfr_rnd_t* `rnd`)：rop $:= \log(\text{op})$
- *void* `mpfr_log_ui`(*mpfr_t* `rop`, *mpfr_t* `op`, *unsigned long* `rnd`)：rop $:= \log(\text{op})$
- *void* `mpfr_log2`(*mpfr_t* `rop`, *mpfr_t* `op`, *mpfr_rnd_t* `rnd`)：rop $:= log_2(\text{op})$
- *void* `mpfr_log10`(*mpfr_t* `rop`, *mpfr_t* `op`, *mpfr_rnd_t* `rnd`)：rop $:= \log_{10}(\text{op})$
- *void* `mpfr_log1p`(*mpfr_t* `rop`, *mpfr_t* `op`, *mpfr_rnd_t* `rnd`)：rop $:= \log(\text{op} + 1)$
- *void* `mpfr_exp`(*mpfr_t* `rop`, *mpfr_t* `op`, *mpfr_rnd_t* `rnd`)：rop $:= \exp(\text{op}) = e^{\text{op}}$
- *void* `mpfr_exp2`(*mpfr_t* `rop`, *mpfr_t* `op`, *mpfr_rnd_t* `rnd`)：rop $:= 2^{\text{op}}$
- *void* `mpfr_exp10`(*mpfr_t* `rop`, *mpfr_t* `op`, *mpfr_rnd_t* `rnd`)：rop $:= 10^{\text{op}}$
- *void* `mpfr_expm1`(*mpfr_t* `rop`, *mpfr_t* `op`, *mpfr_rnd_t* `rnd`)：rop $:= \exp(\text{op}) - 1$

- *void* mpfr_cos(*mpfr_t* rop, *mpfr_t* op, *mpfr_rnd_t* rnd)：rop $:= \cos($op$)$
- *void* mpfr_sin(*mpfr_t* rop, *mpfr_t* op, *mpfr_rnd_t* rnd)：rop $:= \sin($op$)$
- *void* mpfr_tan(*mpfr_t* rop, *mpfr_t* op, *mpfr_rnd_t* rnd)：rop $:= \tan($op$)$
- *void* mpfr_sin_cos(*mpfr_t* sop, *mpfr_t* cop, *mpfr_t* op, *mpfr_rnd_t* rnd)：sop$:= \sin($op$)$, cop $:= \cos($op$)$ をまとめて実行する
- *void* mpfr_sec(*mpfr_t* rop, *mpfr_t* op, *mpfr_rnd_t* rnd)：rop $:= \sec($op$)$
- *void* mpfr_csc(*mpfr_t* rop, *mpfr_t* op, *mpfr_rnd_t* rnd)：rop $:= \mathrm{cosec}($op$)$
- *void* mpfr_cot(*mpfr_t* rop, *mpfr_t* op, *mpfr_rnd_t* rnd)：rop $:= \cot($op$)$
- *void* mpfr_acos(*mpfr_t* rop, *mpfr_t* op, *mpfr_rnd_t* rnd)：rop $:= \cos^{-1}($op$)$
- *void* mpfr_asin(*mpfr_t* rop, *mpfr_t* op, *mpfr_rnd_t* rnd)：rop $:= \sin^{-1}($op$)$
- *void* mpfr_atan(*mpfr_t* rop, *mpfr_t* op, *mpfr_rnd_t* rnd)：rop $:= \tan^{-1}($op$)$
- *void* mpfr_atan2(*mpfr_t* rop, *mpfr_t* y, *mpfr_t* x, *mpfr_rnd_t* rnd)：x $> 0$ のときは rop $:= \tan^{-1}($y/x$)$，x $< 0$ のときは rop $:= \mathrm{sign}($y$) \times (\pi - \tan^{-1}(|$y/x$|))$ を返す
- *void* mpfr_cosh(*mpfr_t* rop, *mpfr_t* op, *mpfr_rnd_t* rnd)：rop $:= \cosh($op$)$
- *void* mpfr_sinh(*mpfr_t* rop, *mpfr_t* op, *mpfr_rnd_t* rnd)：rop $:= \sinh($op$)$
- *void* mpfr_tanh(*mpfr_t* rop, *mpfr_t* op, *mpfr_rnd_t* rnd)：rop $:= \tanh($op$)$
- *void* mpfr_sinh_cosh(*mpfr_t* sop, *mpfr_t* sop, *mpfr_t* op, *mpfr_rnd_t* rnd)：sop $:= \sinh($op$)$, cop $:= \cosh($op$)$ をまとめて実行する
- *void* mpfr_sech(*mpfr_t* rop, *mpfr_t* op, *mpfr_rnd_t* rnd)：rop $:= \mathrm{sech}($op$)$
- *void* mpfr_csch(*mpfr_t* rop, *mpfr_t* op, *mpfr_rnd_t* rnd)：rop $:= \mathrm{cosech}($op$)$
- *void* mpfr_coth(*mpfr_t* rop, *mpfr_t* op, *mpfr_rnd_t* rnd)：rop $:= \coth($op$)$
- *void* mpfr_acosh(*mpfr_t* rop, *mpfr_t* op, *mpfr_rnd_t* rnd)：rop $:= \cosh^{-1}($op$)$
- *void* mpfr_asinh(*mpfr_t* rop, *mpfr_t* op, *mpfr_rnd_t* rnd)：rop $:= \sinh^{-1}($op$)$
- *void* mpfr_atanh(*mpfr_t* rop, *mpfr_t* op, *mpfr_rnd_t* rnd)
- *void* mpfr_fac_ui(*mpfr_t* rop, *unsigned long* op, *mpfr_rnd_t* rnd)：rop $:= \tanh^{-1}($op$)$
- *void* mpfr_eint(*mpfr_t* rop, *mpfr_t* op, *mpfr_rnd_t* rnd)：指数積分値の計算
- *void* mpfr_li2(*mpfr_t* rop, *mpfr_t* op, *mpfr_rnd_t* rnd)：rop $:= \mathrm{Li2}(\mathtt{op}) = -\int_0^{\mathrm{op}} \log(1-t)/t dt$（多重対数関数）
- *void* mpfr_gamma(*mpfr_t* rop, *mpfr_t* op, *mpfr_rnd_t* rnd)：rop $:= \Gamma($op$)$（ガンマ関数）
- *void* mpfr_gamma_inc(*mpfr_t* rop, *mpfr_t* op, *mpfr_rnd_t* rnd)：不完全ガンマ関数
- *void* mpfr_lngamma(*mpfr_t* rop, *mpfr_t* op, *mpfr_rnd_t* rnd)：rop $:= \log(\Gamma($op$))$
- *void* mpfr_lgamma(*mpfr_t* rop, *int* *sign, *mpfr_t* op, *mpfr_rnd_t* rnd)：rop $:= \log|\Gamma($op$)|$．sign には $\Gamma($op$)$ の符号（正のときは $+1$，負のときは $-1$）が入る
- *void* mpfr_digamma(*mpfr_t* rop, *mpfr_t* op, *mpfr_rnd_t* rnd)：op のディガンマ関数の値を rop に代入する
- *void* mpfr_beta(*mpfr_t* rop, *mpfr_t* op, *mpfr_rnd_t* rnd)：op のベータ関数の値を rop に代入する
- *void* mpfr_zeta(*mpfr_t* rop, *mpfr_t* op, *mpfr_rnd_t* rnd)：op のゼータ関数の値を rop に代入する
- *void* mpfr_zeta_ui(*mpfr_t* rop, *unsigned long* op, *mpfr_rnd_t* rnd)：op のゼータ関数の値を rop に代入する
- *void* mpfr_erf(*mpfr_t* rop, *mpfr_t* op, *mpfr_rnd_t* rnd)：rop $:= \mathrm{erf}($op$)$（誤差関数）
- *void* mpfr_erfc(*mpfr_t* rop, *mpfr_t* op, *mpfr_rnd_t* rnd)：$1 -$ rop $:= \mathrm{erf}($op$)$

- *void* mpfr_j0(*mpfr_t* rop, *mpfr_t* op, *mpfr_rnd_t* rnd)：rop := $J_0$(op)（第一種 Bessel 関数）
- *void* mpfr_j1(*mpfr_t* rop, *mpfr_t* op, *mpfr_rnd_t* rnd)：rop := $J_1$(op)（第一種 Bessel 関数）
- *void* mpfr_jn(*mpfr_t* rop, *long* n, *mpfr_t* op, *mpfr_rnd_t* rnd)：rop := $J_{\mathtt{n}}$(op)（第一種 Bessel 関数）
- *void* mpfr_y0(*mpfr_t* rop, *mpfr_t* op, *mpfr_rnd_t* rnd)：rop := $Y_0$(op)（第二種 Bessel 関数）
- *void* mpfr_y1(*mpfr_t* rop, *mpfr_t* op, *mpfr_rnd_t* rnd)：rop := $Y_1$(op)（第二種 Bessel 関数）
- *void* mpfr_yn(*mpfr_t* rop, *long* n, *mpfr_t* op, *mpfr_rnd_t* rnd)：rop := $Y_{\mathtt{n}}$(op)（第二種 Bessel 関数）
- *void* mpfr_fma(*mpfr_t* rop, *mpfr_t* op1, *mpfr_t* op2, *mpfr_t* op3, *mpfr_rnd_t* rnd)：rop := (op1 × op2) + op3
- *void* mpfr_fms(*mpfr_t* rop, *mpfr_t* op1, *mpfr_t* op2, *mpfr_t* op3, *mpfr_rnd_t* rnd)：rop := (op1 × op2) − op3
- *void* mpfr_fmma(*mpfr_t* rop, *mpfr_t* op1, *mpfr_t* op2, *mpfr_t* op3, *mpfr_t* op3, *mpfr_t* op4, *mpfr_t* op4, *mpfr_rnd_t* rnd)：rop := (op1 × op2) + (op3 × op4)
- *void* mpfr_fmms(*mpfr_t* rop, *mpfr_t* op1, *mpfr_t* op2, *mpfr_t* op3, *mpfr_t* op4, *mpfr_t* op3, *mpfr_t* op4, *mpfr_rnd_t* rnd)：rop := (op1 × op2) − (op3 × op4)
- *void* mpfr_agm(*mpfr_t* rop, *mpfr_t* op1, *mpfr_t* op2, *mpfr_rnd_t* rnd)：op1 と op2 の算術幾何平均を rop に代入する．
- *void* mpfr_hypot(*mpfr_t* rop, *mpfr_t* y, *mpfr_t* x, *mpfr_rnd_t* rnd)：rop := $\sqrt{\mathtt{x}^2 + \mathtt{y}^2}$
- *void* mpfr_ai(*mpfr_t* rop, *mpfr_t* op, *mpfr_rnd_t* rnd)：rop := Ai(op)（Airy 関数）
- *int* mpfr_sum(*mpfr_t* rop, *const mpfr_ptr* tab[], *unsigned long* n, *mpfr_rnd_t* rnd)：rop := $\sum_{i=0}^{\mathtt{n}-1}$ tab[$i$]

### ◆── 定数など

- *int* mpfr_const_log2(*mpfr_t* rop, *mpfr_rnd_t* rnd)：rop := $\log 2 = 0.693\cdots$
- *int* mpfr_const_pi(*mpfr_t* rop, *mpfr_rnd_t* rnd)：rop := $\pi = 3.141\cdots$
- *int* mpfr_const_euler(*mpfr_t* rop, *mpfr_rnd_t* rnd)：rop := $0.577\cdots$（Euler 定数）
- *int* mpfr_const_catalan(*mpfr_t* rop, *mpfr_rnd_t* rnd)：rop := $0.915\cdots$（Catalan 定数）
- *void* mpfr_free_cache(*void*)：定数用のキャッシュやプールをすべて消去する
- *void* mpfr_free_cache2(*mpfr_free_cache_t* flag)：以下の flag 値に従って定数用キャッシュやプールを消去する

  MPFR_FREE_LOCAL_CACHE：スレッドローカルなキャッシュとプールを消去する

  MPFR_FREE_GLOBAL_CACHE：全スレッドで共有されているキャッシュとプールを消去する

  MPFR_FREE_LOCAL_CACHE | MPFR_FREE_GLOBAL_CACHE：すべてのキャッシュとプールを消去する（mpfr_free_cache 関数と同じ動作になる）
- *void* mpfr_free_pool(*void*)：MPFR 内部で使用しているプールを消去する
- *int* mpfr_mp_memory_cleanup(*void*)：GNU MP のメモリ割り当てカスタム化のための関数 mp_set_memory_functions を使用する際には，その前にこの関数を呼び出し，MPFR で確保したすべてのメモリ領域を解放する

## C.10 入出力関数

*mpfr_t* 型変数単体を扱う入出力関数．stream が NULL ポインタの場合は，標準入力 (stdin) もしくは標準出力 (stdout) を指定したことになる．

- *void* mpfr_out_str(*FILE* *stream, *int* base, *size_t* n, *mpfr_t* op, *mpfr_rnd_t* rnd)：出力ストリーム stream に，rnd 方式で丸めた op の base 進 n 桁の文字列を出力する
- *void* mpfr_inp_str(*mpfr_t* rop, *FILE* *stream, *int* base, *mpfr_t* op, *mpfr_rnd_t* rnd)：入力ストリーム stream から base 進 n 桁の文字列を読み取り，rnd 方式で丸めて rop に代入する
- *void* mpfr_fpif_export(*FILE* *stream, *mpfr_t* op)：異なる環境下でも互換性をもつ浮動小数点交換形式で，op を出力ストリーム stream に出力する
- *void* mpfr_fpif_import(*mpfr_t* rop, *FILE* *stream)：mpfr_fpif_export 関数で出力された浮動小数点交換形式を，入力ストリーム stream から入力して rop に格納する
- *void* mpfr_dump(*mpfr_t* op)：op をデバッグ用途の出力形式で標準出力に表示する

## C.11 整数関数・剰余関数

- *int* mpfr_rint(*mpfr_t* rop, *mpfr_t* op, *mpfr_rnd_t* rnd)：op を rnd 方式で丸めて，最も近い整数にして rop に格納する
- *int* mpfr_ceil(*mpfr_t* rop, *mpfr_t* op)：mpfr_rint(rop, op, MPFR_RNDU) と同じ
- *int* mpfr_floor(*mpfr_t* rop, *mpfr_t* op)：mpfr_rint(rop, op, MPFR_RNDD) と同じ
- *int* mpfr_round(*mpfr_t* rop, *mpfr_t* op)：mpfr_rint(rop, op, MPFR_RNDA) と同じ
- *int* mpfr_roundeven(*mpfr_t* rop, *mpfr_t* op)：mpfr_rint(rop, op, MPFR_RNDN) と同じ
- *int* mpfr_trunc(*mpfr_t* rop, *mpfr_t* op)：mpfr_rint(rop, op, MPFR_RNDZ) と同じ
- *int* mpfr_rint_ceil(*mpfr_t* rop, *mpfr_t* op, *mpfr_rnd_t* rnd)：op 以上になるよう，op を丸めて整数にして rop に代入する
- *int* mpfr_rint_floor(*mpfr_t* rop, *mpfr_t* op, *mpfr_rnd_t* rnd)：op 以下になるよう，op を丸めて整数にして rop に代入する
- *int* mpfr_rint_round(*mpfr_t* rop, *mpfr_t* op, *mpfr_rnd_t* rnd)：ゼロから遠ざかる方向に op を丸めて整数にして rop に代入する
- *int* mpfr_rint_roundeven(*mpfr_t* rop, *mpfr_t* op, *mpfr_rnd_t* rnd)：偶数丸め方式で最近接の整数に op を丸めて rop に代入する
- *int* mpfr_rint_trunc(*mpfr_t* rop, *mpfr_t* op, *mpfr_rnd_t* rnd)：ゼロ方向に op を丸めて整数にして rop に代入する
- *int* mpfr_frac(*mpfr_t* rop, *mpfr_t* op, *mpfr_rnd_t* rnd)：op の仮数部を符号も含めて取り出して rop に格納する
- *int* mpfr_modf(*mpfr_t* iop, *mpfr_t* fop, *mpfr_t* op, *mpfr_rnd_t* rnd)：op の整数部を iop に，仮数部を fop にそれぞれ格納する
- *int* mpfr_fmod(*mpfr_t* r, *mpfr_t* x, *mpfr_t* y, *mpfr_rnd_t* rnd)：x を y で割ったときの商 $n$ をゼロ方向に丸めた整数とし，剰余 $\mathtt{r} := \mathtt{x} - n\mathtt{y}$ を求める
- *int* mpfr_fmodquo(*mpfr_t* r, *long* *q, *mpfr_t* x, *mpfr_t* y, *mpfr_rnd_t* rnd)：x を y で割

ったときの商 $n$ をゼロ方向に丸めた整数とし，剰余 r := x − $n$y を求め，$n$ の低位ビット分を符号とともに q に格納する

- *int* mpfr_remainder(*mpfr_t* r, *mpfr_t* x, *mpfr_t* y, *mpfr_rnd_t* rnd)：x を y で割ったときの商 $n$ を最近接の整数に丸めたものとし，剰余 r := x − $n$y を求める
- *int* mpfr_remquo(*mpfr_t* r, *long* *q, *mpfr_t* x, *mpfr_t* y, *mpfr_rnd_t* rnd)：x を y で割ったときの商 $n$ を最近接の整数に丸めたものとし，剰余 r := x − $n$y を求め，$n$ の低位ビット分を符号とともに q に格納する
- *int* mpfr_integer_p(*mpfr_t* op)：op が整数のときには非ゼロを返し，それ以外のときはゼロを返す

## C.12　丸め処理

- *void* mpfr_set_default_rounding_mode(*mpfr_rnd_t* rnd)：デフォルトの丸め方式を rnd に設定する
- *mpfr_rnd_t* mpfr_get_default_rounding_mode(*void*)：現在のデフォルト丸めモードを返す
- *int* mpfr_prec_round(*mpfr_t* x, *mpfr_prec_t* prec, *mpfr_rnd_t* rnd)：x を prec ビットに rnd 方式で丸める
- *int* mpfr_can_round(*mpfr_t* b, *mpfr_exp_t* err, *mpfr_rnd_t* rnd1, *mpfr_rnd_t* rnd2, *mpfr_prec_t* prec)：真値を rnd1 方式で丸めた値が b であるとき，rnd2 方式で prec ビットに丸めた値との差異が，err で定めた許容範囲内かどうかを確認する．使用例は MPFR の examples/can_round.c を参照
- *mpfr_prec_t* mpfr_min_prec(*mpfr_t* x)：x の仮数部を格納する最小ビット数を返す
- *const char* *mpfr_print_rnd_mode(*mpfr_rnd_t* rnd)：丸め方式 rnd を表す文字列（MPFR_RNDN 等）を返す
- *int* mpfr_round_nearest_away(*int* (foo)(*mpfr_t*, *type1_t*, ..., *typen_t*), *mpfr_t* rop, *type1_t* op, ...)：関数 foo(rop, op, ...) を実行し，得た結果を最近接値から離れる方向に丸め (round-nearest-away) て rop に格納する．

## C.13　乱数関数

*gmp_randstate_t* 型変数の扱いについては GNU MP の乱数関数（付録 B.3）を参照．

- *int* mpfr_urandomb(*mpfr_t* rop, *gmp_randstate_t* state)：$0 \leq$ rop $< 1$ となる一様乱数を与える
- *int* mpfr_urandom(*mpfr_t* rop, *gmp_randstate_t* state, *mpfr_rnd_t* rnd)：$0 \leq$ rop $< 1$ となる一様乱数が rnd 方式で丸められたものを返す
- *int* mpfr_nrandom(*mpfr_t* rop, *gmp_randstate_t* state, *mpfr_rnd_t* rnd)：平均が 0，分散が 1 となる Gauss 分布に従う乱数を rop に与える
- *int* mpfr_grandom(*mpfr_t* rop1, *mpfr_t* rop2, *gmp_randstate_t* state, *mpfr_rnd_t* rnd)：平均が 0，分散が 1 となる Gauss 分布に従う乱数を rop1 と rop2 に与える
- *int* mpfr_erandom(*mpfr_t* rop, *gmp_randstate_t* state, *mpfr_rnd_t* rnd)：平均が 1 の指数分布に従う乱数を与える

## C.14 その他の関数

- *void* mpfr_nexttoward(*mpfr_t* x, *mpfr_t* y)：y 方向に x をその精度桁の末尾 1 ビット分だけ移動する.
- *void* mpfr_nextabove(*mpfrv_t* x)：x を $+\infty$ 方向にその精度桁の 1ULP 分だけ移動する
- *void* mpfr_nextbelow(*mpfr_t* x)：x を $-\infty$ 方向にその精度桁の 1ULP 分だけ移動する
- *int* mpfr_min(*mpfr_t* rop, *mpfr_t* op1, *mpfr_t* op2, *mpfr_rnd_t* rnd)：rop:$=\min($op1, op2$)$
- *int* mpfr_max(*mpfr_t* rop, *mpfr_t* op1, *mpfr_t* op2, *mpfr_rnd_t* rnd)：rop:$=\max($op1, op2$)$
- *mpfr_exp_t* mpfr_get_exp(*mpfr_t* x)：x の指数部を返す
- *int* mpfr_set_exp(*mpfr_t* x, *mpfr_exp_t* exp)：x の指数部に exp を代入する
- *int* mpfr_signbit(*mpfr_t* op)：op が負数のときは非ゼロを，それ以外のときはゼロを返す
- *int* mpfr_setsign(*mpfr_t* rop, *mpfr_t* op, *int* s, *mpfr_rnd_t* rnd)：op を rnd 方式で丸めて rop に代入し，s が非ゼロのときは符号も代入，s がゼロのときは符号をクリアする
- *int* mpfr_copysign(*mpfr_t* rop, *mpfr_t* op1, *mpfr_t* op2, *mpfr_rnd_t* rnd)：mpfr_setsigh(rop, op1, mpfr_signbit(op2), rnd) と同じ
- *const char* *mpfr_get_version(*void*)：MPFR のバージョン番号を文字列として返す．バージョン番号は，以下の定数として定義されている．
  - MPFR_VERSION：整数定数フルバージョン番号
  - MPFR_VERSION_MAJOR：メジャーバージョン番号
  - MPFR_VERSION_MINOR：マイナーバージョン番号
  - MPFR_VERSION_PATCHLEVEL：パッチ番号
  - MPFR_VERSION_STRING：文字列フルバージョン番号
- *long* MPFR_VERSION_NUM(major, minor, patchlevel)：整数フルバージョン番号を生成する
- *const char* *mpfr_get_patches(*void*)：MPFR のパッチ番号を文字列として返す
- *int* mpfr_buildopt_tls_p(*void*)：MPFR がスレッドセーフになるようにコンパイルされたとき（--enable-thread-safe オプション付き）には非ゼロを返し，スレッドセーフでないときにはゼロを返す
- *int* mpfr_buildopt_float128_p(*void*)：MPFR が *__float128* 型をサポートしているときのみ非ゼロを返す
- *int* mpfr_buildopt_decimal_p(*void*)：MPFR が 10 進浮動小数点数をサポートしているときのみ非ゼロを返す
- *int* mpfr_buildopt_gmpinternals_p(*void*)：MPFR が GMP の内部関数を利用しているときのみ非ゼロを返す
- *int* mpfr_buildopt_sharedcache_p(*void*)：MPFR がキャッシュを共有するようにコンパイルされているときのみ非ゼロを返す
- *const char* *mpfr_buildopt_tune_case(*void*)：コンパイルときに使用した閾値ファイル名を文字列として返す

## C.15 例外処理

- *mpfr_exp_t* mpfr_get_emin(*void*)：MPFR 浮動小数点数指数部の最小値を返す
- *mpfr_exp_t* mpfr_get_emax(*void*)：MPFR 浮動小数点数指数部の最大値を返す
- *int* mpfr_set_emin(*mpfr_exp_t* exp)：MPFR 浮動小数点数指数部の最小値を exp に設定する
- *int* mpfr_set_emax(*mpfr_exp_t* exp)：MPFR 浮動小数点数指数部の最大値を exp に設定する
- *mpfr_exp_t* mpfr_get_emin_min(*void*)：mpfr_set_emin 関数で設定できる最小値を返す
- *mpfr_exp_t* mpfr_get_emin_max(*void*)：mpfr_set_emin 関数で設定できる最大値を返す
- *mpfr_exp_t* mpfr_get_emax_min(*void*)：mpfr_set_emax 関数で設定できる最小値を返す
- *mpfr_exp_t* mpfr_get_emax_max(*void*)：mpfr_set_emax 関数で設定できる最大値を返す
- *int* mpfr_check_range(*mpfr_t* x, *int* t, *mpfr_rnd_t* rnd)：x がオーバーフロー，もしくはアンダーフローしているかどうかを指数部を見てチェックする
- *int* mpfr_subnormalize(*mpfr_t* x, *int* t, *mpfr_rnd_t* rnd)：非正規領域での丸めを x に対して実行する
- *void* mpfr_clear_underflow(*void*)：MPFR_FLAGS_UNDERFLOW フラグを消去する
- *void* mpfr_clear_overflow(*void*)：MPFR_FLAGS_OVERFLOW フラグを消去する
- *void* mpfr_clear_divby0(*void*)：MPFR_FLAGS_DIVBY0 フラグを消去する
- *void* mpfr_clear_nanflag(*void*)：MPFR_FLAGS_NAN フラグを消去する
- *void* mpfr_clear_inexflag(*void*)：MPFR_FLAGS_INEXACT フラグを消去する
- *void* mpfr_clear_erangeflag(*void*)：MPFR_FLAGS_ERANGE フラグを消去する
- *void* mpfr_clear_flags(*void*)：すべてのフラグを消去する
- *void* mpfr_set_underflow(*void*)：MPFR_FLAGS_UNDERFLOW フラグを立てる
- *void* mpfr_set_overflow(*void*)：MPFR_FLAGS_OVERFLOW フラグを立てる
- *void* mpfr_set_divby0(*void*)：MPFR_FLAGS_DIVBY0 フラグを立てる
- *void* mpfr_set_nanflag(*void*)：MPFR_FLAGS_NAN フラグを立てる
- *void* mpfr_set_inexflag(*void*)：MPFR_FLAGS_INEXACT フラグを立てる
- *void* mpfr_set_erangeflag(*void*)：MPFR_FLAGS_ERANGE フラグを立てる
- *int* mpfr_underflow_p(*void*)：MPFR_FLAGS_UNDERFLOW フラグが立っていれば非ゼロを，そうでなければゼロを返す
- *int* mpfr_overflow_p(*void*)：MPFR_FLAGS_OVERFLOW フラグが立っていれば非ゼロを，そうでなければゼロを返す
- *int* mpfr_divby0_p(*void*)：MPFR_FLAGS_DIVBY0 フラグが立っていれば非ゼロを，そうでなければゼロを返す
- *int* mpfr_nanflag_p(*void*)：MPFR_FLAGS_NAN フラグが立っていれば非ゼロを，そうでなければゼロを返す
- *int* mpfr_inexflag_p(*void*)：MPFR_FLAGS_INEXACT フラグが立っていれば非ゼロを，そうでなければゼロを返す
- *int* mpfr_erangeflag_p(*void*)：MPFR_FLAGS_ERANGE フラグが立っていれば非ゼロを，そうでなければゼロを返す
- *void* mpfr_flags_clear(*mpfr_flags_t* mask)：mask で指定されたフラグをまとめて消去する
- *void* mpfr_flags_set(*mpfr_flags_t* mask)：mask で指定されたフラグをまとめて立てる
- *mpfr_flags_t* mpfr_flags_test(*mpfr_flags_t* mask)：mask で指定されたフラグを返す

- *mpfr_flags_t* `mpfr_flags_save(`*void*`)`：すべてのフラグを返す
- *void* `mpfr_flags_restore(`*mpfr_flags_t* `flags,` *mpfr_flags_t* `mask)`：`mask` で指定されたフラグの状態を `flags` に代入する

## C.16 MPF との互換性を保つための関数

GNU MP の MPF に基づいて記述したプログラムを，そのまま MPFR 環境下で実行できるようにするためのヘッダファイル `mpf2mpfr.h` は，次のように，`mpfr.h` のあとで読み込んで使用する．

```
#include <mpfr.h>
#include <mpf2mpfr.h>
```

この結果，*mpf_t* 変数は *mpfr_t* 変数に宣言し直され，デフォルトの丸め方式（最近値への丸め）を指定した MPFR 関数で実行される．ただし，MPFR 関数との齟齬が発生するため，以下のように互換性を保つための関数が用意されている．

- *void* `mpfr_set_prec_raw(`*mpfr_t* `x,` *mpfr_prec_t* `prec)`：仮数部の精度桁を正確に `prec` ビットに設定する．ただし，仮数部のメモリ領域は変更しない
- *int* `mpfr_eq(`*mpfr_t* `op1,` *mpfr_t* `op2,` *unsignd long* `op3)`：op1 と op2 の指数部が同じで，かつ，仮数部のビット値が op3 ビットまで等しいときには非ゼロを返す
- *void* `mpfr_reldiff(`*mpfr_t* `rop,` *mpfr_t* `op1,` *mpfr_t* `op2,` *mpfr_rnd_t* `rnd)`：rop:=|op1−op2|/op1．正しい丸めは保証しない
- *int* `mpfr_mul_2exp(`*mpfr_t* `rop,` *mpfr_t* `op1,` *mpfr_t* `op2,` *mpfr_rnd_t* `rnd)`：`mpfr_mul_2ui` と同じ
- *int* `mpfr_div_2exp(`*mpfr_t* `rop,` *mpfr_t* `op1,` *mpfr_t* `op2,` *mpfr_rnd_t* `rnd)`：`mpfr_div_2ui` と同じ

## C.17 カスタムインターフェース

- *size_t* `mpfr_custom_get_size(`*mpfr_prec_t* `prec)`：`prec` ビットの仮数部を格納するために必要なバイト数を返す
- *void* `mpfr_custom_init(`*void* `*significand,` *mpfr_prec_t* `prec)`：`prec` ビットの仮数部を格納する領域 `significand` を初期化する
- *void* `mpfr_custom_init_set(`*mpfr_t* `x,` *int* `kind,` *mpfr_ext_t* `exp,` *mpfr_prec_t* `prec,` *void* `*significand)`：`kind` に従って以下のように `x` が初期化され，値が代入される
  - `MPFR_NAN_KIND`：NaN を代入する
  - `MPFR_INF_KIND`：`kind` と同符号の $\infty$ を代入する
  - `MPFR_ZERO_KIND`：`kind` と同符号の 0 を代入する
  - `MPFR_REGULAR_KIND`：`kind` の符号を符号部に，指数部に `exp`，仮数部に `significand` をそれぞれ代入する
- *int* `mpfr_custom_get_kind(`*mpfr_t* `x)`：`x` の MPFR データ型を上記の 4 種類の `kind` の値として返す
- *void* `*mpfr_custom_get_significand(`*mpfr't* `x)`：`mpfr_custom_init_set` 関数で初期化され

た x の仮数部へのポインタを返す

- *mpfr_exp_t* mpfr_custom_get_exp(*mpfr_t* x)：mpfr_custom_init_set 関数で初期化された x の指数部を返す
- *void* mpfr_custom_move(*mpfr_t* x, *void* *new_position)：mpfr_custom_init_set 関数で初期化された x の仮数部が，new_position に移動したことを知らせる

# D GCC quadmath (__float128) リファレンス

GNU Compiler Collection (GCC) 4.6.0 以降に，C および Fortran ネイティブで IEEE754 の binary128（図 6.1）形式の 4 倍精度浮動小数点フォーマットをサポートした Quad-Precision Math Libary が使用できるようになった．実数型として *__float128*，複素数型として *__complex128* が定義されており，四則演算子 (+, -, *, /) がそのまま使用できる．QD の *dd_real* 型に比べて演算速度は劣るが，指数部長が長い（15 ビット）ため，扱える実数の範囲が広くとれるという利点もある．ここではその概要を示す．

## D.1 変数型と入出力

*__float128* および *__complex128* 型と 4 倍精度数学関数を使用するプログラムは，最初に必ず `quadmath.h` を

```
#include <quadmath.h>
```

のようにインクルードしておく必要がある．

コンパイル時は，`libquadmath.a` をリンクするために，

```
% gcc sample128.c -lquadmath
```

のようにライブラリを指定する．

### ◆── 変数型

次の 2 つのデータ型が使用できる．

- *__float128*：IEEE754 4 倍精度浮動小数点数型
- *__complex128*：実部と虚部が *__float128* 型の複素数型

### ◆── 入出力

2019 年 9 月現在，*__float128* 対応の入出力関数としては，10 進文字列を *__float128* 型に変換する `strtoflt128` 関数と，`Q` 指定による書式指定文字列書き出し関数 `quadmath_snprintf` 関数の 2 つしか公式には提供されていない．

- *__float128* `strtoflt128(`*const char* `*str,` *char* `**next_str)`：10 進文字列 `str` を *__float128* 型に変換する
- *int* `quadmath_snprintf(`*char* `*output_str,` *size_t* `size,` *const char* `*fmt, ...)`：書式指定

文字列 `fmt` に従って *__float* 型の値を `size` 文字の文字列型領域 `output_str` に書き出す．*__float128* 用の指定 `Q` 以降は，`e`, `f`, `g`, `a` とそれぞれの大文字指定が使用可能．

## D.2　__float128 型の使用例と数学関数

C プログラムでも，*__float128* 型データに対しては四則演算子が使用可能である．

```
#include <stdio.h>
#include <quadmath.h> // GCC Quad-Math Library

int main(void)
{
  char input_str[128], output_str[128];

  __float128 a, b, c;

  // a, bを標準入力(キーボード)から取り入れる
  printf("Input␣a␣->"); while(scanf("%s", input_str) < 1);
  a = strtoflt128(input_str, NULL);
  printf("Input␣b␣->"); while(scanf("%s", input_str) < 1);
  b = strtoflt128(input_str, NULL);

  // a, bを表示
  quadmath_snprintf(output_str, sizeof(output_str), "%+Qg", a);
  printf("a␣=␣%s\n", output_str);

  quadmath_snprintf(output_str, sizeof(output_str), "%+Qg", b);
  printf("b␣=␣%s\n", output_str);

  // 標準出力に四則演算の結果を表示
  c = a + b;
  quadmath_snprintf(output_str, sizeof(output_str), "%+.34Qg", c);
  printf("a␣+␣b␣=␣%s\n", output_str);

  c = a - b;
  quadmath_snprintf(output_str, sizeof(output_str), "%+.34Qg", c);
  printf("a␣-␣b␣=␣%s\n", output_str);

  c = a * b;
  quadmath_snprintf(output_str, sizeof(output_str), "%+.34Qg", c);
  printf("a␣*␣b␣=␣%s\n", output_str);

  c = a / b;
  quadmath_snprintf(output_str, sizeof(output_str), "%+.34Qg", c);
  printf("a␣/␣b␣=␣%s\n", output_str);

  c = sqrtq(a);
  quadmath_snprintf(output_str, sizeof(output_str), "%+.34Qg", c);
  printf("sqrt(a)␣=␣%s\n", output_str);

  c = c * c;
  quadmath_snprintf(output_str, sizeof(output_str), "%+.34Qg", c);
  printf("(sqrt(a))^2␣=␣%s\n", output_str);
```

```

  // 終了
  return 0;
}
```

## 主な数学関数

- __float128 fabsq(__float128 x)：$|a|$
- __float128 acosq(__float128 x)：$\cos^{-1}(x)$
- __float128 asinq(__float128 x)：$\sin^{-1}(x)$
- __float128 atanq(__float128 x)：$\tan^{-1}(x)$
- __float128 cosq(__float128 x)：$\cos x$
- __float128 sinq(__float128 x)：$\sin x$
- __float128 tanq(__float128 x)：$\tan x$
- __float128 acoshq(__float128 x)：$\cosh^{-1}(x)$
- __float128 asinhq(__float128 x)：$\sinh^{-1}(x)$
- __float128 atanhq(__float128 x)：$\tanh^{-1}(x)$
- __float128 coshq(__float128 x)：$\cosh(x)$
- __float128 sinhq(__float128 x)：$\sinh(x)$
- __float128 tanhq(__float128 x)：$\tanh(x)$
- __float128 expq(__float128 x)：$\exp(x) = e^x$
- __float128 exp2q(__float128 x)：$2^x$
- __float128 logq(__float128 x)：$\log x = \log_e x = \ln x$
- __float128 log10q(__float128 x)：$\log_{10} x = \lg x$
- __float128 log2q(__float128 x)：$\log_2 x$
- __float128 sqrtq(__float128 x)：$\sqrt{x}$
- __float128 cbrtq(__float128 x)：$\sqrt[3]{x} = x^{1/3}$
- __float128 powq(__float128 x, __float128 y)：$x^y$
- __float128 erfq(__float128 x)：$\mathrm{erf}(x)$
- __float128 erfcq(__float128 x)：$1 - \mathrm{erf}(x)$
- __float128 tgammaq(__float128 x)：$\Gamma(x)$
- __float128 lgammaq(__float128 x)：$\log|\Gamma(x)|$
- __float128 j0q(__float128 x)：$J_0(x)$
- __float128 j1q(__float128 x)：$J_1(x)$
- __float128 jnq(int n, __float128 x)：$J_n(x)$
- __float128 y0q(__float128 x)：$Y_0(x)$
- __float128 y1q(__float128 x)：$Y_1(x)$
- __float128 ynq(int n __float128x)：$Y_n(x)$
- __float128 fmaq(__float128 a, __float128 b, __float128 c)：$ab + c$
- __float128 fmaxq(__float128 a, __float128 b)：$\max(\mathtt{a}, \mathtt{b})$
- __float128 fminq(__float128 a, __float128 b)：$\min(\mathtt{a}, \mathtt{b})$
- __float128 fmodq(__float128 a, __float128 b)：$a \bmod b$
- __float128 frexpq(__float128 a, int *exp)：a の指数部を exp に格納し，仮数部を返す
- __float128 hypotq(__float128 a, __float128 b)：$\sqrt{\mathtt{a}^2 + \mathtt{b}^2}$

- *__float128* `ceilq(`*__float128* `a)` : $\lceil \mathtt{a} \rceil$
- *__float128* `floorq(`*__float128* `a)` : $\lfloor \mathtt{a} \rfloor$

## D.3 __complex128 型の使用例と数学関数

いまのところ，*__complex128* 型データの実部と虚部に値を代入するためには，GCC 独自の宣言子である **`__real__`**（実部），**`__imag__`**（虚部）を使うしかないようである．

```
#include <stdio.h>
#include <quadmath.h> // GCC Quad-Math Library

int main(void)
{
  char input_str[128], output_str[2][128];

  // 実部・虚部ともに__float128型とする
  __complex128 a, b, c;
  __float128 a_real, a_imag, b_real, b_imag;

  // a, bを標準入力(キーボード)から取り入れる
  printf("Input␣Re(a)␣->"); while(scanf("%s", input_str) < 1);
  a_real = strtoflt128(input_str, NULL);
  printf("Input␣Im(a)␣->"); while(scanf("%s", input_str) < 1);
  a_imag = strtoflt128(input_str, NULL);

  // a := (a_real) + (a_imag) * I
  __real__ a = a_real; __imag__ a = a_imag; // GCC独自命令

  printf("Input␣Re(b)␣->"); while(scanf("%s", input_str) < 1);
  b_real = strtoflt128(input_str, NULL);
  printf("Input␣Im(b)␣->"); while(scanf("%s", input_str) < 1);
  b_imag = strtoflt128(input_str, NULL);

  // b := (b_real) + (b_imag) * I
  __real__ b = b_real; __imag__ b = b_imag;

  // a, bを実数部，虚数部に分けて表示
  quadmath_snprintf(output_str[0], sizeof(output_str[0]), "%+Qg",
   crealq(a));
  quadmath_snprintf(output_str[1], sizeof(output_str[1]), "%+Qg",
   cimagq(a));
  printf("a␣=␣(%s)␣+␣(%s)␣*␣I\n", output_str[0], output_str[1]);

  quadmath_snprintf(output_str[0], sizeof(output_str[0]), "%+Qg",
   crealq(b));
  quadmath_snprintf(output_str[1], sizeof(output_str[1]), "%+Qg",
   cimagq(b));
  printf("b␣=␣(%s)␣+␣(%s)␣*␣I\n", output_str[0], output_str[1]);

  // 標準出力に四則演算の結果を表示
  c = a + b;
  quadmath_snprintf(output_str[0], sizeof(output_str[0]), "%+.34Qg",
```

```
   crealq(c));
  quadmath_snprintf(output_str[1], sizeof(output_str[1]), "%+.34Qg",
   cimagq(c));
  printf("a␣+␣b␣=␣(%s)␣+␣(%s)␣*␣I\n", output_str[0], output_str[1]);

  c = a - b;
  quadmath_snprintf(output_str[0], sizeof(output_str[0]), "%+.34Qg",
   crealq(c));
  quadmath_snprintf(output_str[1], sizeof(output_str[1]), "%+.34Qg",
   cimagq(c));
  printf("a␣-␣b␣=␣(%s)␣+␣(%s)␣*␣I\n", output_str[0], output_str[1]);

  c = a * b;
  quadmath_snprintf(output_str[0], sizeof(output_str[0]), "%+.34Qg",
   crealq(c));
  quadmath_snprintf(output_str[1], sizeof(output_str[1]), "%+.34Qg",
   cimagq(c));
  printf("a␣*␣b␣=␣(%s)␣+␣(%s)␣*␣I\n", output_str[0], output_str[1]);

  c = a / b;
  quadmath_snprintf(output_str[0], sizeof(output_str[0]), "%+.34Qg",
   crealq(c));
  quadmath_snprintf(output_str[1], sizeof(output_str[1]), "%+.34Qg",
   cimagq(c));
  printf("a␣/␣b␣=␣(%s)␣+␣(%s)␣*␣I\n", output_str[0], output_str[1]);

  c = csqrtq(a);
  quadmath_snprintf(output_str[0], sizeof(output_str[0]), "%+.34Qg",
   crealq(c));
  quadmath_snprintf(output_str[1], sizeof(output_str[1]), "%+.34Qg",
   cimagq(c));
  printf("csqrt(a)␣=␣(%s)␣+␣(%s)␣*␣I\n", output_str[0], output_str[1]);

  c = c * c;
  quadmath_snprintf(output_str[0], sizeof(output_str[0]), "%+.34Qg",
   crealq(c));
  quadmath_snprintf(output_str[1], sizeof(output_str[1]), "%+.34Qg",
   cimagq(c));
  printf("(csqrt(a))^2␣=␣(%s)␣+␣(%s)␣*␣I\n", output_str[0],
   output_str[1]);

  // 終了
  return 0;
}
```

### 主な数学関数

- *__float128* `crealq(c)`：$\mathrm{Re}\, c$
- *__float128* `cimagq(c)`：$\mathrm{Im}\, c$
- *__float128* `cabsq(c)`：$|c|$
- *__float128* `cargq(c)`：$a$ の偏角
- *__complex128* `conjq(c)`：$\overline{c} = \mathrm{Re}\, c - (\mathrm{Im}\, c)\mathrm{i}$
- *__complex128* `cpowq(c,x)`：$c^x$
- *__complex128* `csinq(c)`：$\sin c$

- *__complex128* `csinhq(c)`：$\sinh(c)$
- *__complex128* `ccosq(c)`：$\cos c$
- *__complex128* `ccoshq(c)`：$\cosh(c)$
- *__complex128* `csqrtq(c)`：$\sqrt{c}$
- *__complex128* `cexpq(c)`：$\exp(c) = e^c$
- *__complex128* `ctanq(c)`：$\tan c$
- *__complex128* `ctanhq(c)`：$\tanh(c)$
- *__complex128* `clogq(c)`：$\log c$
- *__complex128* `clog10q(c)`：$\log_{10} c$

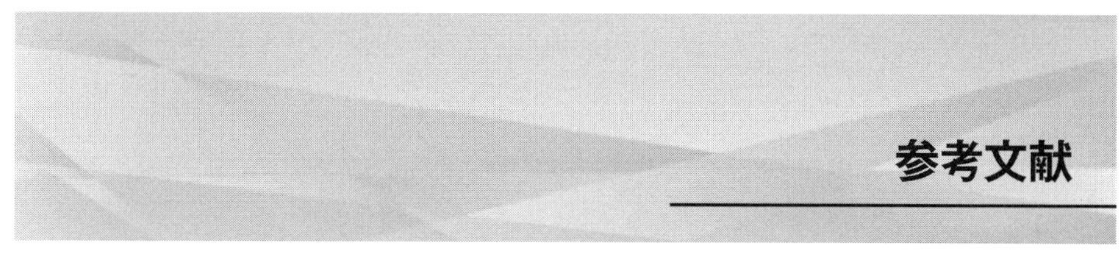

# 参考文献


[1] A. Buttari, J. Dogarra, Julie Langou, Julien Langou, P. Luszczek, and J. Kurzak. Mixed precision iterative refinement techniques for the solution of dense linear system. *The International Journal of High Performance Computing Applications*, Vol. 21, No. 4, pp. 457–466, 2007.

[2] W. Hart, B. Gladman, J. Moxham, and et al. MPIR: Multiple Precision Integers and Rationals. `http://mpir.org`, 2017. Version 3.0.0.

[3] D. H. Bailey. QD. `https://crd.lbl.gov/~dhbailey/mpdist/`

[4] BLAS. `http://www.netlib.org/blas/`

[5] T. J. Dekker. A floating-point technique for extending the available precision. *Numerische Mathematik*, Vol. 18, No. 3, pp. 224–242, Jun 1971.

[6] GMP development team, 幸谷智紀・訳. GNU MP 6.1.2 マニュアル. `https://na-inet.jp/na/gmp_ja/`

[7] MPFR development team. GNU MPFR manual. `https://www.mpfr.org/mpfr-current/mpfr.html`

[8] A. Enge, P. Théveny, and P. Zimmermann. MPC. `http://www.multiprecision.org/mpc/`

[9] F. Rouillier and et.al. MPFI. `https://gforge.inria.fr/projects/mpfi/`

[10] G. W. Stewart. *Matrix Algorithms Volume I: Basic Decompositions*. SIAM, 1998.

[11] P. Holoborodko. MPFR C++. `http://www.holoborodko.com/pavel/mpfr/`

[12] F. Johansson. Arb. `http://arblib.org/`

[13] 幸谷智紀. LAPACK/BLAS 入門. 森北出版, 2016.

[14] T. Kouya. BNCpack. `https://na-inet.jp/na/bnc/`

[15] T. Kouya. A Tutorial of BNCpack. `https://na-inet.jp/tutorial/`

[16] 幸谷智紀, 永坂秀子. IEEE754 規格を利用した丸め誤差の測定法について. 日本応用数理学会論文誌, Vol. 7, No. 1, pp. 79–89, 1997.

[17] Julie Langou, Julien Langou, P. Luszczek, J. Kurzak, A. Buttari, and J. J. Dongarra. Exploiting the performance of 32 bit floating point arithmetic in obtaining 64 bit accuracy (revisiting iterative refinement for linear systems). Technical Report 175, LAPACK Working Note, June 2006.

[18] MPACK. Multiple precision arithmetic BLAS and LAPACK. `http://mplapack.sourceforge.net/`

[19] OpenMP Architecture Review Board. OpenMP. `https://www.openmp.org/`

[20] GNU Project. GNU Compiler Collection. `https://gcc.gnu.org/`

[21] MPFR Project. Comparison of multiple-precision floating-point software. `https://www.mpfr.org/mpfr-3.1.2/timings.html`.

[22] MPFR Project. The MPFR library. `https://www.mpfr.org/`

[23] MPFR Project, 幸谷智紀・訳. GNU MPFR 4.0.2 マニュアル. `https://na-inet.jp/na/mpfr_ja-4.0.2.html`

[24] J. R. Shewchuk. Adaptive precision floating-point arithmetic and fast robust geometric predicates. *Discrete & Computational Geometry*, Vol. 18, No. 3, pp. 305–363, Oct 1997.

[25] S. M. Rump, T. Ogita, and S. Oishi. Accurate floating-point summation part ii: Sign,

k-fold faithful and rounding to nearest. *SIAM Journal on Scientific Computing*, Vol. 31, No. 2, pp. 1269–1302, 2008.

[26] T. Granlaud and GMP development team. GNU MP manual. `https://gmplib.org/manual/`

[27] T. Granlaud and GMP development team. The GNU Multiple Precision arithmetic library. `https://gmplib.org/`

[28] A. Ziv. Fast evaluation of elementary mathematical functions with correctly rounded last bit. *ACM Trans. Math. Softw.*, Vol. 17, No. 3, pp. 410–423, September 1991.

[29] 松田望. 中心値・半径方式による精度保証付き多倍長区間演算ライブラリの開発. PhD thesis, 電気通信大学, 3 2016. 甲第 851 号.

[30] 幸谷智紀. 倍精度と多倍長精度浮動小数点数を用いた反復改良法による連立一次方程式の高精度高速解法について. 日本応用数理学会論文誌, Vol. 19, No. 3, pp. 313–328, 2009-09-25.

[31] 藤原宏志. exflib. `http://www-an.acs.i.kyoto-u.ac.jp/~fujiwara/exflib/`

[32] 片桐孝洋. 並列プログラミング入門. 東京大学出版会, 2015.

[33] T. Kouya. Accelerated multiple precision matrix multiplication using Strassen's algorithm and Winograd's variant. *JSIAM Letters*, Vol. 6, pp. 81–84, 2014.

[34] K. Ozaki, T. Ogita, S. M. Rump, and S. Oishi. Fast algorithms for floating-point interval matrix multiplication. *Journal of Computational and Applied Mathematics*, Vol. 236, pp. 1795–1814, 2012.

[35] S. Bold and J. -M. Muller. Exact and approximated error of the fma. Vol. 60, pp. 157–164, 2011.

[36] M. Murofushi and H. Nagasaka. The relationship between the round-off errors and Møller's algorithm in the extrapolation method. *Annals of Numerical Algorithms*, Vol. 1, 1994.

[37] S. P. Nørsett, E. Hairer and G. Wanner. *Solving Ordinary Differential Equations*. Springer-Verlag, 1996.

[38] 尾関和彦. 情報技術のための離散系数学入門. 共立出版, 2004.

# 索　引

◆関　数

## 著者略歴

幸谷　智紀（こうや・とものり）
1991 年　東京理科大学理工学部数学科卒業
1993 年　日本大学大学院理工学研究科博士前期課程修了
雇用促進事業団・石川職業能力開発短期大学校講師
1997 年　日本大学大学院理工学研究科博士後期課程修了
1999 年　静岡理工科大学理工学部情報システム学科講師
2016 年　静岡理工科大学総合情報学部コンピュータシステム学科教授
現在に至る
博士（理学）

【主な著書】
情報数学の基礎 —例からはじめてよくわかる，森北出版，2011（共著）.
基礎から身につける線形代数，共立出版，2014（共著）.
LAPACK/BLAS 入門，森北出版，2016.

編集担当　宮地亮介（森北出版）
編集責任　藤原祐介（森北出版）
組　　版　中央印刷
印　　刷　　同
製　　本　協栄製本

多倍長精度数値計算
—GNU MP, MPFR, QD によるプログラミング


2019 年 11 月 15 日　第 1 版第 1 刷発行


著　　者　幸谷智紀
発 行 者　森北博巳
発 行 所　**森北出版株式会社**
東京都千代田区富士見 1-4-11（〒102-0071）
電話 03-3265-8341／FAX 03-3264-8709
https://www.morikita.co.jp/
日本書籍出版協会・自然科学書協会　会員
JCOPY ＜（一社）出版者著作権管理機構　委託出版物＞

落丁・乱丁本はお取替えいたします。

**Printed in Japan／ISBN 978-4-627-85491-8**